教育部高等职业教育示范专业规划教材
（通信类专业）

# 数字手机原理与维修

主　编　宋悦孝
副主编　李耀明　万　冬
参　编　李述香　陈兆梅　王俊杰　魏　东
　　　　李志菁　苏红富　骆　峰
主　审　徐　洁

机 械 工 业 出 版 社

本书在介绍移动通信和手机基础知识、电路结构与单元电路原理的基础上，以典型手机为例对数字手机电路原理与维修进行重点分析，着重介绍数字手机常用元器件与电路图识读、手机维修器具与有关信号的测试、手机维修基本知识与典型故障的分析排除，以及手机软件、手机病毒、新增功能与3G手机等方面的知识，书后附有实验（实训）指导书和英文缩略语。

本书注重培养学生的技术应用能力与实践技能，突出职教特色，重视理论与实践的结合，强调知识的实用性和够用性。内容条理清晰、难易适度、通俗易懂，符合教学规律，针对性强。

本书可作为高职高专院校通信技术、电子信息工程等专业及相近专业的手机原理与维修教材，以及其他院校的相关专业教材，还可供从事手机生产、维修等工作的技术人员参考。

**为方便教学，本书备有免费电子课件、习题解答等，凡选用本书作为授课教材的学校，均可来电或邮件索取，010-88379564或cmpqu@163.com。**

**图书在版编目（CIP）数据**

数字手机原理与维修/宋悦孝主编．—北京：机械工业出版社，2009.8（2015.1重印）

教育部高等职业教育示范专业规划教材（通信类专业）

ISBN 978-7-111-27888-7

Ⅰ．数…　Ⅱ．宋…　Ⅲ．①数字通信：移动通信-携带电话机-原理-高等学校：技术学校-教材②数字通信：移动通信-携带电话机-维修-高等学校：技术学校-教材　Ⅳ．TN929.53

中国版本图书馆CIP数据核字（2009）第129264号

机械工业出版社（北京市百万庄大街22号　邮政编码100037）

责任编辑：曲世海　版式设计：霍永明　责任校对：吴美英

封面设计：马精明　责任印制：刘　岚

北京京丰印刷厂印刷

2015年1月第1版第4次印刷

184mm×260mm · 13.75印张 · 3插页 · 339千字

9 001—11 000册

标准书号：ISBN 978-7-111-27888-7

定价：32.00元

凡购本书，如有缺页、倒页、脱页，由本社发行部调换

电话服务

社服务中心：(010) 88361066

销售一部：(010) 68326294

销售二部：(010) 88379649

读者购书热线：(010) 88379203

网络服务

门户网：http：//www.cmpbook.com

教材网：http：//www.cmpedu.com

封面无防伪标均为盗版

# 前 言

本书是根据教育部制定的高职高专培养目标和对本课程的教学基本要求，结合全国高等职业教育现状，在校内教材的基础上，经编者多年的教学调研和实践编写而成的，可作为通信技术、电子信息工程等专业及相近专业的教材。

本书共8章，以GSM数字手机基本组成为线索编排各章内容，参考学时为70~80学时。各章内容安排如下：第1章介绍移动通信和手机基础知识；第2章介绍数字手机的电路组成；第3章介绍GSM数字手机功能电路；第4章介绍摩托罗拉V998型手机的电路原理；第5章介绍手机常用元器件与电路图识读；第6章介绍手机维修器具与有关信号的测试；第7章介绍手机维修基本知识与典型故障的分析排除；第8章介绍手机软件、手机病毒、新增功能与3G手机；附录中配有相关的实验（实训）指导书和英文缩略语。

基于本课程实践性强的特点与高职教育的培养目标，教材侧重于数字手机原理与维修的有机融合，强调知识的实用性和时效性，既注意知识的系统性，又强调合理的思维逻辑性，尽量按照学生的学习规律编排内容。内容叙述力求条理清晰、简明扼要、通俗易懂、重点突出。本书第1章从手机基本知识、基本技术开始讨论，有利于提高学生对数字手机的宏观认识。其他章节则按照数字手机的整机组成或维修实际，结合实例逐一分析说明，有利于提高学生对知识的理解掌握。另外，每章前有本章要点和学习参考，每章后有小结与习题，书后有实验（实训）指导书和英文缩略语，便于教师组织教学和学生自学。

本书以数字手机生产与维修的基本要求为主线，教材内容多来源于教学与生产维修实践，具有普遍适应性。编者结合多年的教学经验，在对多个院校、生产厂家、售后服务中心调研的基础上组织编写本书，符合高职院校教学和手机生产、维修的需要，并尽量体现新技术、新知识在手机方面的应用，顺应手机发展潮流。

书中部分元器件符号采用的是手机生产厂家的符号，有些与国家标准不符，具体对应关系请参考有关资料，特提请读者注意。

本书由宋悦孝担任主编，负责统稿，并编写第1章。李耀明、万冬担任副主编，分别编写第7、8章。参加编写的还有李述香（编写第2章）、陈兆梅（编写第3章）、王俊杰（编写第4章）、魏东（编写第5章）、李志菁（编写第6章）、苏红富和骆峰（编写附录）。徐洁教授担任主审。在编写过程中，得到了青岛金宏景通讯技术有限公司潍坊分公司、诺基亚潍坊客户服务中心、青岛乐金浪潮数字通信有限公司等手机生产厂家，以及部分学校领导与教师的大力支持和帮助，在此一并表示感谢。

由于编者水平有限，且时间仓促，书中难免有错误或不当之处，恳请广大读者批评指正。

编 者

# 目　录

# 第 1 章 移动通信和手机基础知识

**本章要点：** 移动通信系统的分类、组成、主要技术指标，SIM 卡的功能与触点分布，手机的基本工作过程等。

**学习参考：** 要求通过学习熟悉移动通信系统的分类及组成、手机的基本工作过程，掌握 SIM 卡与 UIM 卡的功能与触点分布，了解移动通信系统的主要技术指标、GSM 系统信道的分类与功能。

## 1.1 蜂窝移动通信系统

### 1.1.1 蜂窝移动通信系统的分类

手机（Mobile）即手提式移动电话，是蜂窝移动通信系统中的重要组成部分。

蜂窝移动通信系统分为模拟蜂窝移动通信系统和数字蜂窝移动通信系统，前者采用模拟技术，后者采用数字调制技术。二者所能使用的手机分别是模拟手机和数字手机。

数字蜂窝移动通信系统目前主要包括 GSM 系统、CDMA 系统、GPRS 系统和 3G 系统，四种系统对应的手机分别称为 GSM 手机、CDMA 手机、GPRS 手机和 3G 手机。

**1. GSM 系统**

GSM（Global System for Mobile）系统即全球移动通信系统，俗称全球通，它包括 GSM900、DCS1800 和目前只在北美地区和欧洲国家使用的 PCS1900 三种系统，这三种系统的功能相同，但频率范围不同，见表 1-1。

**表 1-1 三种 GSM 系统的频率范围**

| 名称 | | 上行频率 /MHz | 下行频率 /MHz | 双工间隔 /MHz | 邻道间隔 /kHz |
|---|---|---|---|---|---|
| GSM900 系统 | PGSM（Primary GSM）系统——初期 GSM900 系统 | 890～915 | 935～960 | 45 | 200 |
| | EGSM（Extended GSM）系统——经频率扩展的 GSM900 系统 | 880～890 | 925～935 | | |
| DCS1800 系统 | | 1710～1785 | 1805～1880 | 95 | 200 |
| PCS1900 系统 | | 1850～1910 | 1930～1990 | 80 | 200 |

在 GSM 系统中，分别由上行频率和下行频率负责发送和接收移动台信息。上行频率是由移动台发射、基站接收的频率，下行频率是由基站发射、移动台接收的频率。双工间隔指的是下行频率和上行频率之差。邻道间隔指的是 GSM 系统相邻信道之间的频率间隔。随着移动通信容量的增大，各系统的上行频率和下行频率也在不断调整变化。

**2. CDMA 系统**

CDMA（Code Division Multiple Access，码分多址）系统即窄带 CDMA 数字蜂窝移动通信系统，该系统又称为 CDMA One 或 IS-95 CDMA 系统，该系统采用窄带 CDMA 技术。CDMA 技术即码分多址技术，是在数字扩频基础上发展起来的一种无线通信技术。

**3. GPRS 系统**

GPRS（General Packet Radio Service）是通用分组无线业务的简称。GPRS 系统由中国移动于 2001 年在 GSM 系统的基础上开通。GPRS 系统采用与 GSM 系统相同的频段、频带宽度、突发脉冲结构、无线调制标准、跳频规则以及相同的 TDMA（Time Division Multiple Access，时分多址）帧结构，但 GPRS 系统能提供比 GSM 系统更高的数据速率。

3G 系统与 3G 手机的内容参见 8. 10 节。

### 1.1.2　数字蜂窝移动通信系统的组成

数字蜂窝移动通信系统的组成基本相似。以 GSM 系统为例，数字蜂窝移动通信系统主要由移动台、基站子系统、网络交换子系统和运营支持子系统组成，如图 1-1 所示。

**1. 移动台**

移动台（Mobile Station，MS）包括车载台、便携台和手机等用户设备。车载台、便携台和手机等的组成相似，均由收发信机和 SIM（Subscriber Identify Module，用户识别模块）卡等组成。本书有关移动台的内容均以手机为代表。

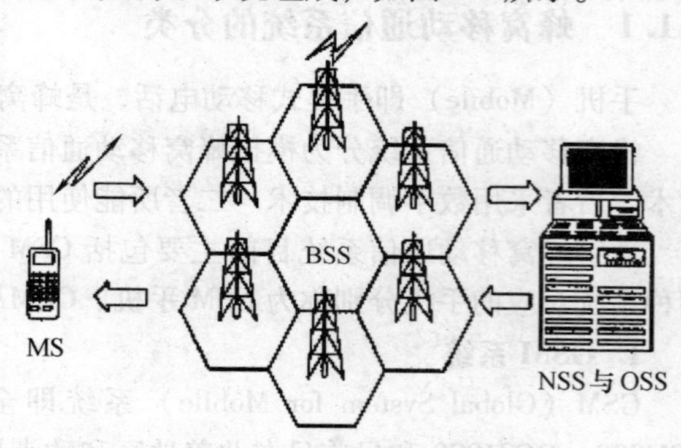

图 1-1　GSM 系统的组成简图

SIM 卡即用户识别卡，用于储存移动用户的有关信息、识别移动用户。移动用户就是 SIM 卡的持有人。SIM 卡可以在任何一部手机上使用。

**2. 基站子系统**

基站子系统（Base Station Subsystem，BSS）为 GSM 系统的固定部分和无线部分提供信号传输的中继，它既通过无线接口直接与手机实现通信连接，又与网络端的移动交换机相连接。

BSS 通常由一个或多个基站收发信台（Base Transceiver Station，BTS）和一个基站控制器（Base Station Controller，BSC）组成。BTS 负责无线传输，BSC 负责控制与管理。每个 BSC 所覆盖的通信区域称为基站区（BSC 区），每个 BTS 所覆盖的通信区域称为小区（Cell）或蜂窝区。

**3. 网络交换子系统**

网络交换子系统（Network and Switching Subsystem，NSS）具有 GSM 系统的交换功能和用于用户的资料与移动性管理、安全性管理所需要的数据库功能，它对 GSM 移动用户之间的通信和 GSM 移动用户与其他通信网用户之间的通信起着管理作用。

网络交换子系统（NSS）包括以下几个部分：

（1）移动业务交换中心　移动业务交换中心（Mobile Switching Center，MSC）是网络的核心，用于提供网络交换功能，完成移动用户寻呼接入、信道分配、呼叫接续、计费、基站管理等功能，并提供面向系统其他功能实体和面向固定网的接口功能。

MSC所覆盖的通信区域称为移动交换控制区（MSC区）。每一个MSC区分成一个或多个位置区（Location Area，LA），位置区由一个或多个基站区组成。手机在位置区内移动时，无需作位置更新。当寻呼移动用户时，位置区内全部基站可同时发出寻呼信号。

多个MSC区构成公用陆地移动网（Public Land Mobile Network，PLMN）服务区，一个PLMN服务区可以扩展至全国，联网的PLMN服务区构成GSM服务区。

GSM系统覆盖区域的结构图如图1-2所示。每个小区、基站区、位置区等均以国际规定的识别码进行识别。

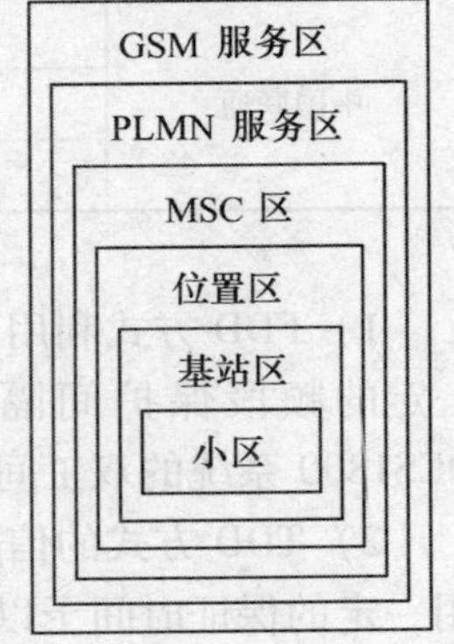

图1-2　GSM系统覆盖区域的结构图

（2）归属位置寄存器　归属位置寄存器（Home Location Register，HLR）是GSM系统的中央数据库，用于储存它所控制的所有移动用户的相关资料，如移动用户识别码、访问能力、用户类别和补充业务等所有重要的静态资料，并储存手机实际漫游所在的MSC区的信息（动态资料），使呼叫能按选择的路径送往被叫用户。

（3）拜访位置寄存器　拜访位置寄存器（Visiting Location Register，VLR）是动态用户数据库，用于储存进入其覆盖区的移动用户的全部有关信息，使得MSC系统能够建立呼入/呼出。VLR从移动用户的归属位置寄存器获取并存储必要的资料，移动用户一旦离开VLR的控制区域，进入另一个VLR控制区域，就需重新在新VLR上登记，原VLR将取消临时记录的该移动用户资料。

（4）鉴权中心　鉴权中心（Authentication Center，AUC）属于归属位置寄存器（HLR）的一个功能单元，是为了防止非法用户进入GSM系统而设置的。AUC不断为用户提供一组与每个用户相关的参数。在每次呼叫过程中，AUC检查用户提供给系统的参数是否与用户对应的参数一致，据此鉴别用户身份的合法性。

（5）移动设备识别寄存器　移动设备识别寄存器（Equipment Identification Register，EIR）储存移动设备的国际移动设备识别（International Mobile Equipment Identity，IMEI）码，以确保GSM系统中使用的手机等设备不是盗用的或非法的。IMEI码又称为手机机身码或手机串号。

**4. 运营支持子系统**

运营支持子系统（Operational Support Subsystem，OSS）的功能主要表现在网络运行和维护、注册管理和计费以及移动设备管理方面。

### 1.1.3　数字蜂窝移动通信系统的主要技术指标

**1. 频率范围**

目前，中国移动、中国联通部分蜂窝移动通信系统占用的频段情况见表1-2。

**2. 双工方式**

数字蜂窝移动通信系统双工方式指的是移动通信设备发送和接收的方式，主要有频分双工（Frequency Division Duplex，FDD）和时分双工（Time Division Dual，TDD）两种方式。

表 1-2 中国移动、中国联通部分蜂窝移动通信系统占用的频段情况

| 单 位 | 系 统 | 上行频率/MHz | 下行频率/MHz |
|---|---|---|---|
| 中国移动 | GSM900 | 885 ~ 909 | 930 ~ 954 |
| | DCS1800 | 1710 ~ 1725 | 1805 ~ 1820 |
| 中国联通 | GSM900 | 909 ~ 915 | 954 ~ 960 |
| | DCS1800 | 1745 ~ 1755 | 1840 ~ 1850 |
| | CDMA | 824. 64 ~ 848. 37 | 869. 64 ~ 893. 37 |

1）FDD 方式利用两个对应的频率信道进行信号发射和信号接收，两个信道之间存在着一定的频段保护间隔（即双工间隔），GSM 系统、CDMA 系统的双工间隔为 45MHz，DCS1800 系统的双工间隔为 95MHz。

2）TDD 方式的信号发射和信号接收是在同一频率信道的不同时隙进行的，彼此之间采用一定的保证时间予以分离。

GSM 系统采用 FDD 方式。CDMA 系统主要分为 WCDMA、CDMA2000 和 TD-SCDMA 系统，前两者采用 FDD 方式，后者采用 TDD 方式。

### 3. 多址方式

多址技术是使众多用户共用公共通信信道所采用的一种技术，主要有频分多址、时分多址和码分多址三种方式。

（1）频分多址　在频分多址（Frequency Division Multiple Access，FDMA）系统中，把可以使用的总频段划分为若干个占用较小带宽的、在频域上互不重叠的频道，每个频道就是一个通信信道，每个手机的通信均在由系统控制中心临时指定的通信信道上进行。通信结束后，先前被占用的通信信道被重新分配给其他用户使用，如图 1-3a 所示。

（2）时分多址　在时分多址（TDMA）系统中，把时间分成周期性的帧（Frame），每一帧再分割成若干时隙（无论帧或时隙都是互不重叠的），每一个时隙就是一个通信信道。根据一定的时隙分配原则，使每个手机只能在指定的时隙内发射或接收信号，在满足定时和同步的条件下，各手机的通信互不干扰，如图 1-3b 所示。

（3）码分多址　在码分多址（CDMA）系统中，不同用户的传输信息用各自不同的编码序列来区分，如图 1-3c 所示。

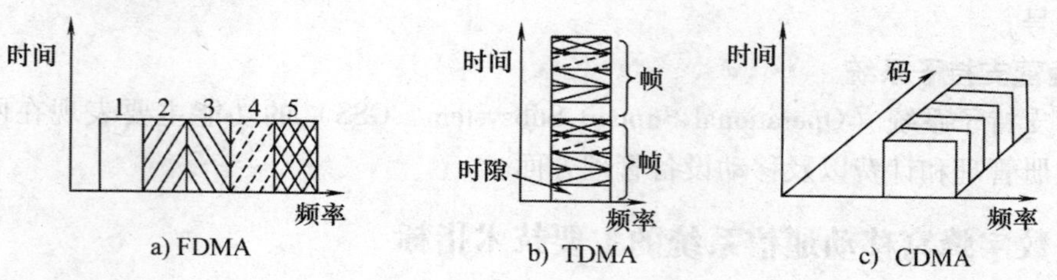


图 1-3 多址方式示意图

CDMA 技术采用扩频技术将所需传送的具有一定信号带宽的信息数据，用一个带宽远大于信号带宽的高速伪随机码进行调制，使原数据信号的带宽被扩展，再经载波调制并发送出去，接收端使用完全相同的伪随机码与接收到的宽带信号作相关处理，以实现信息通信。

与 FDMA 和 TDMA 技术相比，CDMA 技术具有系统容量大、话音质量好、抗干扰性和保密性强，以及频带利用率高、适用于多媒体通信等特点。

GSM 系统采用频分多址和时分多址相结合的方法来区分不同的信道和不同的用户，如图 1-4 所示，虽然用户 a、b 频率相同，但因为所占时隙不同，GSM 系统仍可以区分二者；同样，也可以区分用户 c、d。

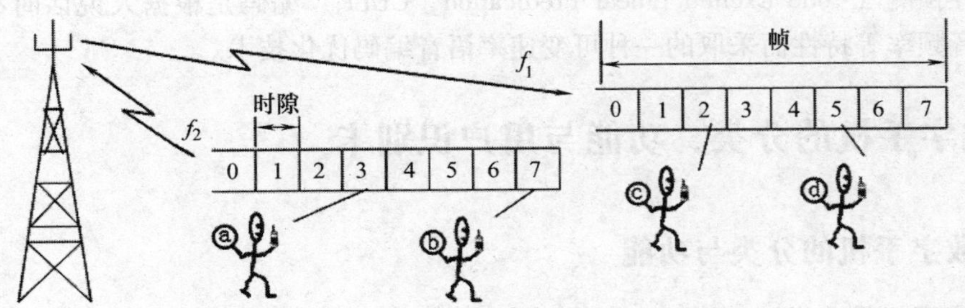


图 1-4　GSM 系统中采用的多址技术

GSM 系统中，每个频道采用时分多址接入方式，分为 8 个时隙（即 8 个信道）。在每个时隙内只允许一个下行或上行链路工作，每个用户周期性重复占据一个时隙，8 个时隙构成 1 个 TDMA 帧。每个手机占用周期性的 1 个时隙（信道）通话，直至通话完毕或发生切换为止。每个信道占用带宽 25kHz（=200kHz/8）。

若 GSM 系统采用半速率话音编码，则每个频道可容纳 16 个半速率信道。

**4. 调制方式**

GSM 手机均采用高斯滤波器参数 BT 为 0.3 的高斯滤波最小频移键控（GMSK）调制。GMSK 调制是使用高斯滤波器的连续相位频移键控，它具有比等效的未经滤波的连续相位频移键控信号更窄的频谱。

通过 GMSK 调制，使 67.707kHz 载波信号的频率随数码语音信号的变化而变化，得到包含发送信息的低频模拟发射基带信号（TXI/Q），实现信号的 D/A 转换。

CDMA 手机采用偏移四相相移键控（OQPSK）调制方式，它使 615kHz 载波信号的频率随数码语音信号的变化而变化。OQPSK 又称为交错四相相移键控，它把二进制基带信号进行串/并交换，得到两路数字信号 I 和 Q，I 和 Q 相互错动 1bit，再对载波进行四相调制。

**5. 最大发射功率**

目前，GSM900、DCS1800 手机的最大发射功率为 2W（33dBmW）和 1W（30dBmW），最小发射功率为 5dBmW 和 0dBmW。CDMA 手机实际允许的最大发射功率为 0.2W（23dBmW），对 CDMA 手机的最小发射功率没有要求。绝对功率电平 $L_P$(dBmW) 的定义为

$$L_P = 10\lg \frac{P}{1\text{mW}}$$

式中，$P$ 是发射功率，单位为 mW。

**6. 接收灵敏度**

接收灵敏度是指接收机在满足一定的误码率性能条件下，接收机输入端需输入的最小信号电平。GSM 手机的接收灵敏度为 −102dBmW，CDMA 手机的接收灵敏度为 −104dBmW。

**7. 语音编码**

GSM 系统是将人的声音模型化，利用规则脉冲激励长期预测编码（RPE-LTP）技术将语音数据压缩为 13kbit/s。

CDMA 系统采用的语音编码技术是 QCELP（Qualcomm Code Excited Linear Prediction）编码算法，该算法是美国高通公司的专利，它是一种 8kbit/s 语音数据压缩的语音编码算法。码激励线性预测（Code Excited Linear Predication，CELP）编码是根据人说话时有间断、有不同的声音频率等特性而采取的一种可变速率语音编码优化技术。

## 1.2 数字手机的分类、功能与用户识别卡

### 1.2.1 数字手机的分类与功能

**1. 数字手机的分类**

（1）按照采用技术分类　数字手机按照采用技术的不同，分为 GSM 手机、GPRS 手机、CDMA（窄带）手机和第三代（3rd Generation，3G）手机。

1）GSM 手机按照可以工作的频段分为单频手机、双频手机和三频手机。单频手机只能在 GSM900 系统中进行通信；双频手机可以在 GSM900 和 DCS1800 系统之间进行自由通信；三频手机可以在 GSM900、DCS1800 和 PCS1900 系统之间进行自由通信，但因国内目前只开通了 GSM900 和 DCS1800 系统，所以三频手机在国内只能作为双频手机使用。双频手机和三频手机系统之间的切换是自动进行的。现有的 GSM 手机按 GPRS 标准进行硬件和软件改动后可用于 GPRS 系统，变为 GPRS 手机。

2）CDMA 手机即窄带 CDMA 手机，它与 GSM 手机的工作原理相似，主要区别在射频部分和音频处理部分，见表 1-3。

**表 1-3　GSM、CDMA 手机的主要技术区别**

| 名　称 | GSM 手机 | CDMA 手机 |
|---|---|---|
| 码间干扰处理器 | 均衡器 | 相关器 |
| 发射电路工作状态 | 断续工作 | 连续工作 |
| 调制技术 | GMSK 调制 | OQPSK 调制 |
| 语音编码技术 | RPE-LTP 编码 | QCELP 编码 |
| 切换方式 | 硬切换 | 软切换 |
| 手机芯片 | AD、VP、DCT3、DCT4、TI、PMB 系列等 | 美国高通（Qualcomm）公司 MSM3100～MSM6500 等 |

因为 CDMA 手机采用扩频技术，而使多个 CDMA 射频信号在频域或时域上相互重叠、产生码间干扰。相关器就是通过自带的原始的发射扩频码重新生成解扩信号来实现解调和码间干扰处理的。

当 GSM 手机从一个小区移动到另一个小区时，首先要中断与旧基站的联系，再与新基站取得联系，称之为硬切换。当 CDMA 手机从一个小区移动到另一个小区时，并不是马上中断与旧基站的通信，而是通过比较两个基站间的信号强度，再决定是否中断与旧基站的联系，称之为软切换。

均衡器的功能与手机芯片的内容参见 2.1.4 和 7.3.3 节。

3）3G 手机的内容参见 8.10 节。

上述手机只能应用于一个移动通信系统，称为单模手机。有的手机还可以用于两个或多个不同的移动通信系统，前者称为双模手机，如GSM/CDMA、个人手持式电话系统——小灵通（Personal Handyphone System，PHS）双模手机（GSM/PHS）等，后者称为多模手机。

（2）按照手机外形结构分类　手机的外形结构有直板式、翻盖式（折叠式）、滑盖式、直板旋转式等，比较常见的是前三种（尾插）。

1）直板式手机主板正面最上方为受话器（听筒）、最下方为送话器（话筒、麦克风），显示屏在受话器下方、键盘上方。主板背面是芯片和元器件比较集中的地方，一般情况下，其上方是与天线有密切关系的射频部分；中下方主要有逻辑电路、SIM卡和电源电路；最下方是用于充电和数据通信的尾部插口。

2）翻盖式手机与直板式手机的区别主要在以下两个方面：①在机械结构上，翻盖式手机的受话器和显示屏一般设计在上翻盖内，手机体正面只有键盘和送话器。②在电路结构上，翻盖式手机在上翻盖内有磁铁或触头，主板上有磁控元件（霍尔元件或干簧管）或触碰开关，直板式手机无上述元件。霍尔元件、干簧管的内容参见5.1.5节。

3）滑盖式手机实际上是翻盖式手机或直板式手机的一种延伸和创新。滑盖式手机将显示屏、功能键设置在滑盖上，只有通过推拉滑盖才能见到手机底板（主板），底板与滑盖之间通过滑轨连接，显示屏通过排线与手机底板（主板）相连接。滑盖式手机的主板电路结构与直板式手机的相似。

滑盖式手机分为上推滑盖和下拉滑盖两种形式，送话器设置在前一种底板或后一种滑盖的底部，受话器设置在前一种滑盖或后一种底板的顶部，有的也将数字按键设置在滑盖上。

（3）按照生产厂家分类　按照生产厂家的不同，数字手机有很多系列，如诺基亚、摩托罗拉、飞利浦、三星系列等，以及国产的波导、TCL、海尔、联想系列等。在电路结构形式上，具有代表意义的数字手机是摩托罗拉手机和诺基亚手机。

**2. 数字手机的功能**

数字手机的功能主要有通话、收发短信、来电显示等。随着新技术的发展，手机的功能越来越多，如上网、炒股、全球定位系统（Global Positioning System，GPS）导航、拍照、翻译、个人数字助理（Personal Digital Assistant，PDA）、游戏、MP3播放、录音、摄像、收听广播（收音）等。

## 1.2.2　用户识别卡

用户识别卡是手机的重要组成部分之一，它储存移动用户的个人资料，以辨识使用手机通信的个人或集体的身份，一旦从手机上取下，移动用户将不能建立入网通信。

目前，用户识别卡分为SIM卡和UIM卡，前者用在GSM手机上，后者用在CDMA手机上。

**1. SIM卡**

（1）SIM卡存储的内容　SIM卡存储着加密的用户数据、鉴权方法及密钥，供GSM系统识别用户身份，并负责完成移动用户与系统的连接和信息交换。具体内容如下：

1）固定存放的数据。此类数据在SIM卡被出售之前由SIM卡中心写入，包括国际移动用户识别码、鉴权密钥Ki等。

国际移动用户识别（International Mobile Subscriber Identity，IMSI）码是储存在移动交换

中心内与手机号一一对应的不公开的号码，用于识别公用陆地移动通信网的移动用户。

鉴权密钥 Ki 是一种储存于 SIM 卡和移动通信网络鉴权中心的密码。

为了保护移动用户和运营商的合法权益，防止合法用户被非法盗用，禁止非法“入侵”网络，在每次登记、呼叫建立、位置更新以及在补充业务的激活、去活、登记或删除之前，均需要鉴权。鉴权开始时，网络产生一个 128bit 的随机数 RAND 传送给手机。SIM 卡依据卡中的密钥 Ki 和算法 A3，根据接收到的 RAND 计算出应答信号 SRES 并发回网络端。网络端在鉴权中心查明用户的密钥 Ki，用同样的 RAND 和算法 A3 算出 SRES，并与收到的 SRES 进行比较。若一致，则鉴权通过，允许接入网络；否则为非法用户，网络拒绝为其提供服务。

2）暂时存放的有关网络的数据，如位置区识别码、移动用户临时识别码、禁止接入的公共电话网代码等。

①位置区识别（Location Area Identity，LAI）码是移动用户所处位置区的识别码，用于确定手机所处的位置区。

②为了防止非法个人或团体通过监听无线路径上的信令交换而窃取移动用户的真实 IMSI 码，或跟踪移动用户的位置，所以用移动用户临时识别（Temporary Mobile Subscriber Identity，TMSI）码代替 IMSI 码的传输。

TMSI 码由 MSC/VLR 分配，并不断进行更换，更换周期由网络运营商决定。每当手机用 IMSI 码向系统请求位置更新、呼叫建立或业务激活时，MSC/VLR 对其进行鉴权。允许接入网络后，MSC/VLR 产生一个新的 TMSI 码，并传送给手机，写入用户 SIM 卡。此后，MSC/VLR 与 MS 之间的信令交换即使用 TMSI 码，而用户 IMSI 码不再在无线路径上传送。

3）相关的业务代码，如个人识别码（Personal Identify Number，PIN）、解锁码（PIN Unlock Key，PUK）、计费费率等。

①PIN 码是 SIM 卡个人识别码。PIN 码分为 PIN1 码和 PIN2 码。

PIN1 码即人们常说的 PIN 码，用于保护 SIM 卡的安全，防止未经授权使用 SIM 卡。PIN1 码是一个由用户自己设定的 4~8 位数字的个人密码，它的初始值为 0000 或 1234。只有当用户输入正确的 PIN1 码时，SIM 卡才能被启用，手机才能对 SIM 卡进行存取，也只有 PIN1 码被认证通过后，用户才能上网通话。如果连续三次输入错误的 PIN1 密码，SIM 卡就会被锁住，需要正确输入 PUK 码才能解锁。

PIN2 码与网络计费和 SIM 卡内部资料的修改有关，一般不予公开。即使 PIN2 码被锁住，也不会影响正常通话。

②PUK 码即解锁码，用于解开被锁住的 SIM 卡，每个 SIM 卡都存有一个由数字 0~9 构成的 8 位数字的 PUK 码。如果连续输入 10 次错误的 PUK 码，SIM 卡就报废，即“烧卡”。出现“烧卡”后，需要更换新卡才能用原手机号进行通信。

4）电话号码簿。电话号码簿是移动用户随时输入的电话号码。

（2）SIM 卡的结构　SIM 卡是一种带微处理器的 IC（Integrated Circuit）卡，由 CPU、随机存储器（RAM）、程序存储器（ROM）、数据存储器（EEPROM）和串行通信单元五部分组成。

1）SIM 卡存储器的分类及其功能如下：

①只读存储器 ROM（Read Only Memory，6~16KB）。ROM 的典型容量为 16KB。ROM 存储 SIM 卡的 A3 和 A8 算法，A3 和 A8 算法是一种加密算法。

②电擦除可编程只读存储器 EEPROM（Electrically Erasable Programmable Read-Only Memory，2～8KB）。EEPROM 又通常写为 $E^2PROM$，它存储与手机使用有关的电话号码和系统参数等。EEPROM 的典型容量为 8KB。

使用 EEPROM 的 SIM 卡能保存手机关机时所存储的信息，并在必要时提取这些信息。使用者只要保存好 SIM 卡，即使更换手机仍可按同样身份使用。

③随机存储器 RAM（Random Access Memory，128～256KB）。RAM 存储手机使用过程中的中间数据。

2）常见 SIM 卡的触点分布如图 1-5 所示，其中 VCC 为电源端，RST 为复位端，CLK 为时钟信号输入端，GND 为接地端，VPP 为 SIM 卡编程电压端，I/O 为数据传输端口。

图 1-5 常见 SIM 卡的触点分布

● 电源（VCC）。电源有 5V、3V 和 1.8V 三种，现在一般使用 3V 或 1.8V。

● 时钟（CLK）。SIM 卡一般采用两种时钟信号，一种是对 13MHz 基准时钟信号四分频得到的 3.25MHz，另一种是 1.083MHz。

● 数据 I/O（或 DATA）。数据 I/O 用于手机与 SIM 卡之间的信息传输，该部分电路出现故障率较高。

● 复位（RST）。复位（RST）提供对 SIM 卡内部处理器复位用的复位信号。

● 接地（GND）。接地（GND）是 SIM 卡的电源地。

● 编程供电端（VPP）。它在手机中一般为空脚，不为空脚时与 SIM 卡电源相连。

（3）电源开关时 SIM 卡的电气性能　在开启电源期间，按以下次序激活各触点：RST 低电平复位状态，VCC 加电，I/O 处于接收状态，VPP 加电，提供稳定的 CLK 时钟信号。

当关闭电源时，按如下次序工作：RST 低电平复位状态，CLK 低电平状态，VPP 去电，I/O 低电平状态，VCC 掉电。

（4）SIM 卡的存储容量与常见故障两例

1）存储容量。SIM 卡的存储容量有 3KB、8KB、16KB、32KB、64KB 等，目前多为 16KB 和 32KB。SIM 卡能够储存多少电话号码和短信取决于卡内数据存储器 EEPROM 的容量，例如，一张 SIM 卡 EEPROM 的容量为 8KB，则 SIM 卡可储存 100 组电话号码及对应姓名、15 组短信息、25 组最近拨出的号码、4 位 PIN 码。

2）常见故障两例。

①每当手机打开时，手机都要与 SIM 卡进行数据交换。没插 SIM 卡时，这些信号是不会送出的。当手机插入 SIM 卡后无任何反应或插入 SIM 卡显示出错（Bad Card/SIM Error）时，可能是因为 SIM 卡开关不良、接触不良或使用废卡产生的。如果换新卡后故障仍然存在，那么故障一般发生在 SIM 卡供电部分。在开机瞬间，可用示波器在 SIM 卡插座的 VCC 端、CLK 端、I/O 端观察到读卡信号（3V 左右的脉冲），若无此信号，则故障一般出在 SIM 卡供电开关周边电阻电容元件与卡座触点的脱焊上。

②如果 SIM 卡在一部手机上可用，在另一部手机上不能用，那么原因可能是在手机中已经设置了“网络限制”和“用户限制”功能，也可能是 SIM 卡供电偏低或接触不良造成的。

**2. UIM 卡**

UIM（User Identity Model）卡是 CDMA 系统中的用户识别卡，功能类似于 GSM 系统中的 SIM 卡。UIM 卡也采用一卡一号的使用方式，它可以在任何一部 CDMA 手机上使用。

UIM 卡中存储的信息分为三类：第一类是用户识别信息和鉴权信息，主要是 IMSI 码和 CDMA 系统专有的鉴权信息；第二类是业务信息，如短消息状态等信息；第三类是与手机工作有关的信息，包括优选的系统和频段、归属区标示等参数。

## 1.3 GSM 系统信道的分类与功能

GSM 系统信道分为物理信道和逻辑信道。物理信道（Physical Channel）是移动通信系统用来运载各种逻辑和业务的实际的无线电信道。逻辑信道（Logic Channel）是一个源自物理信道的通信信道，不同的逻辑信道用于在系统和用户之间传送不同的信息。

GSM 系统逻辑信道的分类与功能见表 1-4，主要分为控制信道（Control Channel，CCH）和话务信道（Traffic Channel，TCH），有关内容请参看相关书籍。

表 1-4 GSM 系统逻辑信道的分类与功能

| 分　类 | | | 功　能 |
|---|---|---|---|
| 控制信道 CCH（Control Channel） | 广播信道 BCH（Broadcast Channel） | 频率校正信道 FCCH（Frequency Correction Channel） | 向 MS 传送频率校正信息，使之与基站基准频率同步 |
| | | 同步信道 SCH（Synchronization Channel） | MS 通过侦听 SCH 得到基站识别码等有关信息 |
| | | 广播控制信道 BCCH（Broadcast Control Channel） | 向 MS 发送包括位置区编号、允许 MS 发射最大功率等通用信息 |
| | 公共控制信道 CCCH（Common Control Channel） | 寻呼信道 PCH（Paging Channel） | MS 通过侦听 PCH 得知是否有对它的呼叫或短消息 |
| | | 随机接入信道 RACH（Random Access Channel） | MS 通过 RACH 申请信令信道和独立专用控制信道 SDCCH |
| | | 允许接入信道 AGCH（Access Grant Channel） | 系统通过 AGCH 向 MS 分配 SDCCH |
| | 专用控制信道 DCCH（Dedicated Control Channel） | 独立专用控制信道 SDCCH（Stand Alone Dedicated Control Channel） | 用于建立呼叫或在空闲模式下收发文本 |
| | | 慢速随机控制信道 SACCH（Slow Associated Control Channel） | MS 通过 SACCH 向系统报告其所测量服务小区的信号强度和信号质量等信息；系统通过 SACCH 向 MS 发送定时提前量等信息 |
| | | 快速随机控制信道 FACCH（Fast Associated Control Channel） | 实现切换 |
| | | 小区广播信道 CBCH（Cell Broadcast Channel） | 向 MS 播放小区广播 |
| 话务信道 TCH（Traffic Channel） | | | 传送用户的话音和数据业务 |

## 1.4 手机的基本工作过程

### 1.4.1 GSM手机的基本工作过程

**1. 移动用户打开手机电源**

移动用户的开机过程包含手机硬件工作过程（见2.3.2节）与手机软件初始化过程，手机软件初始化过程如下：

1）开机后，手机搜索BCH，当搜索到最强BCH对应的载频后，读取FCCH的信息，使手机频率与之同步。

2）手机读取SCH信息、基站识别码等信息，使手机与系统保持时间同步。

3）在BCCH上读取系统信息，如临近小区情况，现在所处小区的使用频率，移动系统的国家号码和网络号码等。

**2. 移动用户进行登记**

移动用户进行登记的过程如下：

1）手机在RACH上发出接入请求，申请分配一个SDCCH。

2）系统通过AGCH分配给手机一个SDCCH。

3）手机在SDCCH上完成登记，在SACCH上发出控制指令。

结束信息交换后，手机进入待机状态，并监听BCCH和CCCH。

GSM手机待机前的工作流程如图1-6所示。

**3. 移动用户被呼**

移动用户被呼过程如下：

1）系统通过PCH呼叫移动用户。

2）手机在RACH上发寻呼响应，申请分配一个SDCCH。

3）系统通过AGCH为手机分配一个SDCCH。

4）系统与手机通过SDCCH交换必要的信息，如鉴权、加密模式等，以便识别手机身份，在SACCH上发送测试报告和功率控制。最后在SDCCH上给手机分配一个TCH。

5）手机转入TCH，开始通话。

**4. 移动用户主呼**

移动用户主呼的过程如下：

1）手机在RACH上发送呼叫请求信息，申请分配一个SDCCH。

2）系统通过AGCH为手机分配一个SDCCH。

3）在SDCCH上建立交换所需的必要信息（同被呼过程），在SACCH上交换控制信息。

4）手机转入所分配的TCH上开始通话。

### 1.4.2 CDMA手机的基本工作过程

CDMA手机的基本工作过程如下：

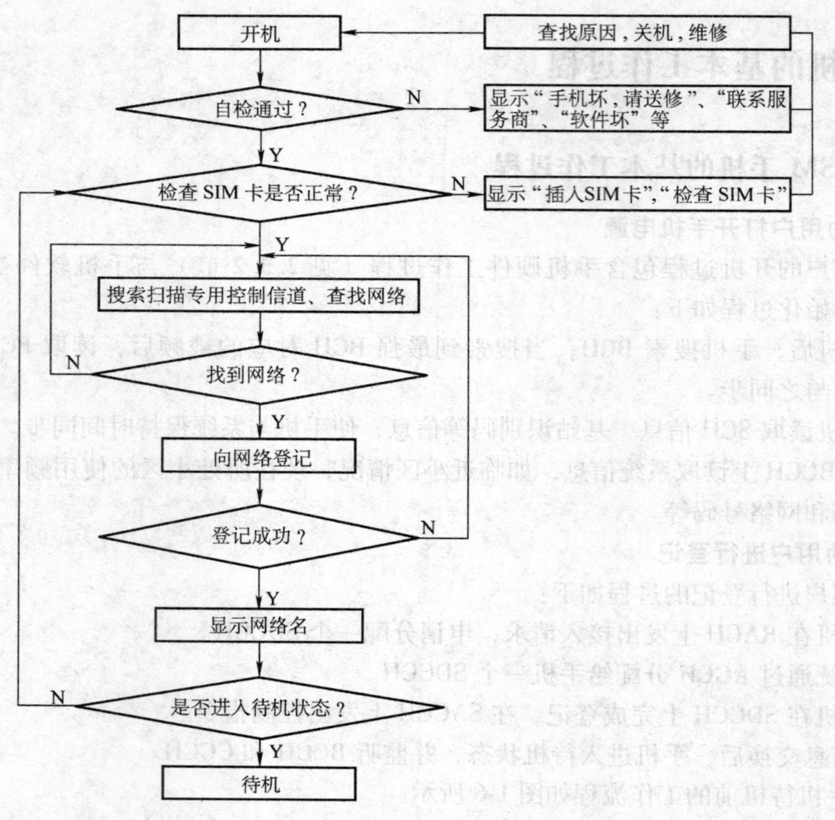


图 1-6 GSM 手机待机前的工作流程

**1. 初始化状态**

手机接通电源后首先扫描基本信道，若不成功，再扫描辅助信道，以选择 CDMA 系统。选择了 CDMA 系统后，手机不断检测周围基站发来的导频信号，并比较导频信号的强度，以判定手机所处的小区。确定所处小区后，手机在同步信道检测出并记录 CDMA 系统的相应参数和时间信息等同步信息。最后，手机对自身相应的时间参数等进行调整使之与小区所在的基站同步。

**2. 空闲状态**

在空闲状态，CDMA 手机通过监视寻呼信道完成外来寻呼的接收，以及发起呼叫或位置登记等。若手机判定寻呼信道失败，则返回初始化状态。

**3. 接入状态**

接入状态时，按以下子状态运行：

1）系统参数证实子状态。手机在随机接入信道随机接入，基站在接入参数消息中向手机提供随机接入程序参数，确保手机和基站之间进行可靠的信息交换，以确定为最新参数消息。

2）接入尝试子状态。手机主呼时，运行接入尝试程序。

3）寻呼相应子状态。手机在收到基站寻呼后，发出寻呼相应消息。

4）指令/响应子状态。手机接收到基站指令后，发出相应消息，如对于基站鉴权请求、独特查询等的响应消息。

5）登记子状态。手机向网络发送登记消息。

6）消息发送子状态。手机向基站发送短消息数据。

**4. 业务信道控制状态**

业务信道控制状态按以下子状态运行：

1）业务信道初始化子状态。手机证实已能接收下行业务信道的信号，并开始在上行业务信道上发射信号。

2）等待指令子状态。在此子状态中，手机等待基站的提示消息，手机按相应方式向用户发出提示或振铃音等其他信号。

3）等待回答子状态。手机等待用户接听，响应呼叫，之后进入通话子状态。

4）通话子状态。手机进行通话控制，包括功率控制、服务选择、监视用户挂机等键盘指令。

5）释放子状态。手机切断通话链路，释放信道，各种参数复位，然后转入初始化状态。

## 小　结

本章主要介绍移动通信系统的分类、组成及各部分功能、主要技术指标，数字手机的分类、用户识别卡，GSM 系统信道的分类与功能，数字手机的工作过程等基本知识。

1）数字移动通信系统分为 GSM 系统、GPRS 系统、CDMA 系统、3G 系统，GSM 系统分为 GSM900、DCS1800 和 PCS1900 系统。

2）GSM 数字蜂窝移动通信系统由移动台、基站子系统、网络交换子系统和运营支持子系统组成。

3）数字蜂窝移动通信系统的技术指标包括频率范围、双工方式、多址方式、调制方式、语音编码、最大发射功率、接收灵敏度等。

4）手机分为模拟手机和数字手机，数字手机主要包括 GSM 手机、GPRS 手机、CDMA 手机和 3G 手机。GSM 手机分为单频手机、双频手机和三频手机。数字手机的外形结构主要有直板式、翻盖式（折叠式）、滑盖式。

5）逻辑信道用于在数字移动通信系统和用户之间传送不同的信息，不同逻辑信道的功能不同。每个手机开机后需运行有关程序，并通过逻辑信道与系统进行必要的信息交换才能入网。

6）GSM 用户和 CDMA 用户的识别卡分别是 SIM 卡和 UIM 卡，用于存储用户数据、鉴权方法及密钥，供系统对用户身份进行识别，并负责完成移动用户与系统的连接和信息交换。

7）SIM 卡与手机主板连接的端口主要包括电源端 VCC、复位端 RST、时钟信号输入端 CLK、接地端 GND 和数据传输端口 I/O。

## 习　题　1

1.1　数字蜂窝移动通信系统主要包括哪几种系统？各有什么异同？

1.2　名词解释：上行频率、下行频率、双工间隔、邻道间隔、双工方式、多址方式。

1.3　数字蜂窝移动通信系统由哪几部分组成？各自的功能是什么？

1.4　GSM系统覆盖区域的结构是怎样的？每个区与系统组成部分的联系是怎样的？

1.5　什么是归属位置寄存器和拜访位置寄存器？各自的功能是什么？如何实现漫游用户的鉴权？

1.6　数字蜂窝移动通信系统的主要技术指标有哪些？

1.7　双工方式、多址方式各有哪几种？GSM系统、CDMA系统采用的双工方式、多址方式各是什么？

1.8　数字手机分为哪几类？GSM手机分为哪几类？

1.9　用户识别卡的功能是什么？能够存储的信息主要有哪些？

1.10　手机号、国际移动用户识别码、移动用户临时识别码的对应关系是怎样的？

1.11　移动用户位置更新或呼叫建立的大致过程是怎样的？

1.12　PIN码、PUK码的功能是什么？使用时应注意什么问题？

1.13　SIM卡由哪几部分组成？平时所说的SIM卡的容量与哪几部分有关？

1.14　图1-7所示的SIM卡中，每个触点的名称与作用是什么？

图1-7　习题1.14图

1.15　SIM卡的电气性能是怎样的？SIM卡的常见故障有哪些？

1.16　简要说明手机初始化、用户登记、用户被呼、用户主呼的过程是怎样的。

# 第 2 章　数字手机的电路组成

**本章要点：**数字手机整机的组成，接收射频电路和发射射频电路的结构形式，频率合成器、电源电路、逻辑时钟信号及其功能，手机射频电路与基带电路组成实例。

**学习参考：**要求通过学习熟悉数字手机整机的组成、接收射频电路和发射射频电路的结构形式；掌握频率合成器、电源电路、基带电路的组成及各部分功能；了解数字手机电源开关键的开机方式、逻辑时钟信号的种类与功能。

## 2.1　数字手机整机组成概述

如图 2-1 所示，数字手机主要由射频电路、电源、人机界面和基带电路组成。GSM 手机和 CDMA 手机的基本组成框图如图 2-2、图 2-3 所示。下面以 GSM 手机为例，介绍各部分的组成与功能。

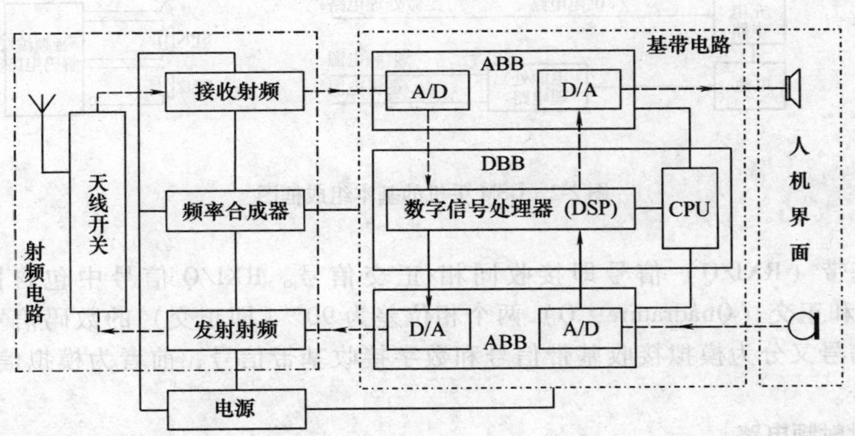


图 2-1　数字手机整机组成框图

### 2.1.1　射频电路

射频电路包括接收射频电路、发射射频电路、频率合成器三个部分。下面介绍各部分的组成与功能。

**1. 接收射频电路**

接收射频电路由天线电路、射频滤波器、低噪声放大器、混频器、中频滤波器、中频放大器、中频解调器（RXI/Q 解调器）等组成。天线电路由天线和天线开关组成。接收射频电路负责把天线接收到的射频信号变为 67. 707kHz 的模拟接收基带信号。

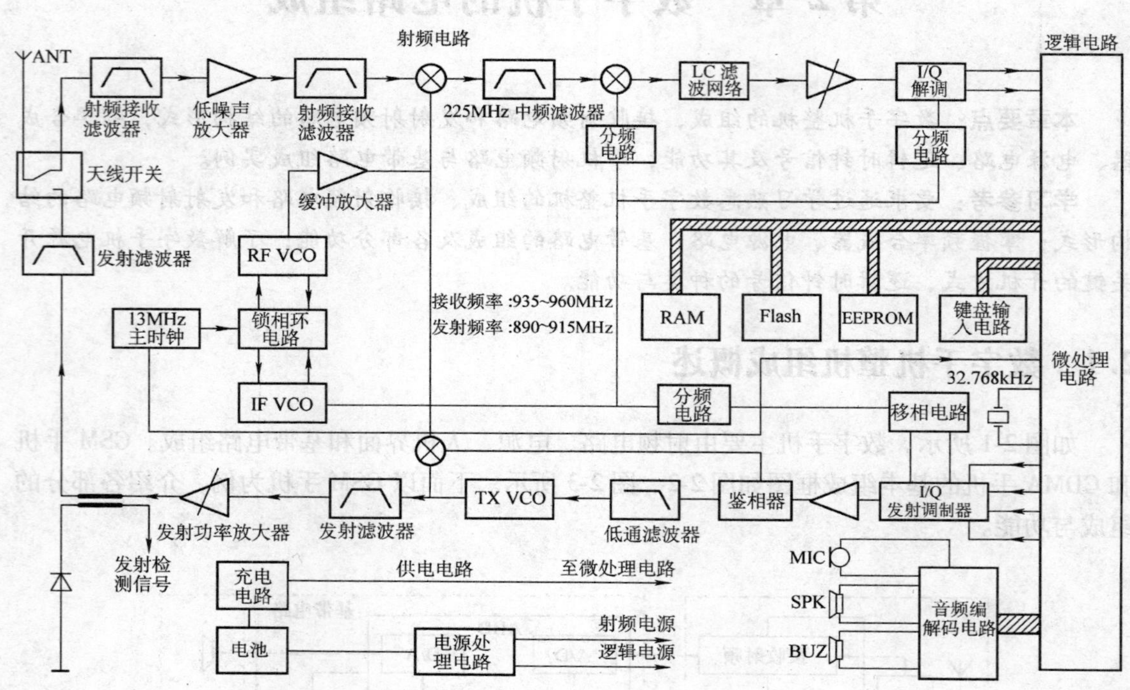


图 2-2 GSM 手机的基本组成框图

接收基带（RXI/Q）信号即接收同相/正交信号。RXI/Q 信号中包含同相（Inphase，I）和正交（Quadrature，Q）两个相位差为 90°（即正交）的数码信号的信息。接收基带信号又分为模拟接收基带信号和数字接收基带信号，前者为模拟信号，后者为数字信号。

**2. 发射射频电路**

发射射频电路由发射基带信号带通滤波器、TXI/Q 调制器、功率放大器和天线电路等组成，负责把 67.707kHz 的模拟发射基带信号变为射频信号，并经天线发射出去。

发射基带（TXI/Q）信号即发射同相/正交信号。TXI/Q 信号中包含要发射的 I 信号和 Q 信号的信息。发射基带信号又分为模拟发射基带信号和数字发射基带信号，前者为模拟信号，后者为数字信号。

**3. 频率合成器**

频率合成器是接收电路和发射电路的共用部分，用于提供振荡信号，以实现接收信号和发射信号的频率变换。频率合成器由参考振荡器、鉴相器（Phase Detector，PD）、低通滤波器（Low Pass Filter，LPF）、分频器和压控振荡器（Voltage Controlled Oscillator，VCO）组成，在微控制器（微处理器或中央处理器 CPU）的控制下，输出信号的频率可以相应地调整。

厂家不同，手机射频电路的结构也不同。

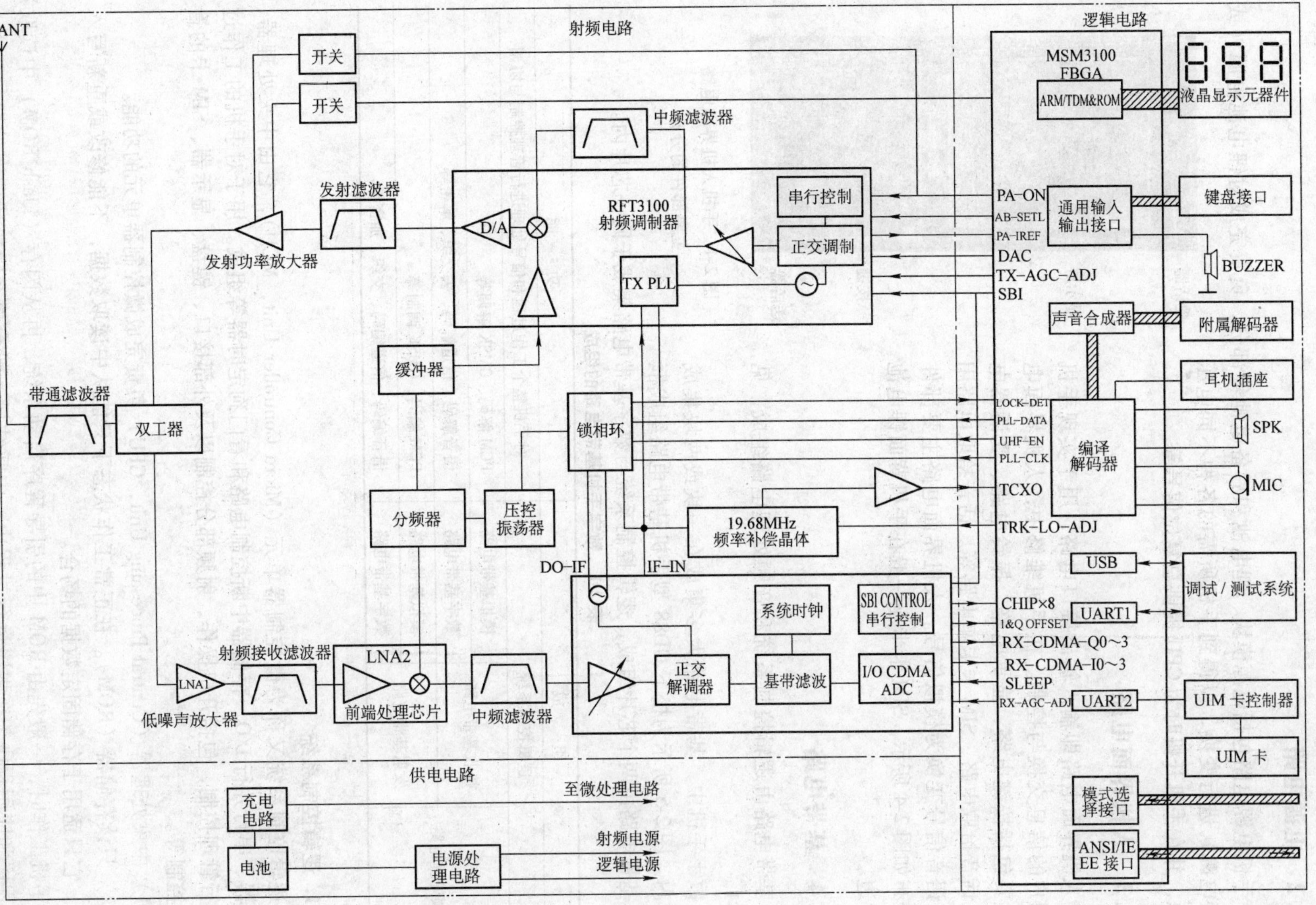


图 2-3　CDMA 手机的基本组成框图

## 2.1.2 电源电路

手机电源电路包括电源模块、锂电池和后备电池等部分，负责完成对锂电池电源（或外接电源）进行变换，以得到手机所需的各种不同电压电源，并在手机开机时为 CPU 提供总复位信号等。

## 2.1.3 人机界面电路

人机界面电路即输入输出接口电路，用于实现手机与用户的信息交换与控制。在手机维修中，人机界面电路主要包括按键电路、显示电路、振铃电路、受话器电路、话音拾取电路、SIM 卡卡座电路等。话音拾取电路用于将语音信号变换为模拟信号。人机界面电路主要部件的分布如图 2-4 所示，SIM 卡卡座一般在手机背面锂电池的后边。

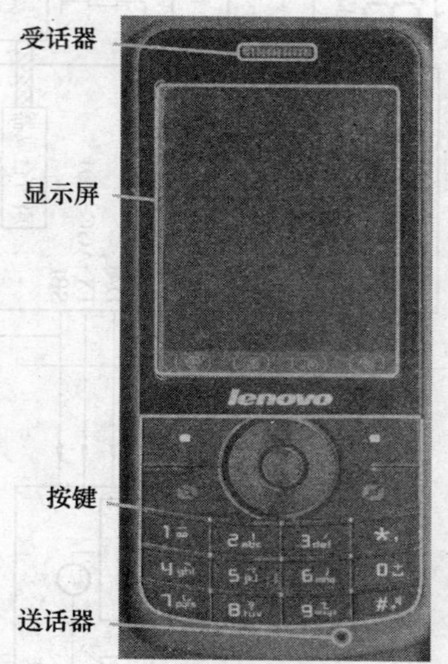


图 2-4 手机人机界面电路主要部件的分布

## 2.1.4 基带电路

基带电路由逻辑控制系统和音频处理电路组成，见表 2-1。

数字手机中，基带电路大多集成在一块或两块集成芯片内。图 2-5 所示为松下 GD88 型手机基带电路组成框图，基带电路由两个芯片组成，逻辑控制系统与数字基带电路集成于同一芯片内。

表 2-1 数字手机基带电路的组成

| 组成 | | | 功能 |
|---|---|---|---|
| 逻辑控制系统 | | | 对手机整个工作过程和信号处理进行管理控制与协调 |
| 音频处理电路 | 接收基带电路 | 模拟基带电路 | PCM 解码、GMSK 解调等 |
| | | 数字基带电路 | 语音解码、信道解码、去交织、解密等 |
| | 发射基带电路 | 模拟基带电路 | PCM 编码、GMSK 调制等 |
| | | 数字基带电路 | 语音编码、信道编码、交织、加密等 |

### 1. 逻辑控制系统

逻辑控制系统又称为微控制器单元（Micro Controller Unit，MCU），它由中央处理器、存储器、串行并行 I/O、存储器中断控制电路和看门狗定时器等组成。用于对手机的工作过程进行管理控制，包括开机操作、射频部分控制以及外部接口、键盘、显示器、SIM 卡的管理和控制等。

1）中央处理器（Central Processing Unit，CPU）负责完成微控制器单元的功能。

2）只读存储器（ROM）。在正常工作状态下只能从中读取数据，不能修改或重新写入数据。它只适用于存储固定数据的场合。

手机工作时，一般先由 ROM 中的引导程序启动系统，再从闪存（Flash ROM）中读取系统程序和应用程序。在程序运行过程中，中间结果一般存放在随机读取存储器（RAM）

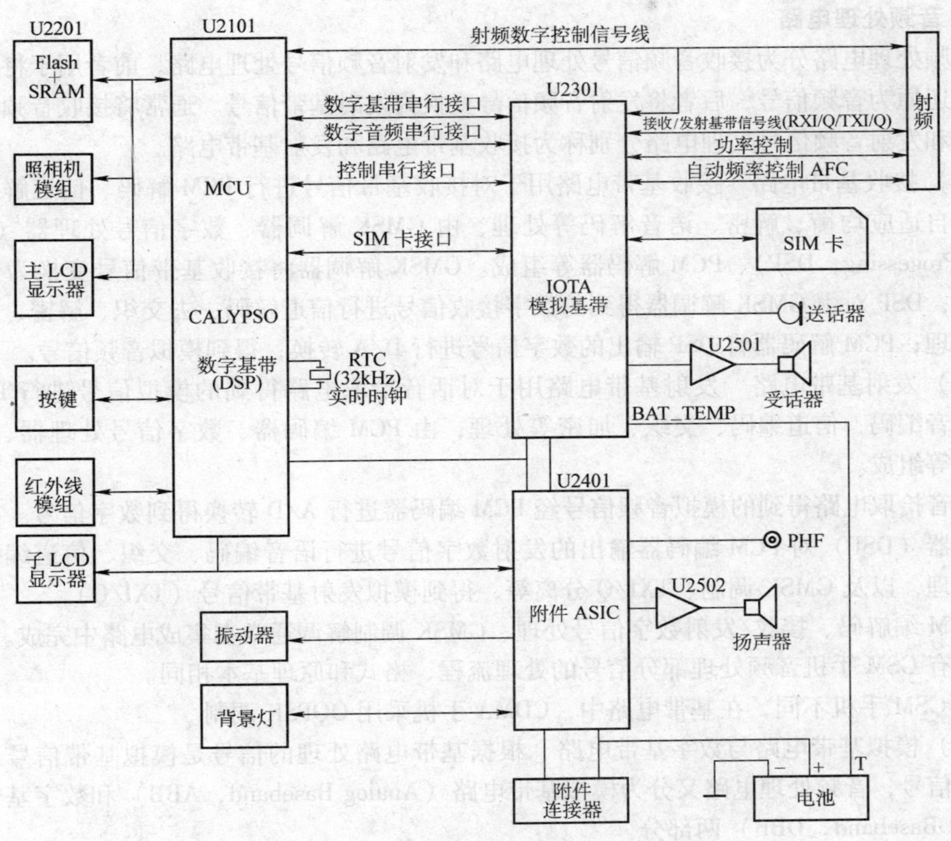


图 2-5 松下 GD88 型手机基带电路组成框图

中，程序结束时，又将结果送到闪存。

3）随机读取存储器（RAM）用于存储手机运行过程中需要暂时保留的信息数据，如呼叫处理数据、计时器数据等，称之为暂存器。手机中常用的随机读取存储器是静态存储器（Static RAM，SRAM）。

4）电擦除存储器（EEPROM 或 $E^2$PROM）又称为码片。EEPROM 主要存放手机系统参数和一些可修改的数据，如射频校准数据、电话号码、菜单设置、手机解锁码、PIN 码、手机机身码（IMEI 码）等，以及一些检测程序，如电池检测程序、显示电压检测程序等。

5）闪烁存储器（Flash ROM）俗称版本或字库，简称为闪存，它在本质上属于 EEPROM。闪存以代码形式装载手机的基本程序、功能程序、监控程序、中文字库和固定参数。手机的基本程序管理整机工作，如各项菜单功能之间的有序连接与过渡的管理程序，各子菜单返回上一级菜单的管理程序、根据开机信号线的触发信号启动开机程序的管理控制等。功能程序包括电话号码的存储与读出、铃声的设置与更改、短信息的编辑与发送、录音与播放、游戏等菜单功能的程序等。

断电后，ROM、EEPROM、Flash ROM 中的信息数据不会丢失，而 RAM 中的信息数据将丢失。

### 2. 音频处理电路

音频处理电路分为接收音频信号处理电路和发射音频信号处理电路，前者用于将接收基带信号还原为音频信号，后者将发射音频信号变换为发射基带信号。通常将接收音频信号处理电路和发射音频信号处理电路分别称为接收基带电路和发射基带电路。

（1）接收基带电路　接收基带电路用于对接收基带信号进行 PCM 解码、信道解码、去交织、自适应均衡、解密、语音解码等处理，由 GMSK 解调器、数字信号处理器（Digital Signal Processing，DSP）、PCM 解码器等组成。GMSK 解调器将接收基带信号变换为数字接收信号；DSP 对由 GMSK 解调器得到的数字接收信号进行信道解码、去交织、解密、语音解码等处理；PCM 解码器将 DSP 输出的数字信号进行 D/A 转换，得到模拟音频信号。

（2）发射基带电路　发射基带电路用于对话音拾取电路得到的模拟信号进行 PCM 编码、语音编码、信道编码、交织、加密等处理，由 PCM 编码器、数字信号处理器、GMSK 调制器等组成。

话音拾取电路得到的模拟音频信号经 PCM 编码器进行 A/D 转换得到数字信号。数字信号处理器（DSP）对 PCM 编码器输出的发射数字信号进行语音编码、交织、信道编码、加密等处理，以及 GMSK 调制、TXI/Q 分离等，得到模拟发射基带信号（TXI/Q）。

PCM 编解码、接收/发射数字信号处理、GMSK 调制解调通常在集成电路中完成。

所有 GSM 手机音频处理部分信号的处理流程、格式和原理基本相同。

与 GSM 手机不同，在基带电路中，CDMA 手机采用 OQPSK 调制。

（3）模拟基带电路与数字基带电路　根据基带电路处理的信号是模拟基带信号还是数字基带信号，音频处理电路又分为模拟基带电路（Analog Baseband，ABB）和数字基带电路（Digital Baseband，DBB）两部分。

1）模拟基带电路即模拟基带信号处理器，负责完成对音频信号和数字基带信号的 A/D、D/A 转换，完成射频电路的自动频率控制（Auto Frequency Control，AFC）、自动增益控制（Automatic Gain Control，AGC）、自动功率控制（Automatic Power Control，APC）等。模拟基带电路主要包括 PCM 编解码器、GMSK 调制解调器、音频放大电路等。

①PCM（Pulse Code Modulation）编码称为脉冲编码调制，它对声音等模拟信号的幅度按一定周期进行取样、量化和编码实现模拟信号的 A/D 转换，得到的脉冲编码调制（PCM）数字信号送至语音编码器。PCM 解码为 PCM 编码的逆过程，它将语音解码器输出的数字信号还原为模拟音频信号，即 D/A 转换。

②GMSK 调制是指对数字基带电路输出的数字发射基带信号（TXI/Q）进行 D/A 转换，得到 67.707kHz 的模拟发射基带信号（TXI/Q）。GMSK 解调是 GMSK 调制的逆过程，它将 67.707kHz 的模拟接收基带信号（RXI/Q）还原为数字接收基带信号（RXI/Q）。

模拟基带电路通过数字基带串行接口、数字音频串行接口与数字基带电路进行数字基带、数字音频信号的传输。数字基带电路通过控制串行接口来控制模拟基带电路的工作。

模拟基带电路通常还提供音频终端接口，如受话器、送话器、铃声、免提扬声器接口等，以及辅助的 ADC 单元，用于对电池、附件等进行必要的监测。

在某些新型的模拟基带电路中，还集成了电源管理单元电路。

2）数字基带电路即数字基带信号处理器，由数字信号处理器（DSP）等组成，或将逻辑控制系统（中央处理器等）包含其中。在中央处理器的控制下，DSP 用于对 PCM 编码器输出的PCM数字信号（业务信息与控制信息）进行语音编码、信道编码、交织、加密、突发脉冲串形成等处理，得到的数字发射基带信号（TXI/Q）被送至GMSK调制器；同时对GMSK解调输出的数字接收基带信号（RXI/Q）进行均衡、解密、去交织、信道解码、语音解码等处理，得到的数字信号送给PCM解码器。

①语音编码又称为源编码。它是在保证正常语音质量的前提下，用于提高信息传输效率、减小所需传输带宽，对语音数据按某一特征参数进行压缩，以尽可能地降低语音码的比特率。数字手机接收到的是经语音编码器压缩的语音信号，语音解码就是在接收端按特征参数进行解压缩，还原出语音数据信号。

②信道编码又称为纠错编码，是指在数字信息发送之前，在每组信息码中插入若干个校验码（即监督码或冗余码），供接收端校验或纠正信息传输过程中出现的随机性错码，以提高信号传输的抗干扰能力。信道编码实例见表2-2。

表2-2 信道编码实例

| 信息 | 1 | 0 |
|---|---|---|
| 信道编码 | 11111 | 00000 |
| 接收比特 | 10110 | 10010 |
| 恢复信息 | 1 | 0 |

③交织（Interleaving）是一种差错控制技术。交织就是在发送端将信息码的排列顺序打乱，重新排列组合，使不同帧的信息码相互穿插交错后再发送到信道中去。在信道中即使产生成串的突发性错码，由于相邻码字已化整为零分散在不同的信息帧中，所以只引起随机差错。在接收端恢复原来的数据序列后，可按随机性错码的方法消除随机性错码。去交织是交织的反过程，是将经过交织后分散到各个突发脉冲序列中的比特取出来恢复成交织前的数据块。交织、去交织实例见表2-3，“×”为传输过程中产生的错码。

表2-3 交织、去交织实例

| 信息 | $1_a$ | $1_b$ | $0_c$ | $0_d$ | $1_e$ |
|---|---|---|---|---|---|
| 信道编码 | $1_a1_a1_a1_a$ | $1_b1_b1_b1_b$ | $0_c0_c0_c0_c$ | $0_d0_d0_d0_d$ | $1_e1_e1_e1_e$ |
| 交织 | $1_a1_b0_c0_d1_e$ | $1_a1_b0_c0_d1_e$ | $1_a1_b0_c0_d1_e$ | $1_a1_b0_c0_d1_e$ | $1_a1_b0_c0_d1_e$ |
| 接收比特 | ××××× | ××××× | $1_a1_b0_c0_d1_e$ | $1_a1_b0_c0_d1_e$ | $1_a1_b0_c0_d1_e$ |
| 去交织 | ××$1_a1_a1_a$ | ××$1_b1_b1_b$ | ××$0_c0_c0_c$ | ××$0_d0_d0_d$ | ××$1_e1_e1_e$ |
| 恢复信息 | $1_a$ | $1_b$ | $0_c$ | $0_d$ | $1_e$ |

④加密是指通过仅由移动台和基站知道的加密方式修改信息块的内容。解密是指通过与加密相反的方法恢复有用信息。

⑤均衡即信道均衡，是指在接收端的均衡器中产生与传输信道特性相反的特性，抵消信道产生的延时干扰信号，从而正确判断和恢复有用信号。

数字基带电路还提供与模拟基带电路之间的硬件接口（I/O接口），例如，数字基带串行接口、数字音频串行接口、控制串行接口等。

I/O接口用于传输数字基带与模拟基带之间的数字信号、控制信息等数据，选择输入、输出部件，并参与控制I/O接口部件的工作速度，使之与CPU或其他部件的工作速度能够匹配。

数字基带电路通常使用基准时钟信号和实时时钟信号两个时钟信号。为了省电，在待机状态下，基带电路通常会使用32.768kHz的实时时钟信号。

不同手机的基带电路的结构基本相似。

## 2.2 射频电路的结构

### 2.2.1 接收射频电路的结构

GSM 手机接收射频电路的组成如图 2-6 所示，信号变化过程如下：

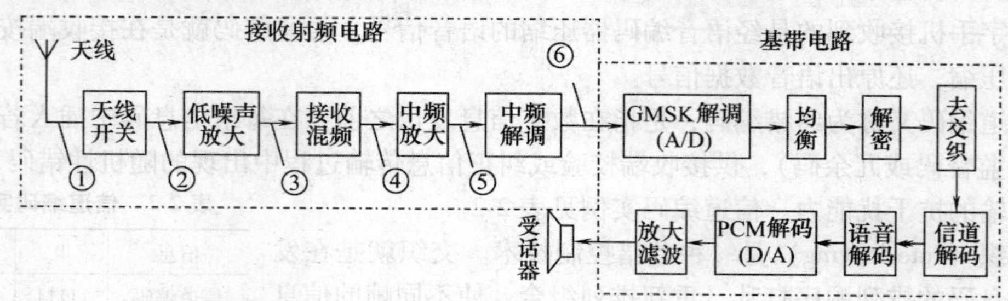


图 2-6 GSM 手机接收射频电路的组成

①是由电磁波经天线感应得到的射频（Radio Frequency，RF）信号，含有各种不同频率成分的信号。

②是由天线感应得到、经天线开关输出的射频信号，包括接收射频信号内多种频率成分的信号。

③是由天线开关输出、经射频滤波器（图中未画出）滤波、低噪声放大器放大后得到的射频信号，频带宽度与手机工作频段一致。

④是由低噪声放大器放大后的射频信号经混频器混频得到的中频信号。如果有两级混频器，那么第一级混频器的输出称为一中频信号，第二级混频器的输出称为二中频信号。

⑤是对混频器输出的中频信号进行放大得到的中频信号。

⑥是对中频信号进行中频解调（I/Q 解调）得到的模拟接收基带信号（RXI/Q），一般为差分信号 RXI +、RXI - 和 RXQ +、RXQ -。

CDMA 手机接收射频电路中信号的变化过程与 GSM 手机的相似。

GSM 手机接收射频电路与接收基带电路一起构成接收电路（RX）。GSM 手机接收电路的结构形式主要有超外差一次变频、超外差二次变频、直接变频线性和低中频（“近零中频”）四种。因为 GSM 手机的基带电路基本相同，所以 GSM 手机接收电路的结构形式实际上指的是其接收射频电路的结构形式。本书主要介绍前三种结构形式的接收电路。

**1. 超外差一次变频接收电路**

超外差一次变频接收电路简称为一次变频接收电路，电路结构如图 2-7 所示。各部分的主要功能如下：

1）天线用于将空中传播的电磁波感应为接收射频信号，并传送至天线开关。

2）天线开关用于将天线送来的射频信号送至接收电路，或将发射电路发送的射频信号送至天线。

3）射频滤波器用于滤除接收频带外的信号，得到相应频段的射频信号，提高低噪声放大器输入信号的信噪比。

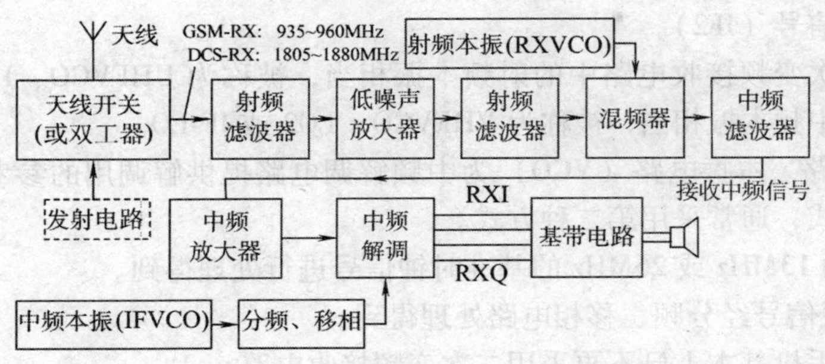


图 2-7 一次变频接收电路的结构

4）低噪声放大器（Low Noise Amplifier，LNA）用于对射频滤波器输出的接收射频信号进行放大，以满足混频器对输入信号幅度的要求。

5）射频本振（即接收本振 RXVCO 或 LO1）用于为混频器提供本振信号，以实现射频信号与本振信号的混频。

6）混频器（Mixer，MIX）用于将低噪声放大器输出的接收射频信号与射频本振信号进行混频，得到接收中频（Intermediate Frequency，IF）信号。

7）中频滤波器用于滤除接收中频信号外的其他信号，提高输出信号的信噪比。

8）中频放大器用于对由中频滤波器输出的接收中频信号进行放大，并送中频解调电路（RXI/Q 解调）处理。

9）中频本振（IFVCO 或 LO2）产生的信号经过分频、移相处理后，为中频解调电路提供正交本振信号。分频、移相电路通常与中频解调电路集成在一个芯片中。

10）中频解调电路用于对接收中频信号与正交本振信号进行混频，还原出模拟接收基带信号（RXI/Q）。正交本振信号是由中频本振信号经分频移相得到的相位差为 90°的两路本振信号。接收基带信号经放大、滤波后被送至基带电路，在基带电路中，经一系列的处理后还原出模拟语音信号，并推动扬声器发声。

**2. 超外差二次变频接收电路**

超外差二次变频接收电路简称为二次变频接收电路，电路结构如图 2-8 所示，与一次变频接收电路的区别如下：

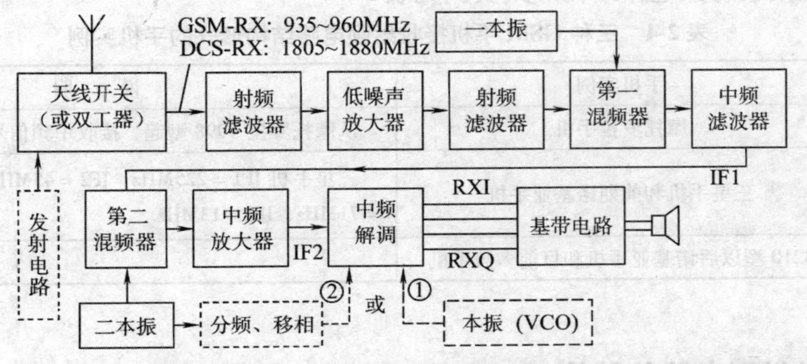


图 2-8 二次变频接收电路的结构

（1）增加一级混频器 第一级混频器（MIX1）对接收射频信号与一本振信号进行混频得到接收一中频信号（IF1）；第二级混频器（MIX2）对接收一中频信号与二本振信号混频

得到接收二中频信号（IF2）。

一本振与一次变频接收电路中的射频本振相当，被称为 UHFVCO、LO1 或 RX-LO；二本振则与其中的中频本振相当，被称为 VHFVCO、LO2 或 IF-LO。

（2）本振电路　本振电路（VCO）为中频解调电路提供解调用的参考信号，该信号有以下两种产生方式，通常采用第二种方式。

1）对频率为 13MHz 或 26MHz 的基准时钟信号进行处理得到。

2）由二本振信号经分频、移相电路处理得到。

目前，数字手机基本上已不再采用二次变频接收电路。

**3. 直接变频线性接收电路**

直接变频线性接收电路（Direct Conversion Linear Receiver，DCR）简称为直接变频接收电路，电路结构如图 2-9 所示。因直接变频接收电路的混频器（中频解调）输出为零中频接收基带信号（RXI/Q），所以又称为“零中频”接收电路。直接变频接收电路接收到的射频信号在混频器中直接被还原出接收基带信号，该混频器又被称为正交下变频器或 RXI/Q 解调器。

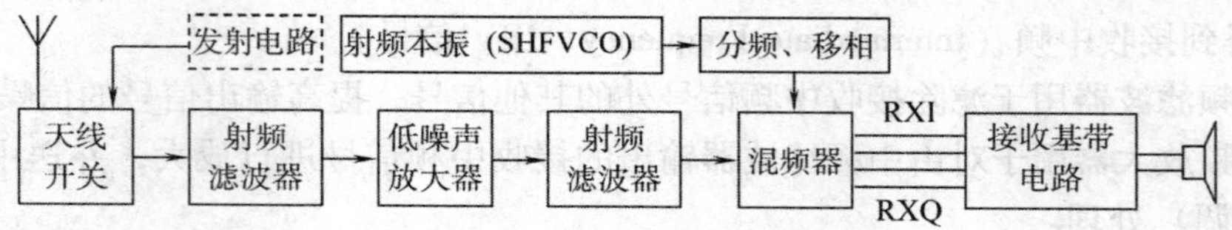


图 2-9　直接变频线性接收电路的结构

射频本振（诺基亚手机中称为 SHFVCO）信号既用于发射调制，又用于接收解调。射频本振信号的频率是接收射频载波信号频率的几倍，该信号经分频、移相电路处理后为混频器提供本振信号。例如，诺基亚 3310 型手机中，射频本振电路产生 3GHz 以上的信号。当接收电路工作在 GSM、DCS 模式时，射频本振电路产生的信号分别被四分频、二分频得到 GSM、DCS 射频本振（接收本振）信号。

在新型的数字手机中，越来越多的手机开始采用直接变频接收电路和低中频接收电路。

GSM 手机接收射频电路结构形式实例见表 2-4。

**表 2-4　三种 GSM 手机接收射频电路结构形式的手机实例**

| 结构形式 | 手机实例 | 说　明 |
|---|---|---|
| 一次变频 | 摩托罗拉手机 | 从摩托罗拉 V998 型起，接收中频信号均为 400MHz |
| 二次变频 | 三星手机和前期诺基亚手机 | 三星手机 IF1 = 225MHz、IF2 = 45MHz，诺基亚手机 IF1 = 71MHz、IF2 = 13MHz |
| 直接变频 | 8210 型以后诺基亚手机和目前多数手机 | |

## 2.2.2　发射射频电路的结构

GSM 手机发射射频电路的组成如图 2-10 所示，信号变化过程如下：

①是由基带电路对语音信号进行一系列处理后得到的 67.707kHz 的模拟发射基带信号

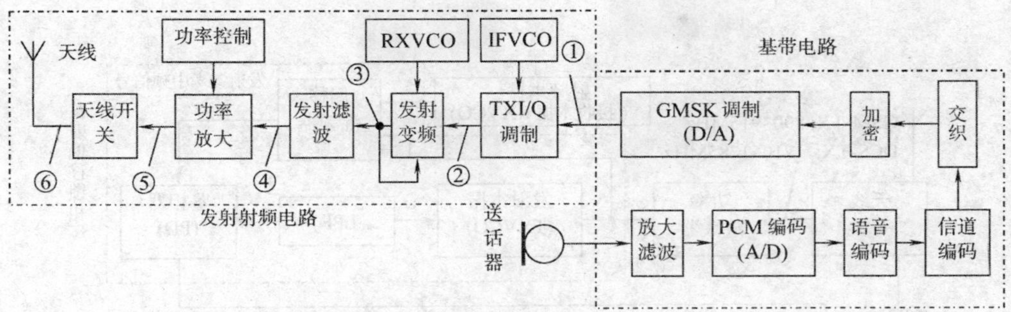


图 2-10 GSM 手机发射射频电路的组成

(TXI/Q)。

②是由发射基带信号在 TXI/Q 调制电路中利用 TXI/Q 信号对发射中频载波进行调制得到的已调发射中频信号。

③是已调发射中频信号经发射变频电路频率变换得到的已调发射射频信号，该信号功率较小不符合发射功率要求，且频率成分复杂。

④是由已调发射射频信号经发射滤波器滤波得到的符合手机发射工作频段的发射射频信号。

⑤是发射射频信号经功率放大器放大得到的符合发射功率要求的已调发射射频信号，功率放大器的放大倍数由功率控制电路控制。

⑥是由功率放大器输出的已调发射射频信号经过天线开关送至天线的已调发射射频信号。该信号由天线变换为电磁波向外辐射。

GSM 手机发射射频电路与发射基带电路一起构成发射电路（TX)。GSM 手机发射电路的结构形式主要有三种：带偏移锁相环、带发射上变频器和直接调制，三者的区别主要是最终发射信号的产生方式不同。因为 GSM 手机的基带电路基本相同，所以 GSM 手机发射电路的结构形式实际上指的是其发射射频电路的结构形式。

CDMA 手机发射射频电路的结构与 GSM 手机的相似。

**1. 带偏移锁相环的发射电路结构**

带偏移锁相环（Offset Phase-Locked Loop，OPLL）发射电路又称为带发射变频模块发射电路或带发射 VCO 发射电路，电路结构如图 2-11 所示。这种发射电路先进行中频调制得到已调发射中频信号，再将发射中频信号变换为最终发射射频信号。发射射频电路主要由 TXI/Q 调制、发射偏移锁相环（发射变频模块）、功率放大器组成。

(1) TXI/Q 调制器 无论发射电路采用哪种结构形式，从基带电路输出的 67.707kHz 发射基带信号均被输入到 TXI/Q 调制器。发射中频载波信号由中频本振信号经分频、移相后得到。在 TXI/Q 调制器中，TXI/Q 信号对发射中频载波进行脉冲调制得到已调发射中频信号。已调发射中频信号经发射中频放大器放大后被送到鉴相器，该信号相当于鉴相器的参考信号。

TXI/Q 调制器通常集成在一个中频处理模块中，少数的集成在一个专门的调制器模块中。

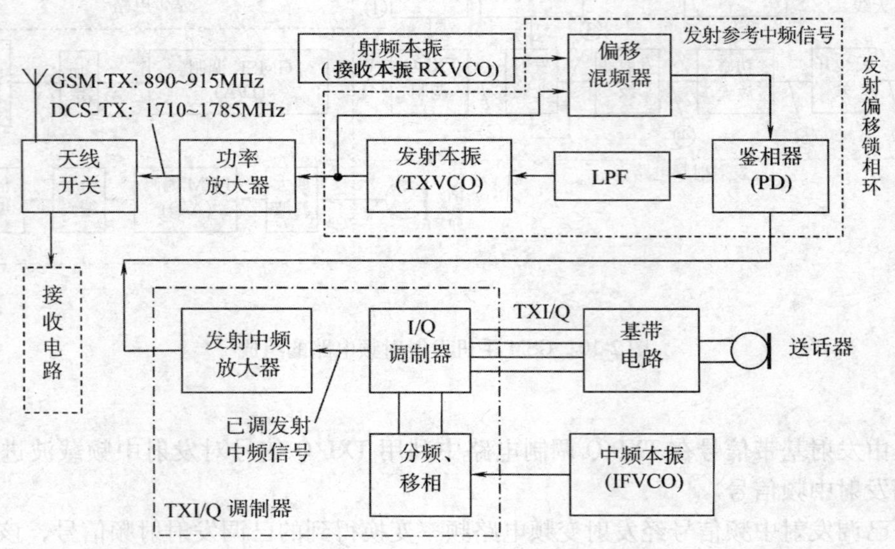


图 2-11 带偏移锁相环的发射电路结构

（2）发射偏移锁相环 发射变频模块由偏移混频器（Offset Mixer）、鉴相器、环路滤波器（或称为低通滤波器）组成，它与发射本振组成发射偏移锁相环（或称为发射调制环路）。通常将偏移混频器、鉴相器集成在芯片中。

在发射电路启动时，发射本振电路开始工作，发射本振电路产生的信号被送到偏移混频器，与射频本振信号进行混频得到鉴相器的发射参考中频信号。

在鉴相器内，发射参考中频信号与已调发射中频信号进行比较，得到相位误差信号。相位误差信号经低通滤波器滤波后，得到一个包含发送数据的脉动直流电压控制信号（该信号与 GMSK 调制信息及发射电路的工作信道有关），去控制发射本振电路使发射本振电路输出信号的频率发生变化，直到发射参考中频信号的频率与已调发射中频信号的频率一致，从而完成发射本振电路的信道锁定。

由于发射偏移锁相环带宽合适，在鉴相器对发射参考中频信号和已调中频信号进行处理时，发射信息仍包含在鉴相器的输出信号中。这些发射信息被调制到发射本振射频信号上，使发射本振电路输出最终的已调发射射频信号。

已调发射射频信号经滤波后，被送到功率放大器进行功率放大，使已调发射射频信号具有足够的功率经天线辐射出去。

（3）功率放大器 功率放大器为高频宽带功率放大器，主要由驱动放大、功率放大、缓冲放大、功率控制、取样整流、比较电路和电源组成，工作原理示意图如图 2-12 所示。功率放大器用于对已调发射射频信号进行功率放大。

二极管起隔离作用。在发射时，功率控制电路使二极管导通，已调发射射频信号被送至驱动放大电路；在无发射时，二极管截止，已调发射射频信号不能进入驱动放大电路。

在功放输出端，由取样电路采样取得的信号送至高频整流电路整流，得到反映发射功率大小的直流电平，该电平与来自逻辑控制电路的功率控制参考信号在比较电路中进行比较，输出功率控制信号去控制功放电路的偏压或电源实现功率控制。功率控制参考信号是 CPU 根据手机接收到的基站信号场强产生的，经 D/A 转换后得到的 5～15 级的功率等级控制信号。

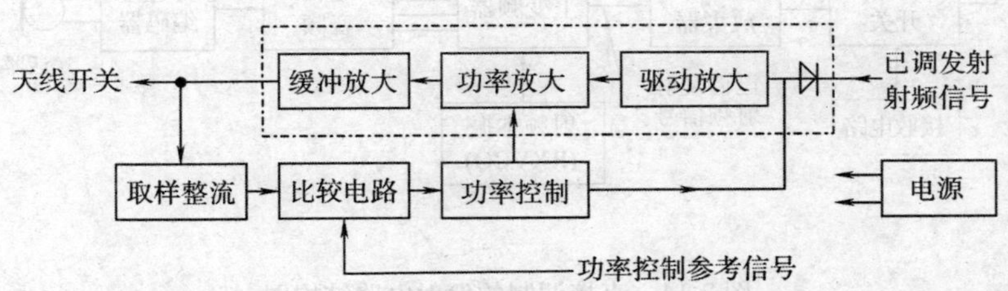


图 2-12　功率放大器的工作原理示意图

**2. 带发射上变频器的发射电路结构**

带发射上变频器的发射电路又称为带发射二次上变频器的发射电路，图 2-13 为带发射上变频器的发射电路结构图，它用发射上变频器代替了图 2-11 中的发射偏移锁相环。在发射上变频器中，已调发射中频信号与射频本振信号进行混频，得到最终发射信号。

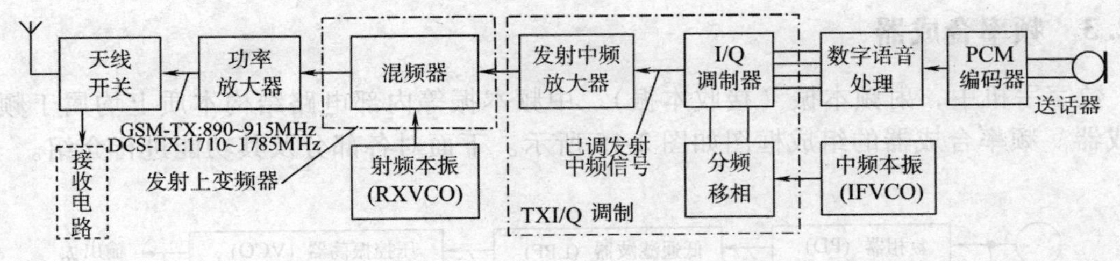


图 2-13　带发射上变频器的发射电路结构图

发射上变频器也是一个混频器。设已调发射中频信号、射频本振信号和混频器输出信号频率为 $f_I$、$f_L$ 和 $f_O$。若混频器满足关系：$f_O > f_I$，则称之为上变频器。当输出信号频率为输入信号频率与本振信号频率之差，且比输入信号频率高时，称为下边带上变频器。当 $f_O = f_I + f_L > f_I$ 时，混频器称为上边带上变频器。上变频器主要用于发射电路中。

带发射上变频器的发射电路结构简单，但稳定性差，只有诺基亚 8110、3810、6150、3210、7110 型等手机采用该电路结构。

**3. 直接调制的发射电路结构**

图 2-14 为直接调制的发射电路结构图，直接调制发射电路又称为直接变频发射电路。不同于其他两种结构形式的发射电路，直接调制发射电路将调制器与上变频器合为一体，在一个电路中完成调制与上变频。发射基带信号直接对射频本振（诺基亚手机称为 SHFVCO）信号进行调制，得到最终发射信号。

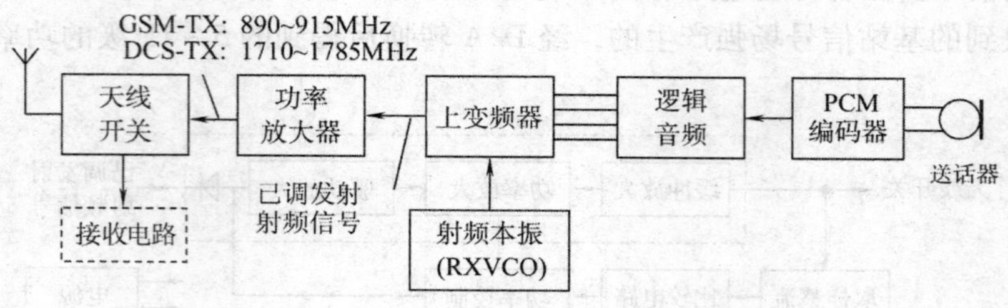


图 2-14　直接调制的发射电路结构图

GSM 手机发射射频电路结构形式实例见表 2-5。

表 2-5　三种 GSM 手机发射射频电路结构形式的手机实例

| 结构形式 | 手　机　实　例 |
|---|---|
| 带偏移锁相环 | 摩托罗拉、三星手机 |
| 带发射上变频器 | 前期诺基亚手机 |
| 直接调制 | 8210 型以后的诺基亚手机和目前多数手机 |

## 2.2.3　频率合成器

数字手机中，射频本振（接收本振）、中频本振等内部电路结构本质上均属于频率合成器。频率合成器的组成框图如图 2-15 所示。下面对各部分及其功能进行介绍。

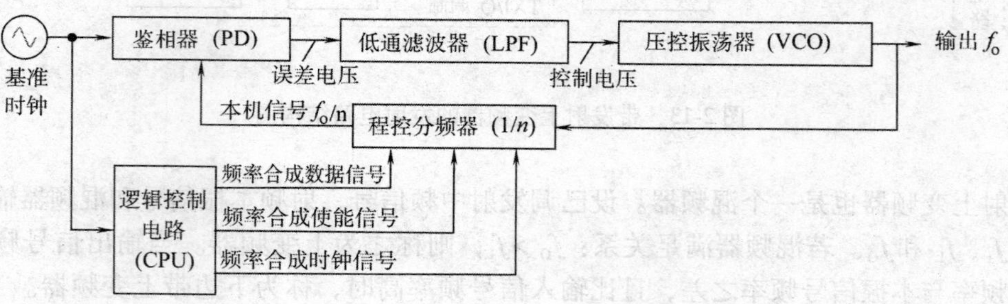


图 2-15　频率合成器的组成框图

### 1. 基准时钟电路

基准时钟电路又称为基准频率振荡器，用于产生 13MHz（或 26MHz、19.5MHz）的基准时钟信号。该信号一方面为手机逻辑控制电路提供时钟脉冲，称之为主时钟信号或系统时钟信号；另一方面为频率合成器提供基准频率信号。

GSM 手机采用时分多址技术，以不同的时隙区分用户。手机与基站系统必须保持同步，否则，手机不能与基站系统进行正常通信或出现无信号故障。所以手机开机扫描时，首先要获取同步信息和频率校正信息，若手机系统检测到手机时钟信号与系统不同步，则手机逻辑控制电路将会输出自动频率控制（AFC）信号。AFC信号通过改变13MHz基准时钟电路中变容二极管两端的反向偏压，使该电路输出的频率发生调整而保证手机与系统的同步。

基准时钟信号的产生主要有下面两种方式：

1）由专用的13MHz基准时钟组件产生。该组件一般有输出端、电源端、AFC控制端和接地端共四个端口。

2）由一个13MHz（或26MHz、19.5MHz）石英晶振、集成电路和外接元件构成的振荡电路产生。振荡电路输出的26MHz或19.5MHz的基准时钟信号需要在内部分频后再输出。

CDMA手机的基准时钟信号频率为19.68MHz。

手机电路中，另有输出频率为32.768kHz的实时时钟（Real Time Clock，RTC）振荡电路。实时时钟信号又称为睡眠时钟信号，负责为显示屏提供正确的时间显示和使手机进入睡眠状态。早期机型无此电路，故无时间显示和睡眠功能。

**2. 鉴相器**

鉴相器（PD）将压控振荡器输出信号的相位变化变换为脉冲直流电压信号，该信号经低通滤波器滤波后控制压控振荡器输出信号的频率。

在手机电路中，鉴相器通常与分频器被集成在一个专用的锁相环芯片中，或被集成在内含多种功能的复合芯片中。

**3. 压控振荡器**

压控振荡器（VCO）是一个电压和频率变换电路，它利用鉴相器输出相位差电压信号的变化，通过改变压控振荡器内部变容二极管两端的反向偏压，而使压控振荡器输出信号频率得以调整。

**4. 分频器**

在频率合成中，为了提高控制精度，鉴相器工作在低频状态下，而VCO输出频率是比较高的。利用分频器对VCO输出信号进行取样分频后送到鉴相器，以和基准时钟信号进行相位比较。

分频器分频比有程控和固定两种。例如，射频本振（即接收本振RXVCO）、发射本振（TXVCO）中，分频器的分频比由逻辑控制电路根据信道变化情况进行程控，输出信号频率也随信道变化而变化。因为中频本振电路（中频VCO）输出信号的频率是固定的，所以它的分频器的分频比也是固定的。

程控分频器中，当手机接收到系统要求改变频率的信令时，手机将信令进行解调、解码，并由CPU通过频率合成数据（SYNDAT）、频率合成时钟（SYNCLK）和频率合成使能（SYNEN或SYNON）三条线改变程控分频器的分频比，而使鉴相器输出电压相应产生变化，压控振荡器的频率也随之产生改变。

频率合成器的参考信号均来自基准频率振荡器。

目前，部分GSM手机射频电路各组成部分采用的电路见表2-6。

表 2-6 部分 GSM 手机射频电路各组成部分采用的电路

| 名称 | | 采用电路 |
|---|---|---|
| 接收射频电路 | 天线开关 | 摩机①和星机②采用天线开关，诺机③采用双工滤波器（参看 3.1 节） |
| | 低噪声放大器 | 3210 型前诺机、L2000 型前摩机采用前端 IC，8210 型等诺机、V2288 型后摩机采用分立元器件 |
| | 中频放大器 | 摩机一般采用分立元器件，近期采用 IC；诺机和星机将中频放大器集成于中频 IC |
| | 基准时钟信号 | 摩机由 13MHz 晶振与中频 IC 内部 PLL 构成，诺机采用专用 13MHz 基准时钟组件 |
| | 射频本振、一本振 | L2000 型后的摩机将 RXVCO 集成于 IC、前期采用分立元器件，8110 型后的诺机将 UHFVCO 集成于高频 VCO 的 IC，星机将 RX-LO 集成于频率合成器 IC |
| | 中频本振、二本振 | 摩机中单频机的 IFVCO 采用分立元器件、双频机采用集成 IC，星机将 IF-LO 集成于频率合成器 IC |
| | I/Q 解调器 | 诺机、星机等集成于语音编码器中，有的将 CPU、I/Q 调制解调器集成于一个 IC |
| 发射射频电路 | 中频本振（IFVCO） | 摩机集成于中频 IC，星机、国产机和前期诺机由接收二本振分频得到 |
| | TXVCO | V998 型后的摩机和 800 型后的星机采用 IC |
| | I/Q 调制器 | 摩机集成于中频 IC，诺机、星机等集成于语音编码器，有的将 CPU、I/Q 调制解调器集成于一个 IC |
| | 偏移锁相环 | 星机集成于中频 IC，前期摩机采用独立 IC、V998 型后集成于中频 IC |
| 说明 | | 表中①～③分别是摩托罗拉手机、三星手机、诺基亚手机的简称 |

## 2.3 电源电路的原理及组成

图 2-16 为手机电源电路的原理示意图，两个供电电路等效于开关。当只有电池供电时，电池供电电路导通，将电源送到电源电路；当外接电源连接到手机时，经切换控制电路的检测，控制电池供电电路关闭，外接电源经外接电源供电电路送至电源电路。

手机电源电路包括电池供电电路、开机信号电路、升压电路、非受控电压输出电路、受控电压输出电路和机内充电电路等。

### 2.3.1 电池供电电路

电池电源通常用 VBATT、VBAT、BATT 表示。电池通过四条线和手机相连，即电池正极（BATT）、电池信息（BSI、BATTDAT 或 BATT ID 等）、电池温度（BTEMP）、电池地（GND）。电池信息端用于防止用户使用非手机厂家电池，还用于对电池信息进行检测以确定合适的充电方式。电池温度用于防止电池温度过高而损坏手机电池或手机。电池信息和电池温度还与手机开机有一定联系，接触不良时，手机有可能不开机。

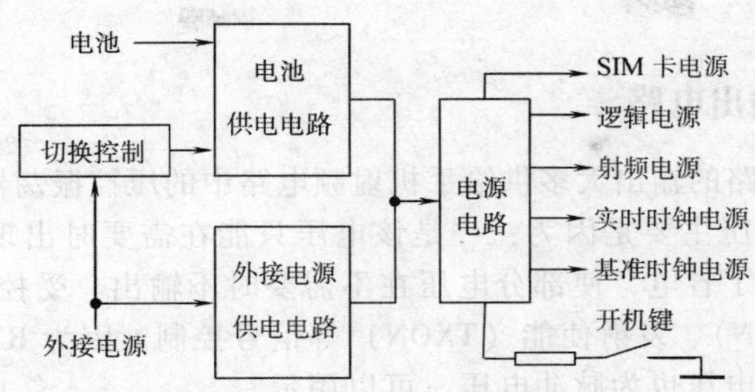


图 2-16　手机电源电路的原理示意图

## 2.3.2　开机信号电路

手机电源开关键（开机键）开机的方式有两种：一种是高电平开机，即当电源开关键被按下时开机触发端接电池电源正极，由高电平启动电源电路开机，三星手机基本上采用高电平开机方式；另一种是低电平开机，即当电源开关键被按下时，开机触发端接地，由低电平启动电源电路开机。使用较多的是低电平开机方式，如摩托罗拉手机、诺基亚手机等。手机开机信号电路的原理示意图如图 2-17 所示。

在开机信号电路中，还有一个开机维持信号（看门狗信号），该信号来自于 CPU，用于维持手机正常开机，如图 2-17 所示。按下电源开关键后（一般需超过 2s），电源电路输出电压对 CPU 供电，并对 CPU 提供复位信号（总复位信号），同时，电源电路还输出 13MHz 基准时钟电路所需的供电电压，使 13MHz 基准时钟电路输出 13MHz 基准时钟至 CPU。CPU 在具备电源、复位信号、时钟信号（称之为开机三要素）后，手机进行自检，自检通过后，输出开机维持信号送到电源集成电路以取代开机触发信号，维持手机正常开机。开机维持信号通常用 DCON、CCONTCSX、POWERON、WDOG 等表示。

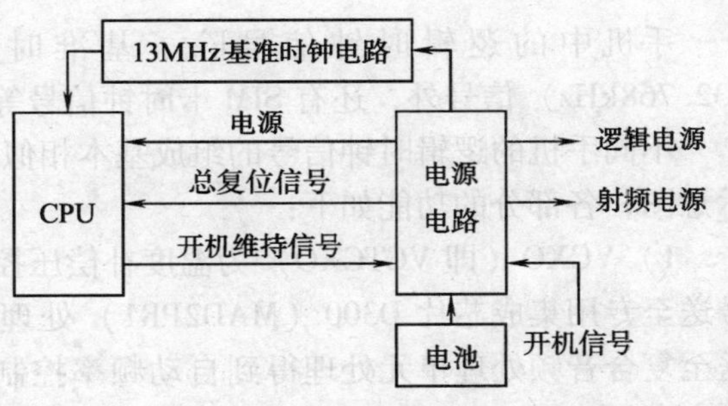


图 2-17　手机开机信号电路的原理示意图

## 2.3.3　升压电路

手机电池电压较低，而有些电路则需要较高的工作电压，另外，电池电压随着用电时间的延长会逐渐降低。为此，利用升压电路为手机电路提供稳定且符合要求的电压。升压电路主要包括振荡升压方式和开关稳压升压方式，一般升压为 5 ~5. 6V。

## 2.3.4　非受控电压输出电路

非受控电压输出电路用于输出非受控电压，非受控电压就是只要按下电源开关键就有输出的电压。非受控电压大部分供给逻辑控制电路和基准时钟电路，使逻辑控制电路具备工作条件（供电、时钟、复位），并输出开机维持信号。非受控电压一般是稳定的直流电压，可以用万用表测量。

### 2.3.5 受控电压输出电路

受控电压输出电路的输出大多供给手机射频电路中的压控振荡器、功放和发射本振等电路。输出受控电压主要是因为：一是该电压只能在需要时出现，否则，手机功能会发生混乱；二是为了省电，使部分电压在不需要时不输出。受控电压一般受 CPU 输出的接收使能（RXON）、发射使能（TXON）等信号控制。因为 RXON、TXON 信号为脉冲信号，所以受控电压也为脉冲电压，可以用示波器进行测量。

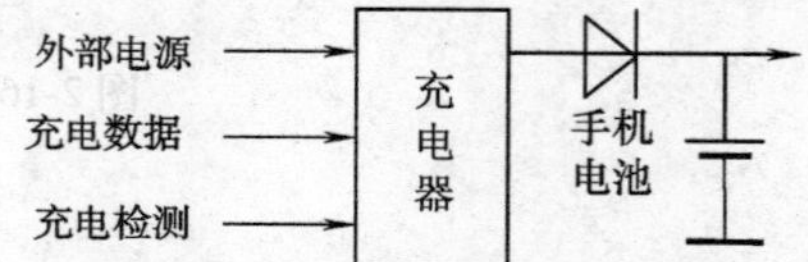


图 2-18 手机机内充电电路的充电原理图

### 2.3.6 机内充电电路

机内充电电路又称为待机充电电路，它利用外部电源为手机电池充电，并为整机供电。手机机内充电电路的充电原理图如图 2-18 所示。

## 2.4 逻辑时钟信号及其功能

手机中的逻辑时钟信号除了基准时钟（13MHz 或 26MHz）信号和实时时钟（32.768kHz）信号外，还有 SIM 卡时钟信号等。

不同手机的逻辑时钟信号的组成基本相似，图 2-19 为诺基亚 3210 型手机逻辑时钟信号示意图，各部分的功能如下：

1）VCXO（即 VCTCXO）为温度补偿压控振荡器，由 VCXO 产生的 13MHz 基准时钟信号送至专用集成芯片 D300（MAD2PR1）处理得到 13MHz 复合音频模块时钟信号，该信号送至复合音频处理单元处理得到自动频率控制信号 AFC 反馈至 VCXO，使 VCXO 输出信号频率更加稳定。

2）VCXO 输出的 13MHz 信号在 D300 内经过锁相环处理得到 52MHz、3.25MHz、1.083MHz 的信号。52MHz 信号被送至数字信号处理单元；3.25MHz 信号被送至中频模块 N700 作频率合成时钟信号 SCLK，并经复合电源模块给 SIM 卡电路作 SIM 卡时钟信号；1.083MHz 信号被送至液晶显示屏（Liquid Crystal Display，LCD）驱动电路和复合音频单元做显示屏数据时钟信号 GENSIO_0。

SIM 卡时钟信号用于 SIM 卡与 D300 之间进行数据传输。

3）复合音频处理单元得到 8kHz 脉冲编码同步时钟信号（PCMSYNC）和 520kHz 脉冲编码传输时钟信号（PCMCLK），这两个信号被送至 D300，它们用于数字信号处理单元与复合音频处理单元之间的数据传输。

4）当手机处于睡眠模式时，实时时钟电路输出 32.768kHz 信号，用作逻辑控制电路的睡眠时钟信号。

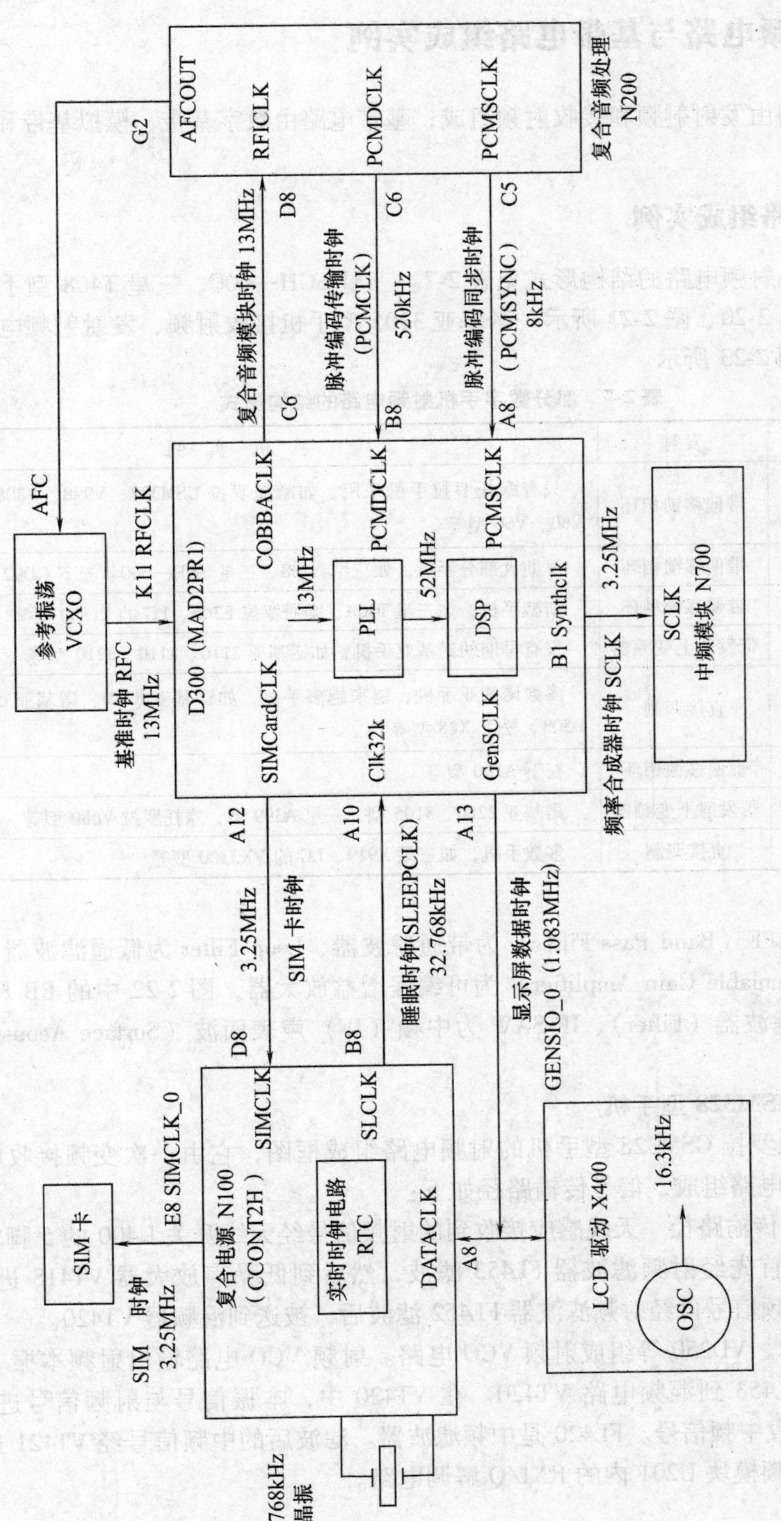


图 2-19 诺基亚 3210 型手机逻辑时钟信号示意图

# 2.5 手机射频电路与基带电路组成实例

手机射频电路由发射射频和接收射频组成；基带电路由数字基带、模拟基带和电源电路等组成。

## 2.5.1 射频电路组成实例

部分数字手机射频电路的结构形式见表2-7。三星SGH—600、三星T408型手机射频电路的组成框图如图2-20、图2-21所示。诺基亚3105型手机接收射频、发射射频电路的组成框图如图2-22、图2-23所示。

表2-7 部分数字手机射频电路的结构形式

| 类型 | 接收 | 发射 | 手机实例 |
| --- | --- | --- | --- |
| GSM | 一次变频 | 带偏移锁相环 | 只有摩托罗拉手机采用，如摩托罗拉GSM328、V998、V8088、L2000、V60、V66型等 |
| | 二次变频 | 带偏移锁相环 | 早期大部分手机，如三星N188、三星SGH—600、松下GD92型等 |
| | 低中频 | 带偏移锁相环 | 新型手机，如三星T408、摩托罗拉E365、LG的L1100型等 |
| | 二次变频 | 带发射上变频器 | 仅有早期的诺基亚手机，如诺基亚2110、8110、3210型等 |
| | 直接变频 | 直接调制 | 多数诺基亚手机、越来越多手机，如诺基亚8210、诺基亚6230、三星D508、松下X88型等 |
| | 直接变频 | 带偏移锁相环 | 松下A100型等 |
| CDMA | 一次变频 | 带发射上变频器 | 诺基亚2280、3105型，三星A399型，摩托罗拉V680型等 |
| | 直接变频 | 直接调制 | 多数手机，如三星X919、LG的VX3100型等 |

图2-20中的BPF（Band Pass Filter）为带通滤波器、Loop Filter为低通滤波器。图2-21中的PGA（Programmable Gain Amplifier）为可编程增益放大器，图2-22中的BB Filter为基带（Base Band）滤波器（Filter）、IF SAW为中频（IF）声表面波（Surface Acoustic Wave, SAW）滤波器。

**1. 摩托罗拉GSM328型手机**

图2-24为摩托罗拉GSM328型手机的射频电路组成框图，它由一次变频接收电路和带偏移锁相环的发射电路组成，信号传输路径如下：

（1）接收信号传输路径　天线感应接收到的射频信号经天线开关U400的5脚输出到接收电路。接收信号首先经射频滤波器FL453滤波，然后到低噪声放大器VT418进行放大。VT418放大后的射频信号再经射频滤波器FL452滤波后，被送到混频器VT420。

VT251、VT252、VD250等组成射频VCO电路。射频VCO电路输出射频本振（即接收本振）信号，经FL453到混频电路VT420。在VT420中，本振信号与射频信号进行混频，得到153MHz的接收中频信号。FL420是中频滤波器。滤波后的中频信号经VT421进行中频放大后，到复合中频模块U201内的RXI/Q解调电路。

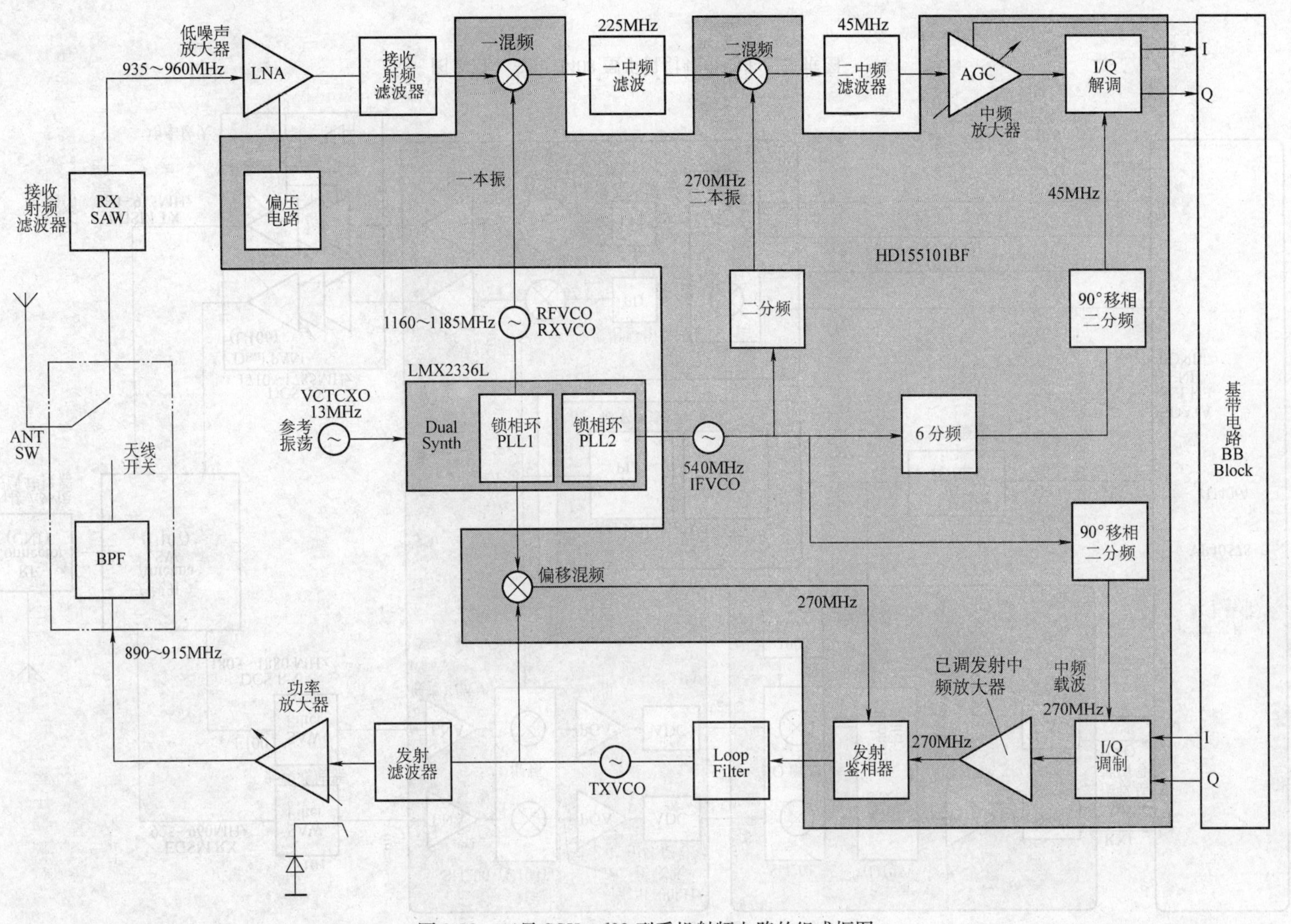


图 2-20　三星 SGH—600 型手机射频电路的组成框图

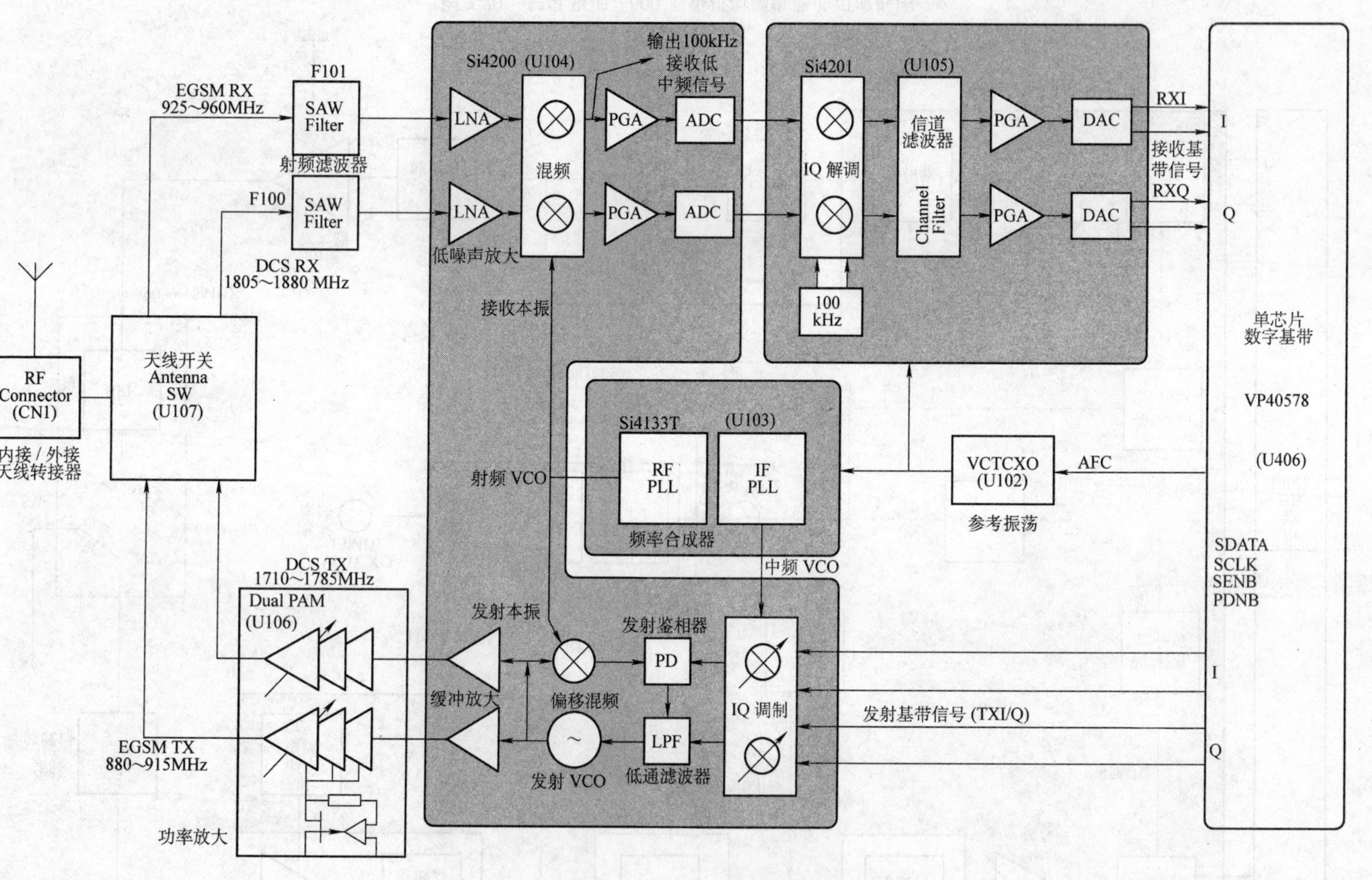


图 2-21 三星 T408 型手机射频电路的组成框图

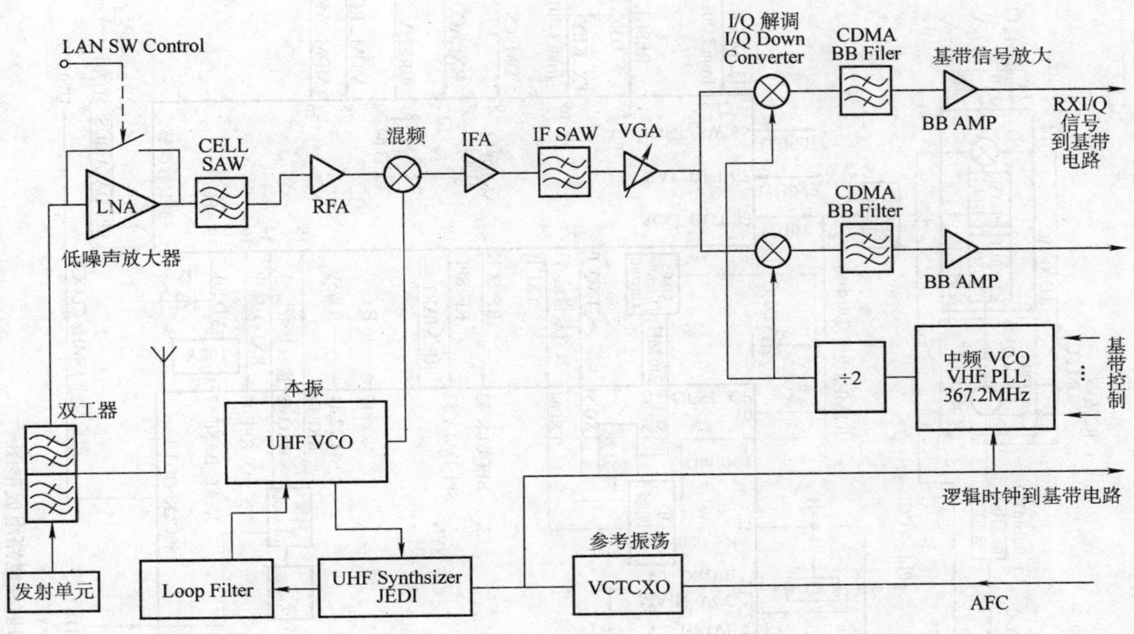


图 2-22　诺基亚 3105 型手机接收射频电路的组成框图

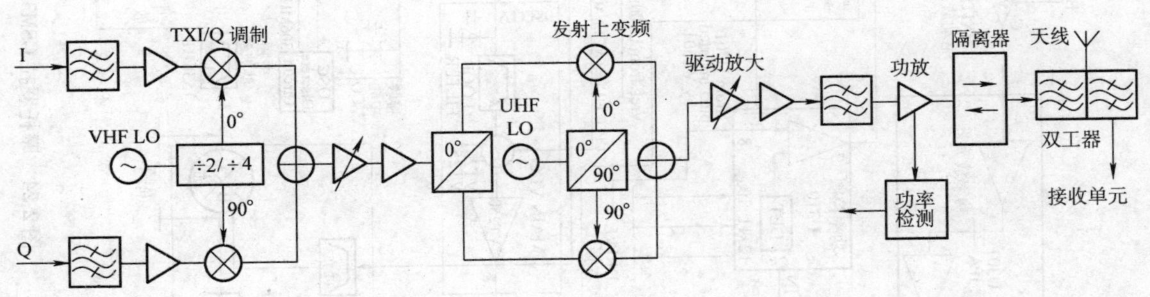


图 2-23　诺基亚 3105 型手机发射射频电路的组成框图

在复合中频模块 U201 内，接收中频 VCO 信号被二分频，在解调电路中与接收中频信号进行处理，得到接收基带信号（RXI/Q）。接收基带信号从 U201 的 46、48 脚输出到射频逻辑接口模块 U501。U501 将模拟的接收基带信号变换成为数字信号，经串行数据线（SPI DATA BUS）送到逻辑控制电路。逻辑控制电路的信号传输路径见图 2-27。

射频逻辑接口模块 U501 输出的信号经 SPI DATA BUS 信号线到中央处理器 U701。U701 也是一个复合的呼叫处理单元，经 U701 处理后的信号再经 DATA BUS 线到数字语音处理器 U801，经 U801 信道解码等处理，得到数字语音信号，从 U801 的 78 脚输出。

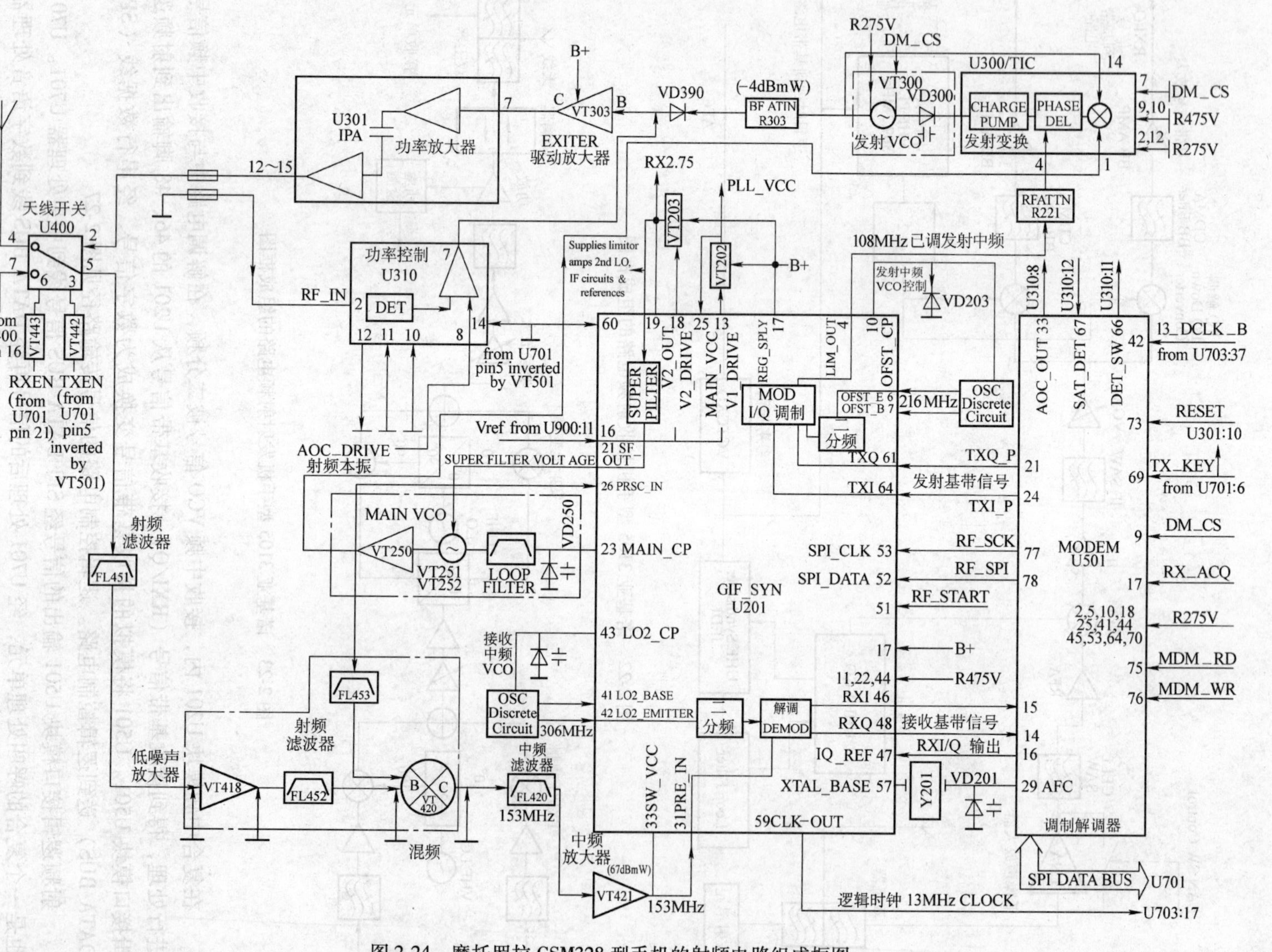


图 2-24 摩托罗拉 GSM328 型手机的射频电路组成框图

数字语音处理器 U801 输出的信号送到 PCM 编译码器 U803、双工器 U802。U801 输出的信号在 U803 中经 D/A 转换（PCM 解码），得到模拟的音频信号从 U803 的 4 脚输出。

PCM 编译码器 U803 输出模拟的音频信号在复合电源管理模块 U900 内进行音频功率放大，然后从 U900 的 19、20 脚输出到受话器，或从 U900 的 5 脚输出到蜂鸣器。

（2）发射信号传输路径　如图 2-27 所示，送话器输出的模拟语音电信号在复合电源管理模块 U900 内进行放大，放大后的语音信号经 U900 的 10 脚输出到 PCM 编译码器 U803 的 18、19 脚。在 U803 内进行 A/D 转换（PCM 编码）得到数字语音信号，从 U803 的 13 脚输出到 U801 的 83 脚。

由 U801 的 83 脚输入的数字语音信号在 U801 内进行处理，得到的数字语音信号经 SPI DATA BUS 线到中央处理器 U701。U701 处理后得到的信号再经 SPI DATA BUS 信号线送到射频逻辑接口模块 U501。U501 对数码信号进行 D/A 转换，得到模拟发射基带信号（TXI/Q），从 U501 输出到复合中频模块 U201 的 61 ~ 64 脚。

模拟发射基带信号被送到复合中频模块 U201 内的 TXI/Q 调制器。发射中频 VCO 产生的信号在 U201 内被二分频，得到 I/Q 调制器的载波信号。I/Q 调制器输出 108MHz 的已调发射中频信号，从 U201 的 4 脚输出到偏移锁相环 U300 的 4 脚。

复合中频模块 U201 输出的已调发射中频信号被送到偏移锁相环 U300 内的鉴相器。射频本振信号到 U300 的 1 脚，发射本振信号进入 U300 的 14 脚。两个本振信号在 U300 内进行混频，得到发射参考中频信号。

复合中频模块 U201 输出的已调发射中频信号与偏移锁相环 U300 内的发射参考中频信号在 U300 内的鉴相器和泵电路中进行处理，得到一个脉动的直流信号从 U300 输出到发射本振电路作控制信号。该控制信号控制发射本振电路中的变容二极管（VD300）。发射本振电路在 U300 输出控制信号的控制下，产生最终发射信号。

泵电路即电荷泵电路，用于将鉴相器的双端输出变为单端输出，实现鉴相器与低通滤波器的连接。

发射本振电路输出的最终发射信号由驱动放大器 VT303、功率放大器 U301 进行功率放大，然后经天线开关 U400 到天线，由天线将高频信号变换成为高频电磁波辐射出去。

**2. 松下 A100 型手机**

目前，越来越多的手机采用高度集成的复合射频信号处理器构成手机射频电路。松下 A100 型手机射频电路的组成框图如图 2-25 所示，其核心器件仅包含一个射频处理器（SKY74963）、功率放大器（SKY77324）、天线开关和射频滤波器。

与摩托罗拉 GSM328 型手机射频电路比较发现：松下 A100 型手机中的 SKY74963 完成了 GSM328 手机中的偏移锁相环 U300、发射 VCO、复合中频模块 U201、LNA、混频和射频 VCO 等多个电路的功能。

## 2.5.2　基带电路组成实例

手机基带电路包含数字基带、模拟基带、电源管理以及各种输入、输出终端电路。图 2-26 为松下 A100 型手机基带电路的组成框图，各部分的功能如下：

数字基带信号处理器 AD6525 集成了微控制器和数字信号处理器，它提供整机功能控制和数字信号处理功能。

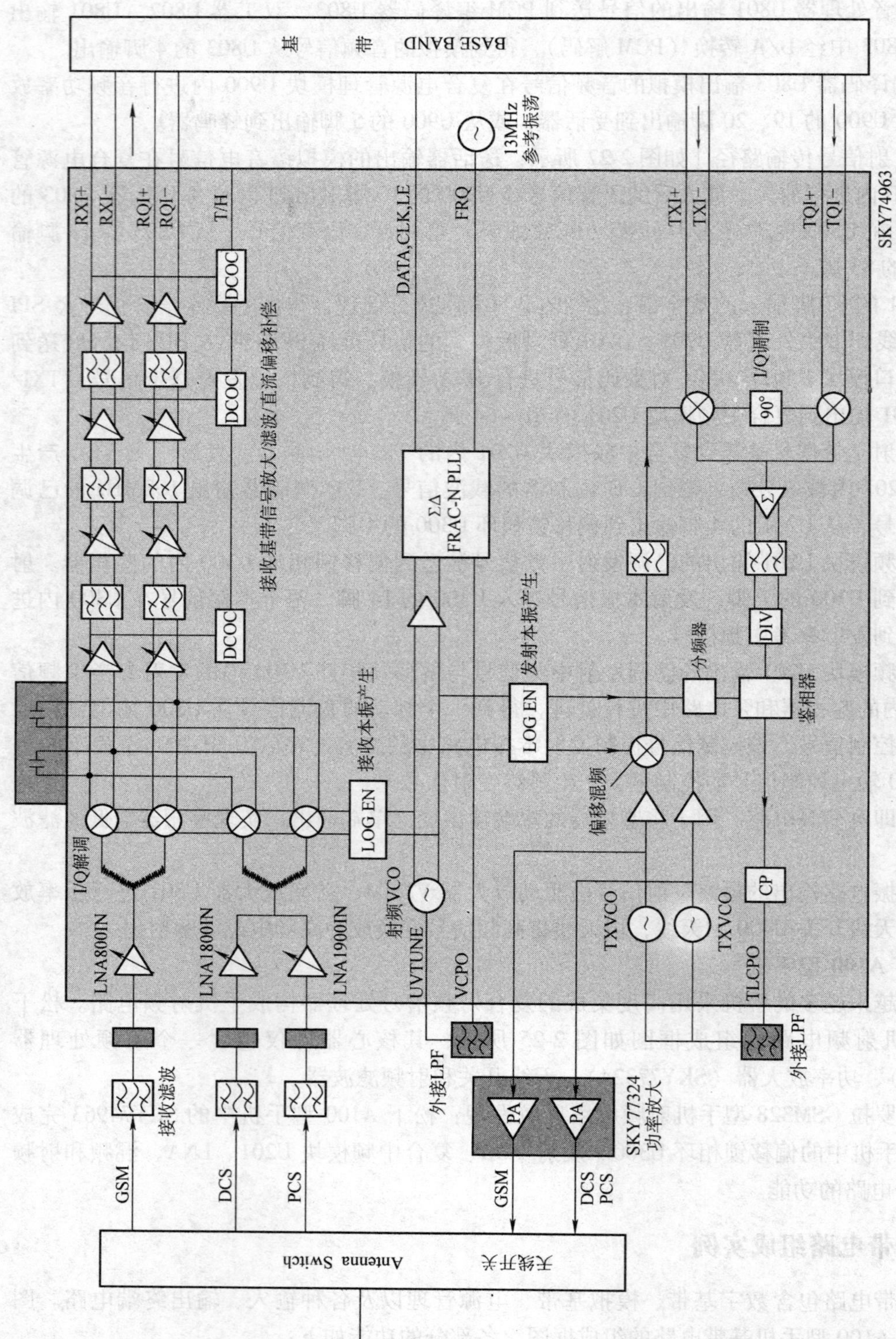


图 2-25 松下 A100 型手机射频电路的组成框图

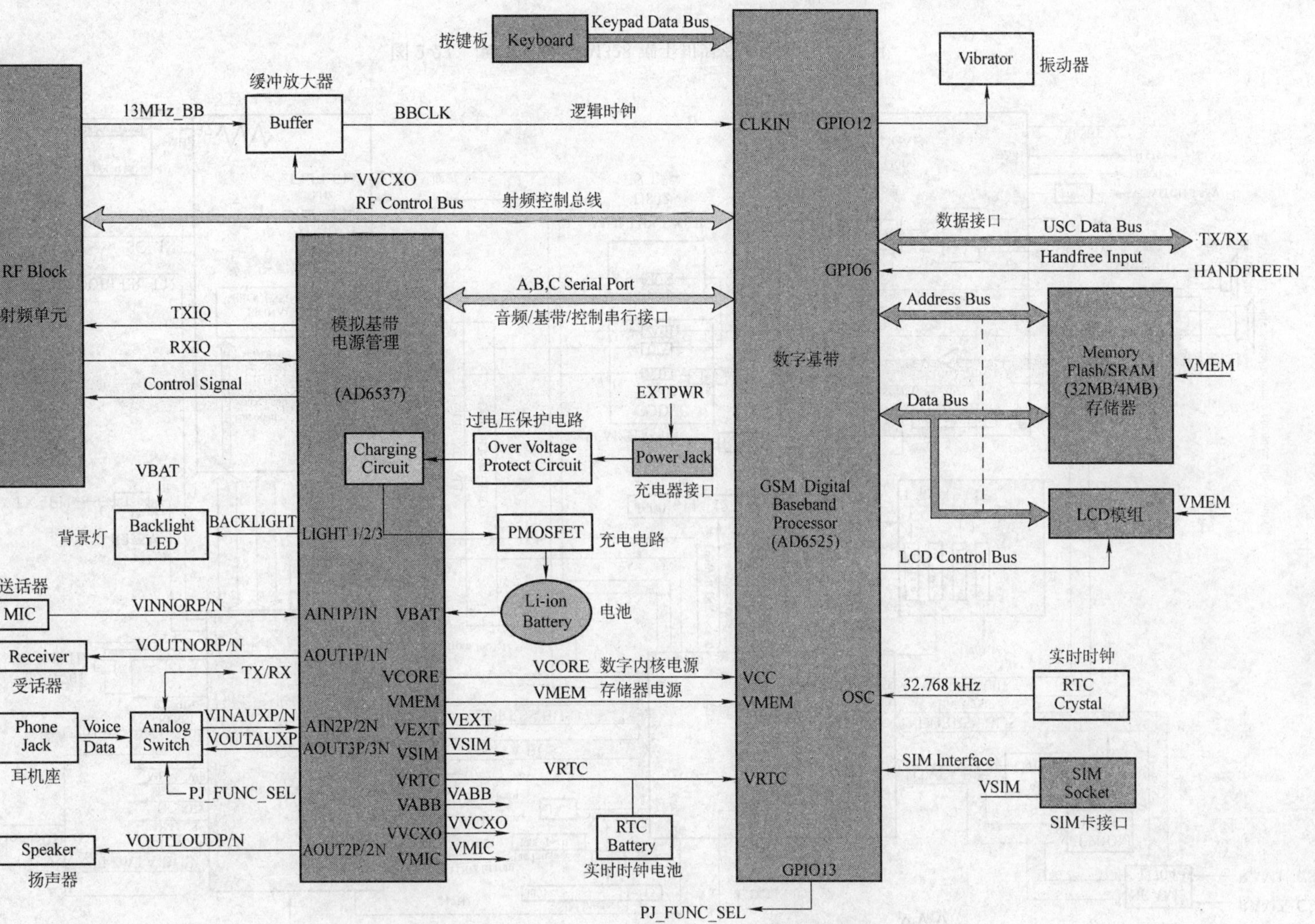


图 2-26　松下 A100 型手机基带电路的组成框图

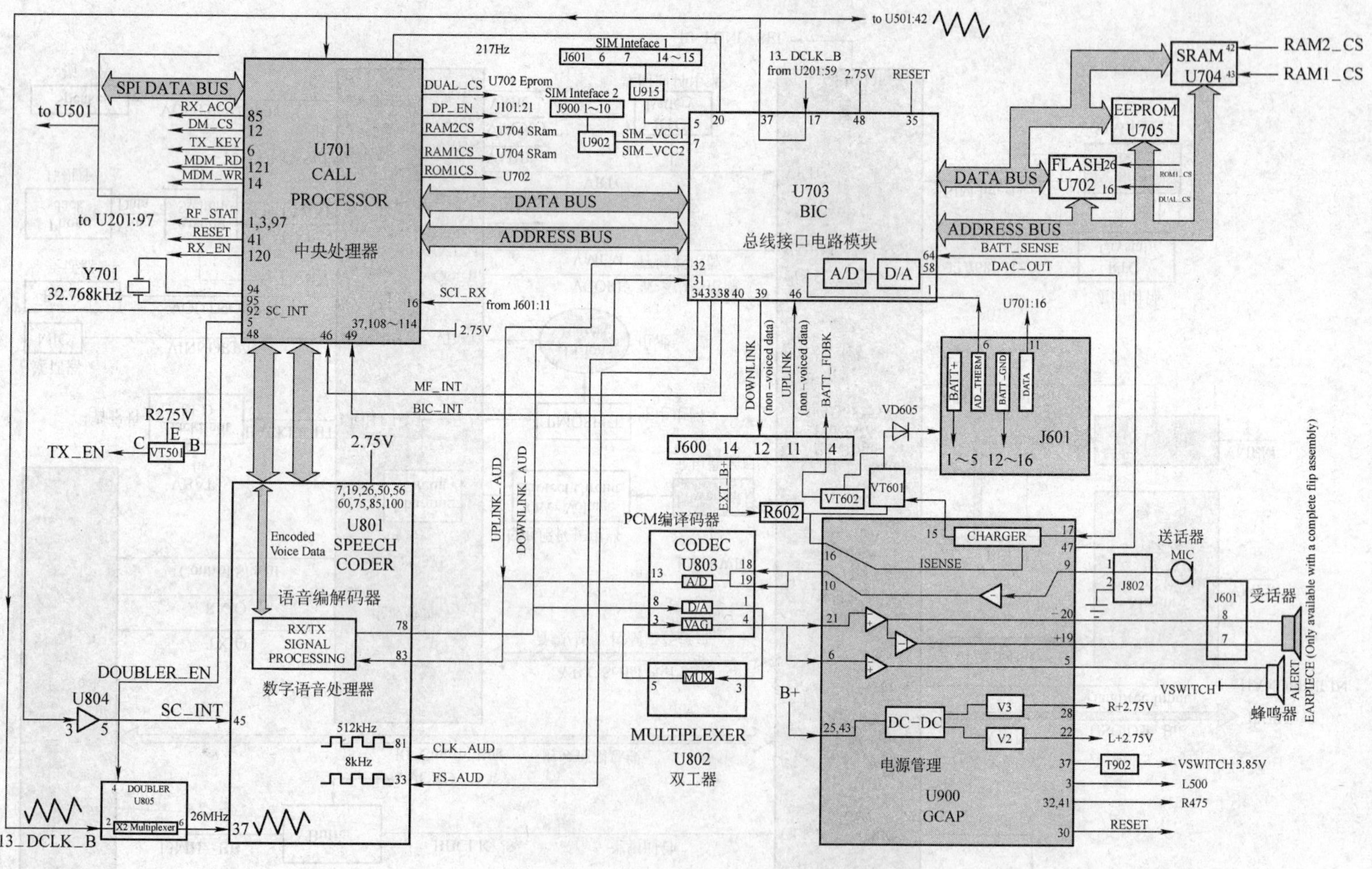


图 2-27 摩托罗拉 GSM328 型手机基带电路的组成框图

模拟基带信号处理器 AD6537 是一个复合电路，它集成了模拟基带与电源管理电路。在模拟基带方面，AD6537 用于对接收、发射基带信号和接收、发射音频信号进行处理，提供自动频率控制（AFC）、发射功率斜坡控制（RAMP）和用于各种监测功能的 A/D 转换等。

在电源管理方面，AD6537 用于提供数字基带电源、存储器电源、时钟电源，以及开关机控制逻辑控制电路和复位电路等。

送话器（Microphone，MIC）、受话器（Receiver）、背景灯、LCD 是手机的输入输出终端元器件。

手机的射频电路为基带电路提供逻辑时钟信号。如果没有逻辑时钟信号，手机就不能开机。

图 2-27 为摩托罗拉 GSM328 型手机基带电路的组成框图，与松下 A100 型手机基带电路比较发现：松下 A100 型手机的 AD6537 相当于集成了摩托罗拉 GSM328 型手机中射频逻辑接口模块 U501、PCM 编译码器 U803 和双工器 U802 等多个电路；而松下 A100 型手机的 AD6525 相当于集成了摩托罗拉 GSM328 型手机中的中央处理器 U701、数字语音处理器 U801 和 U703 等。

## 小　　结

本章主要介绍了数字手机整机的组成、接收射频电路和发射射频电路的结构、以及频率合成器、电源电路、逻辑时钟信号及其功能、手机射频电路与基带电路组成实例。

1）数字手机主要由射频电路、基带电路、人机界面和电源电路组成。

2）射频电路包括接收射频电路、发射射频电路、频率合成器三个部分。

3）基带电路由逻辑控制系统和音频信号处理电路组成。逻辑控制系统由中央处理器、存储器等组成；音频信号处理部分由数字基带电路和模拟基带电路组成。

4）基带电路负责完成对整机的功能控制，并处理去射频电路或来自射频电路的信号，同时提供各种用户接口。

5）基带电路通常使用基准时钟信号和实时时钟信号两个时钟信号。在待机状态下，基带电路通常会使用 32.768kHz 的实时时钟信号。

6）GSM 手机的接收射频电路结构主要有一次变频、二次变频和直接变频三种电路结构形式。越来越多的手机采用第三种结构形式。

7）发射射频电路有三种结构形式：带偏移锁相环、带发射上变频器和直接调制。

8）手机电源电路包括电池供电电路、开机信号电路、升压电路、非受控电压输出电路、受控电压输出电路和机内充电电路等。

9）逻辑时钟信号包括频率合成时钟、SIM 卡时钟、显示屏数据时钟、脉冲编码同步时钟、脉冲编码传输时钟信号等。

## 习　题　2

2.1　画出数字手机整机组成框图，并简要说明各部分的主要功能是什么？

2.2　数字手机中的存储器主要有哪些？码片和字库的功能是什么？

2.3　GSM 手机接收电路或发射电路的结构形式有哪几种？各组成部分的功能是什么？

2.4 GSM手机接收信号和发射信号基本的处理过程是怎样的？
2.5 画出频率合成器的组成框图，并说明各部分的功能是什么？
2.6 频率合成器怎样实现输出信号频率的调整？
2.7 数字手机基准时钟信号的频率有哪几种？较常用的频率是多少？
2.8 画出数字手机整机电源电路组成框图，并说明各部分的功能是什么？
2.9 数字手机电池与主板连接信号线有哪几条？每条线的功能是什么？
2.10 数字手机电源开关键开机方式有哪几种？每种方式的电路连接是怎样的？
2.11 数字手机的开机三要素是什么？手机开机过程是怎样的？
2.12 数字手机中的逻辑时钟信号有哪几种？每种信号的功能是什么？
2.13 以图2-24为例，简要说明接收信号和发射信号的传输路径是怎样的？
2.14 以图2-5为例，简要说明数字手机基带电路的组成及其各部分的功能是怎样的？
2.15 GSM手机射频电路的结构形式有哪几种？试举例说明。
2.16 为什么要保持手机与移动通信系统的频率同步？怎样实现频率同步？

# 第3章　GSM数字手机功能电路

**本章要点**：GSM数字手机的接收射频电路、发射射频电路、频率合成器、电源电路、基带电路、人机界面电路等功能电路的功能与工作原理；GSM数字手机中的调制解调种类与功能；GSM数字手机的关机程序；复位信号、射频控制信号的种类与功能；部分功能电路的构成实物。

**学习参考**：要求通过学习熟悉GSM数字手机天线电路、功率控制电路、充电控制电路、电池检测电路、SIM卡检测电路、频率合成器等的功能与工作原理；掌握开机方式，复位信号、射频控制信号的类型；了解CPU、DSP等的功能，部分功能电路工作不正常时出现的故障，以及部分功能电路的构成实物。

## 3.1　GSM数字手机的接收射频电路

接收射频电路包括天线电路、射频滤波器、低噪声放大器、混频器、射频本振、中频滤波器、中频放大器、中频解调电路、中频本振等。

### 3.1.1　天线电路

天线电路是手机接收电路的第一级电路，也是发射电路的最后一级电路。天线电路主要由天线、天线开关、双工滤波器、双讯器构成，天线开关、双工滤波器和双讯器有时被统称为射频开关。

**1. 天线**

天线（Antenna，ANT）一般为螺旋鞭状天线或短鞭状天线，分内置和外置两种。内置天线实例如图3-1所示。

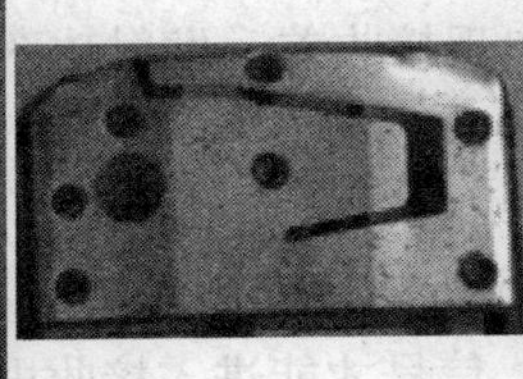

图3-1　内置天线实例

**2. 天线开关、双工滤波器与双讯器**

（1）天线开关　天线开关（Antenna Switch，ANT SW）一般只出现在GSM手机中，如摩托罗拉手机和三星手机，用于分离发射射频信号和接收射频信号。天线开关一般由集成电路（IC）和外接元器件组成，集成电路内部由一组受控开关组成，天线开关的电路结构如图3-2所示。在接收时，来自CPU的接收使能（RXON）信号控制开关S与点A闭合，使天线接收到的射频信号进入接收电路；在发射时，来自 CPU 的发射使能（TXON）信号控制开关 S 与点 B 闭合，使发射信号经天线向外辐射。开关 S 的工作状态也可由 RXON、TXON 信号变换得到的信号进行控制。

**注意**：有的手机中，另有用于选择将内置天线或外置天线接入手机电路的天线变换开关电路，该电路的功能有别于天线开关。

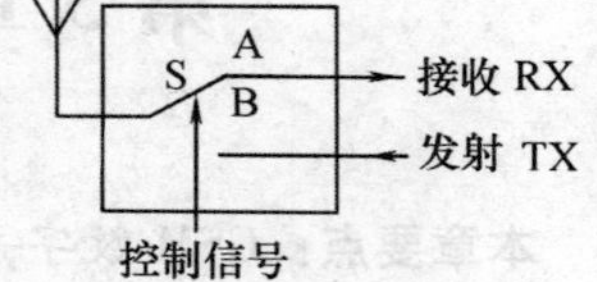


图 3-2 天线开关的电路结构

（2）双工滤波器 双工滤波器（Duplex Filter，DUP）即双工器，一般用在单频手机中，用于分离发射射频信号和接收射频信号。双工滤波器实物及其端口如图 3-3 所示，它由发射带通滤波器和接收带通滤波器组成，共有天线端（ANT）、接收端（RX）和发射端（TX）三个端口。

（3）双讯器 双讯器（Diplexer，DIP）由双工滤波器和开关电路组成，具有比双工滤波器更宽的频带，一般用在双频手机中。它利用开关电路分离 GSM、DCS 射频信号，利用双工滤波器分离发射射频信号和接收射频信号。

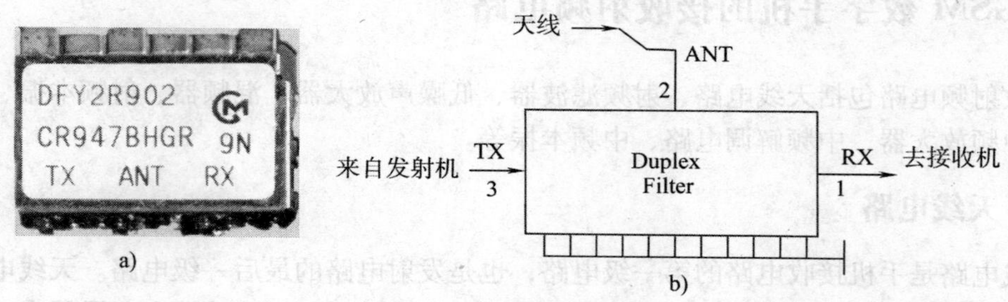


图 3-3 双工滤波器实物及其端口

图 3-4 为诺基亚 8210 型手机的双讯器，VC1、VC2 为控制端，GSM _ RX 和 GSM _ TX 为 GSM 收发信机的接收端和发射端，DCS _ RX 和 DCS _ TX 为 DCS 收发信机的接收端和发射端。

如果天线电路不正常，那么将出现接收差、发射功率低，甚至不能入网的故障。

### 3.1.2 射频滤波器

射频滤波器（Filter）用于滤除接收频段外的噪声和杂波等其他信号，使得只有接收频段内的射频（Radio Frequency，RF）信号才能进入接收电路。图 3-5 为射频滤波器与电路实例，摩托罗拉 V998 型手机中射频滤波器的应用电路如图 3-6 所示，图中，FL460、FL470 为射频滤波器。

### 3.1.3 低噪声放大器

低噪声放大器（LNA）用于对射频滤波器输出的射频信号进行第一级放大，以满足混频器对输入信号幅度的要求。

LNA 通常由分立元器件构成或被集成在复合射频电路中，多数手机采用后者。

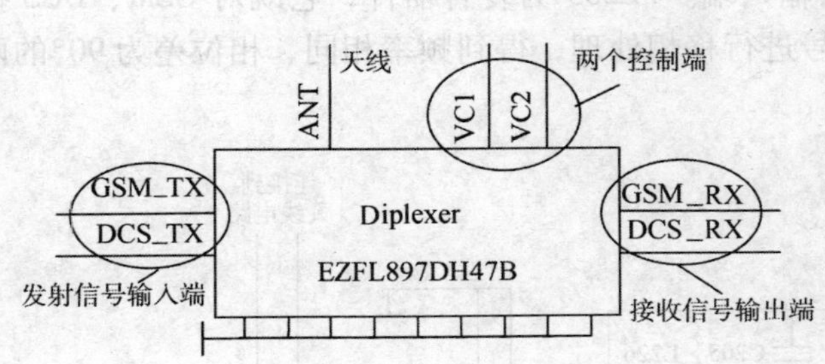


图3-4 诺基亚8210型手机的双讯器

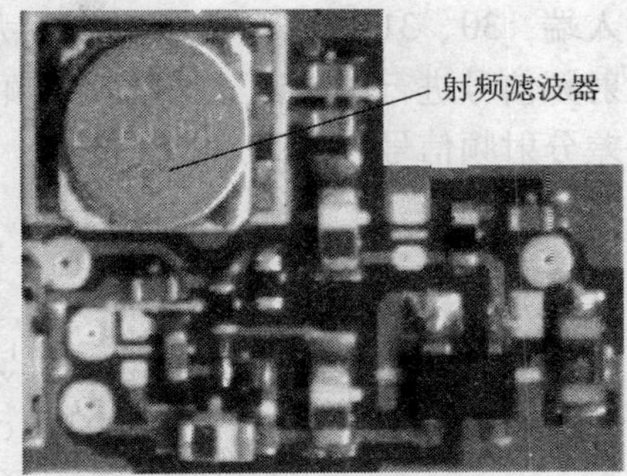


图3-5 射频滤波器与电路实例

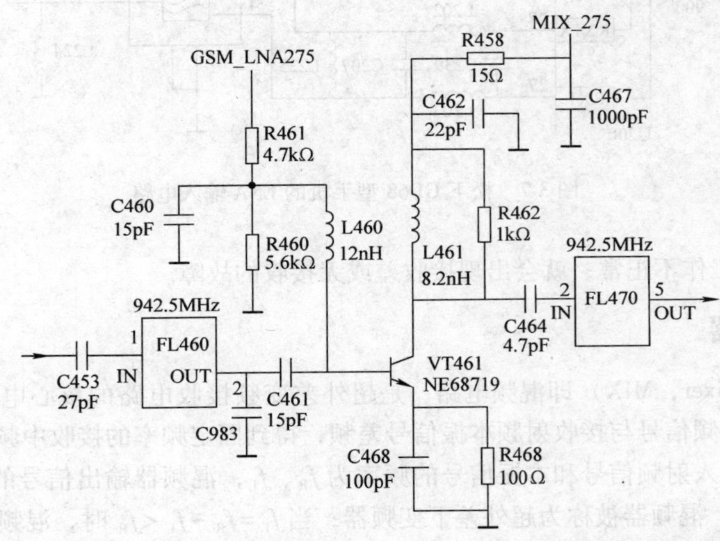


图3-6 摩托罗拉V998型手机中射频滤波器的应用电路

**1. 分立元器件构成的LNA**

图3-6中由VT461与其周边元器件构成摩托罗拉V998型手机低噪声放大器电路。图中，C461为耦合电容，R468为发射极电阻，C468为发射极旁路电容，C464为集电极输出电容，R462是交流负载电阻。L460、C460、R460对GSM _ LNA275电源进行滤波。GSM _ LNA275对VT461基极供电，当GSM _ LNA275为高电平时，开启低噪声放大器。MIX _ 275是VT461的集电极工作电源，L461、C462、R458对MIX _ 275电源进行滤波。R460和R461构成固定分压偏置电路，与发射极电阻R468一起稳定低噪声放大器的直流工作点。

**2. 集成电路构成的LNA**

被集成到复合射频电路中的LNA一般没有外接的输出信号端，经LNA放大后的信号被直接送到接收混频电路。

图3-7为松下GD68型手机的LNA输入电路。图中具有双端输入差分结构的GSM、DCS频段的LNA均被集成在射频信号处理器U200内。U200的27、28脚是GSM低噪声放大器

输入端，30、31 脚为 DCS 低噪声放大器输入端。FL203 为复合器件，它既对 GSM、DCS 接收射频信号进行滤波，又将接收射频信号进行移相处理，得到频率相同、相位差为 90°的两路差分射频信号。

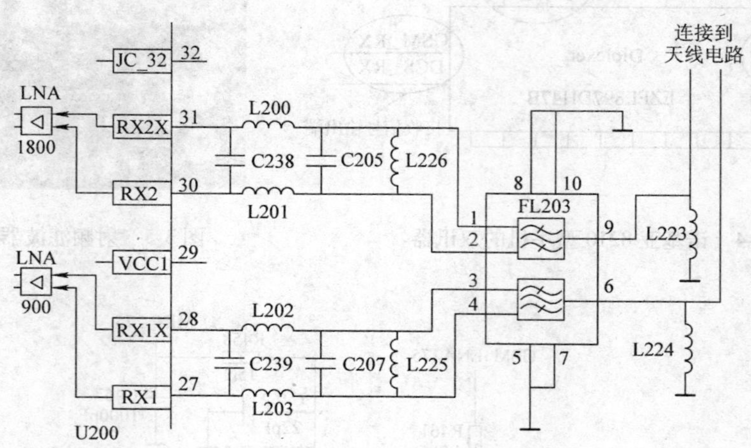


图 3-7　松下 GD68 型手机的 LNA 输入电路

如果 LNA 工作不正常，就会出现接收差或无接收的故障。

### 3.1.4　混频器

混频器（Mixer，MIX）即混频电路，是超外差变频接收电路的核心电路，它将低噪声放大器送来的射频信号与接收射频本振信号差频，得到固定频率的接收中频信号输出。

设混频器输入射频信号和本振信号的频率为 $f_R$、$f_L$，混频器输出信号的频率为 $f_I$。当 $f_I = f_L - f_R < f_R$ 时，混频器被称为超外差下变频器；当 $f_I = f_R - f_L < f_R$ 时，混频器被称为超内差下变频器。多数手机满足关系：$f_R < f_L$。

数字手机接收电路中的混频器由分立元器件构成或被集成在复合射频电路中，多数手机采用后者。

图 3-8 为摩托罗拉 CD928 型手机中由分立元器件构成的混频器。图中，核心器件 VT460 工作于非线性区，R461、R462、R468 为偏置电阻。C460、C462 和 L460 对 U701 送来的 RXON（接收使能）信号滤波，防止电源噪声对混频器产生干扰。

图 3-9 为三星 SGH600 型手机集成混频器、中频滤波器实例。如果混频器工作不正常，或本振信号不正常，那么会出现无接收、接收差等故障。

### 3.1.5　射频本振

在不同品牌的手机中，射频本振可称为 RXVCO、RFVCO、UHFVCO、MAINVCO 或 SHFVCO，在摩托罗拉手机中称之为 RXVCO。RXVCO 为混频器提供基准时钟信号，使之与射频信号进行混频以产生中频信号；或者在发射电路中，用于发射电路最终信号的产生。

双频手机、三频手机的射频本振电路工作频段的切换由频段切换信号控制，其工作原理相似。

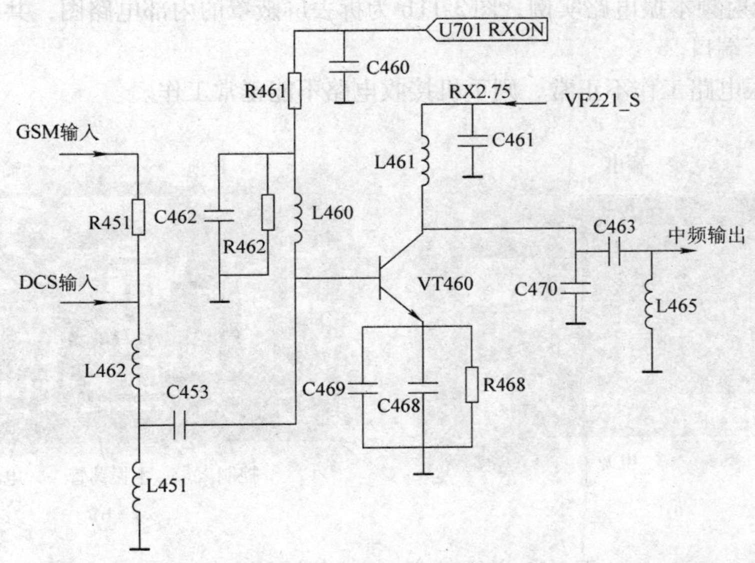


图3-8 摩托罗拉CD928型手机中由分立元器件构成的混频器

射频本振电路一般由分立元器件构成或被集成在芯片中，多数手机采用后者。图3-10是摩托罗拉V988型手机中的双频射频本振电路，它可以工作在GSM或DCS频段上。由复合中频模块U913产生SF_OUT（频率合成电源）电压，为射频本振电路提供工作电压。信道变换控制信号（RXVCO控制）控制射频本振电路的振荡频率。RXVCO_250电源控制射频本振信号经缓冲放大器进入混频器。DCS_VCO信号改变变容二极管VD250的偏置电压，以使射频本振电路工作在GSM或DCS频段上。

图3-9 三星SGH600型手机集成混频器、中频滤波器实例

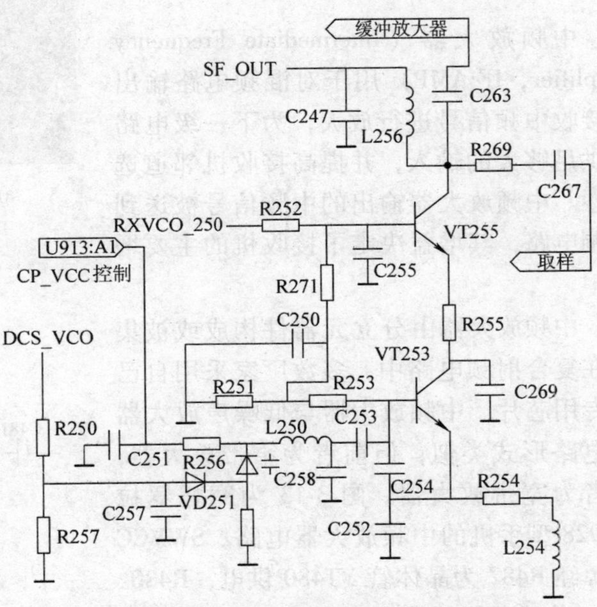


图3-10 摩托罗拉V988型手机中的双频射频本振电路

图3-11a为射频本振电路实例，图3-11b为拆去屏蔽罩的内部电路图，共有电源、接地、控制、输出四个端口。

若射频本振电路工作不正常，则手机接收电路不能正常工作。

a)

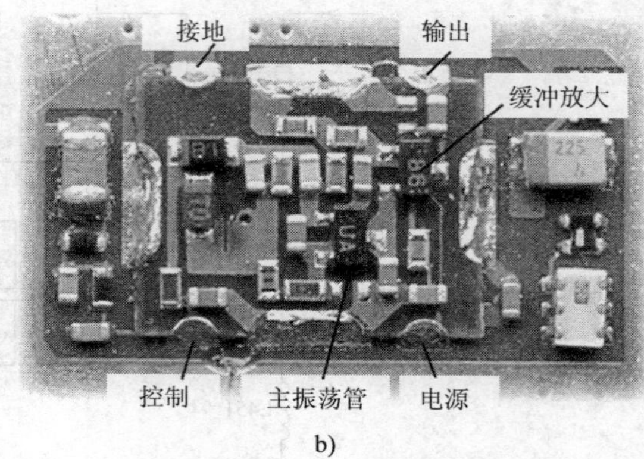


b)

图3-11 射频本振电路实例与内部电路图

## 3.1.6 中频滤波器

中频滤波器用于滤除中频（IF）信号以外的其他信号，使得只有中频信号进入后级电路，并抑制邻近信道干扰的产生，提高邻道选择性。中频滤波器输入、输出信号的频谱图如图3-12所示，中频滤波器实例见图3-9。

## 3.1.7 中频放大器

中频放大器（Intermediate Frequency Amplifier，IF AMP）用于对混频电路输出的接收中频信号进行放大，为下一级电路提供足够大的输入，并提高接收机邻道选择性。中频放大器输出的中频信号被送到解调电路，其增益决定了接收机的主要增益。

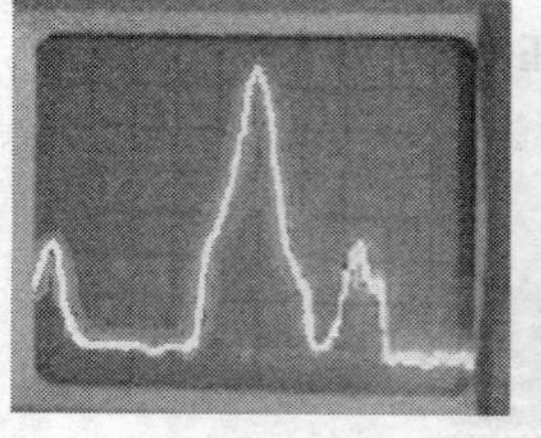

a) 输入信号

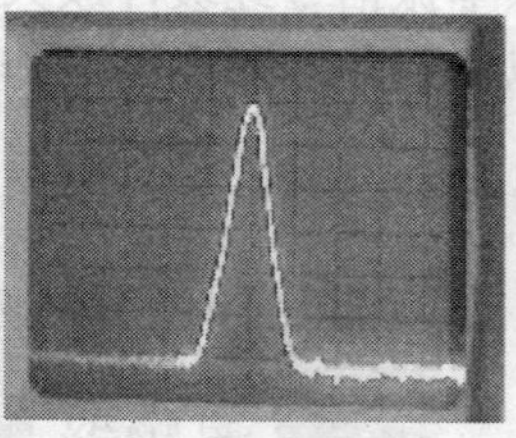

b) 输出信号

图3-12 中频滤波器输入、输出信号的频谱图

中频放大器由分立元器件构成或被集成在复合射频电路中，多数厂家采用自己的专用芯片。中频放大器与低噪声放大器的电路形式类似，但前者为窄带放大器，后者为宽带放大器。图3-13为摩托罗拉CD928型手机的中频放大器电路。SWVCC电源经R482为晶体管VT480供电，R480、R481构成分压偏置电路。接收中频信号经C481、R483至VT480基极，被放大后经

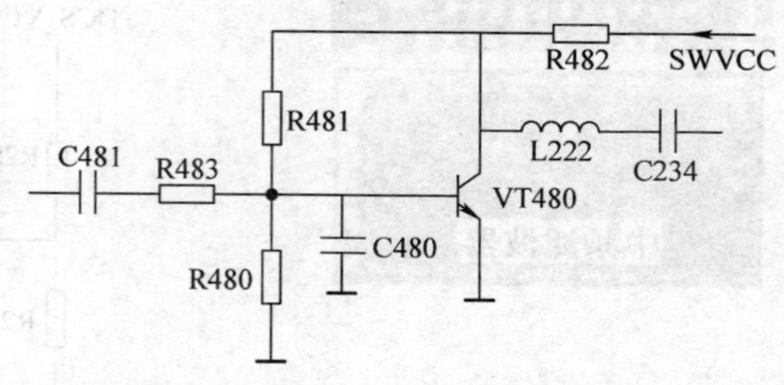


图3-13 摩托罗拉CD928型手机的中频放大器电路

L222和C234输出。

如果中频放大器工作不正常，就会出现接收差的故障。

### 3.1.8　中频解调电路

数字手机中的解调分为两种：一种是在接收射频电路中的RXI/Q解调，它将中频信号还原为67.707kHz模拟接收基带信号（RXI/Q）；另一种是在基带电路中的GMSK解调，它将RXI/Q信号还原为数字信号。RXI/Q解调电路（Demodulator，DEMOD）通常被集成在中频处理模块中。手机电路中，RXI/Q解调有锁相解调、正交解调等。

图3-14为锁相解调原理图。鉴相器通过对输入的两个中频信号的相位比较输出一个跟踪调制信号的低频信号，再经低通滤波器滤除高频噪声后得到中心频率为67.707kHz的接收基带信号（RXI/Q）。

图3-15为正交解调原理图。中频本振（IFVCO）信号经分频和移相电路处理后得到频率与接收中频信号中心频率相同、相位差为90°的正交本振信号。正交本振信号与接收中频信号经混频器混频得到中心频率为0Hz的接收基带信号（RXI/Q），称之为零中频RXI/Q信号。

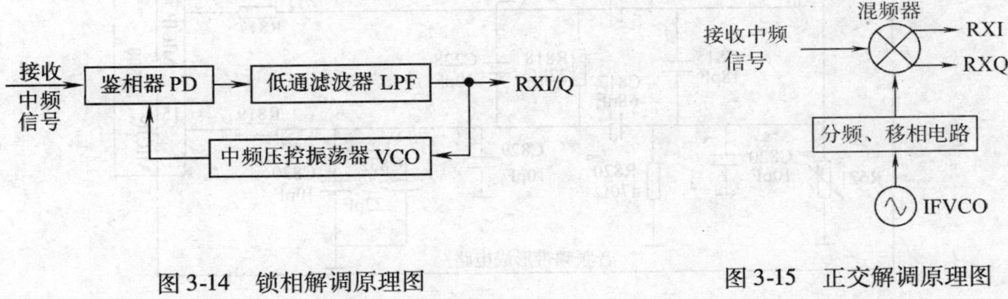


图3-14　锁相解调原理图　　图3-15　正交解调原理图

如果中频解调电路工作不正常，就会出现无接收、入网难、拨打电话困难等故障。

### 3.1.9　中频本振

中频本振即IFVCO、VHFVCO，中频本振信号的频率固定不变，其电路结构形式与射频本振的相似。

对于不同结构形式的接收电路，其中频本振信号的功能不同。在超外差一次变频接收电路中，中频本振信号用于接收电路的解调。在超外差二次变频接收电路中，中频本振信号用于接收第二混频电路，以及解调电路和TXI/Q调制电路。

天线电路后的射频滤波器至中频解调电路构成接收射频电路。接收射频电路与接收基带电路一起构成手机接收电路。双频数字手机接收电路中，一般共用中频滤波器、中频放大器、中频解调电路、中频本振和基带电路。

## 3.2　GSM数字手机的发射射频电路

GSM数字手机的发射电路包括话音拾取电路、发射射频电路与发射基带电路，其中，发射射频电路包括调制电路、发射中频载波电路、发射变频模块、发射本振电路、功率放大器等。

### 3.2.1 话音拾取电路

话音拾取电路主要由送话器及其外围电路组成，是发射第一级电路。话音拾取电路用于将声音变换为模拟音频信号，并送至音频处理电路。

图3-16是由偏压电路和音频频带形成电路组成的爱立信T18型手机话音拾取电路。图中，音频模块N800的13脚输出的2.0～2.5V电压经电阻R812、R814对送话器供电。N800的14脚、15脚与送话器之间的电阻和电容构成音频频带形成电路（带通滤波器），它将最有用的270～3400Hz音频信号送入N800内进行音频放大、低通滤波及PCM编码等处理，而将270～3400Hz以外的信号滤除。

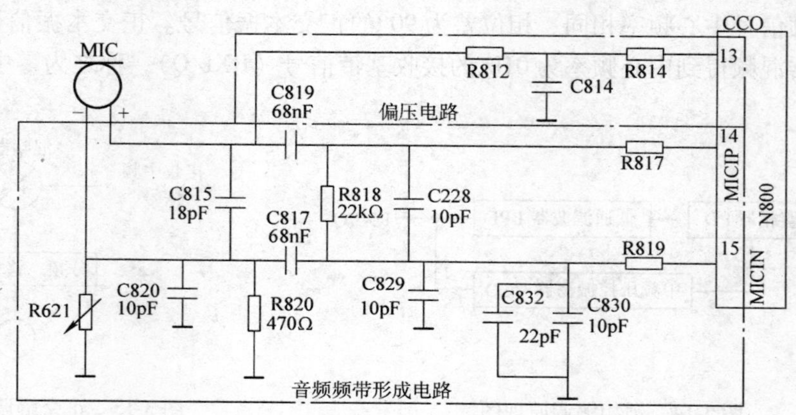


图3-16 爱立信T18型手机话音拾取电路

话音拾取电路得到的模拟信号经发射基带电路变换得到数字信号。

### 3.2.2 发射射频电路

**1. 调制电路**

GSM手机中的调制电路主要用于发射信号的A/D转换与频率变换等，调制电路中的调制方式包括PCM调制、GMSK调制以及TXI/Q调制。

1）PCM调制即PCM编码，用于将模拟音频信号进行A/D转换，得到数字信号。

2）GMSK调制用于将数字信号进行D/A转换，得到67.707kHz模拟发射基带信号（TXI/Q）。

3）TXI/Q调制时，将TXI/Q信号调制到发射中频载波上，得到已调发射中频信号，如图3-17所示。TXI/Q调制通常由射频集成电路完成，少数发射电路由专门的TXI/Q调制器模

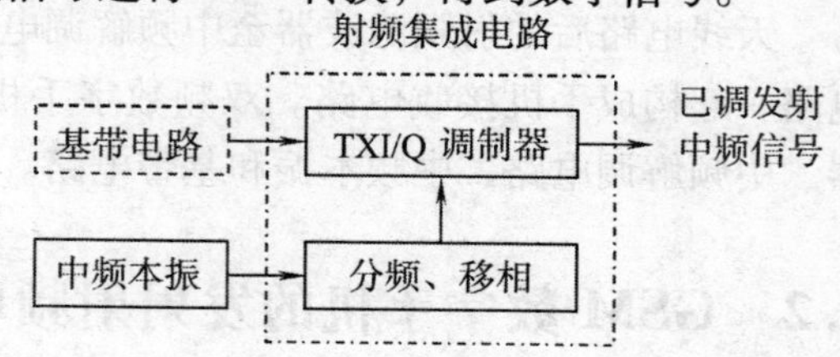


图3-17 TXI/Q调制原理图

块完成TXI/Q调制。

**2. 中频本振电路**

中频本振电路用于产生发射中频信号，该电路通常为专门电路，中频本振信号经二分频器二分频得到中频载波信号。一般情况下，对于超外差二次变频接收电路，发射电路与接收电路所用的中频本振信号是相同的，如诺基亚3210型手机等；对于超外差一次变频接收电路，发射中频本振信号供发射电路专用，如摩托罗拉CD928、328型手机等。

已调发射中频信号在不同结构的发射电路中被送到不同电路进行处理。

图3-18为诺基亚6110型手机用于产生发射中频载波的中频本振电路，VT581与C583、C588、VD580、L581等构成振荡电路，VCO控制信号用于稳定中频本振信号的频率，使中频本振电路的输出信号频率固定。

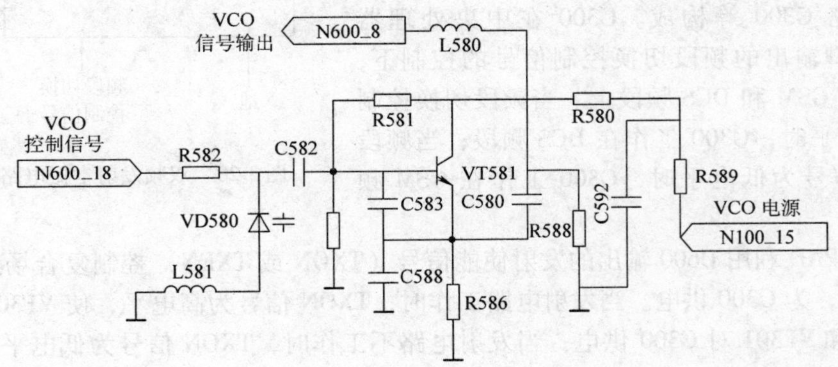


图3-18　诺基亚6110型手机用于产生发射中频载波的中频本振电路

**3. 发射变频模块**

图3-19为摩托罗拉328型手机的发射变频模块，图中所给频率为手机工作在GSM62信道上的参数。来自TXI/Q调制电路的108MHz已调发射中频信号（TXIF）经发射变频模块

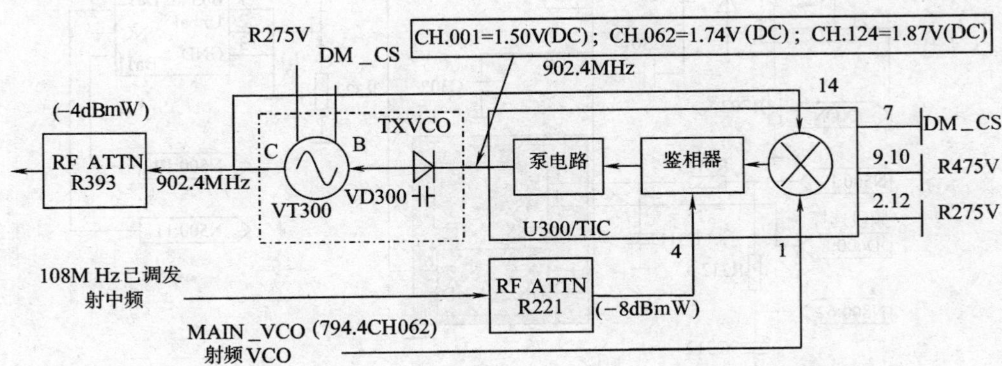


图3-19　摩托罗拉328型手机的发射变频模块

U300 的 4 脚被送到鉴相器。射频本振信号与发射本振信号在 U300 内混频得到 108MHz（= 902.4MHz - 794.4MHz）的发射参考中频信号，两个 108MHz 的信号经鉴相器相位比较得到调谐信号。调谐信号经泵电路变换后，送至发射本振（TXVCO）电路中变容二极管 VD300 的负极，控制 VD300 的反向偏压，使 TXVCO 工作在相应的信道上，即调谐信号起到发射本振电路的信道控制作用。

**4. 发射本振电路**

发射本振（TXVCO）电路在调谐信号（信道控制信号）的控制下进行频率调制，得到最终已调发射射频信号。双频或三频发射本振电路的工作频段由频段切换控制信号控制，如图 3-20 所示。

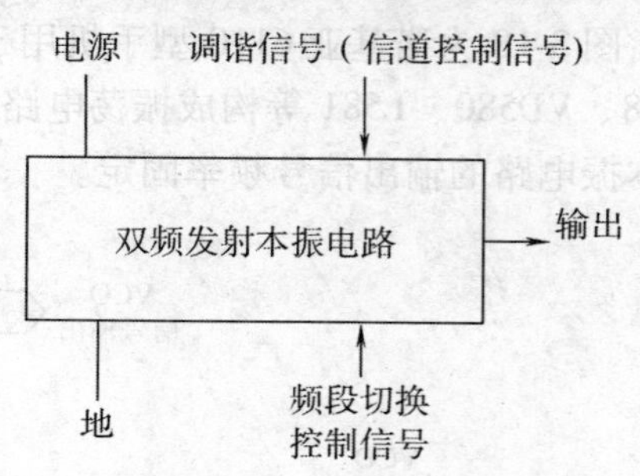


图 3-20　双频发射本振电路的控制

图 3-21 为爱立信 T18 型手机的发射本振电路，由复合电路 G300 等构成。G300 在中央处理器 D600 的 8 脚输出的频段切换控制信号的控制下，可以工作在 GSM 和 DCS 频段上。当频段切换控制信号为高电平时，G300 工作在 DCS 频段；当频段切换控制信号为低电平时，G300 工作在 GSM 频段。

电源 VPAD 利用 D600 输出的发射使能信号（TXON 或 TXEN）控制复合场效应晶体管 VF301 导通，为 G300 供电。当发射电路工作时，TXON 信号为高电平，使 VF301 导通，电源经 L301 和 VF301 对 G300 供电；当发射电路不工作时，TXON 信号为低电平，VF301 截止，G300 因无电源而停止工作。

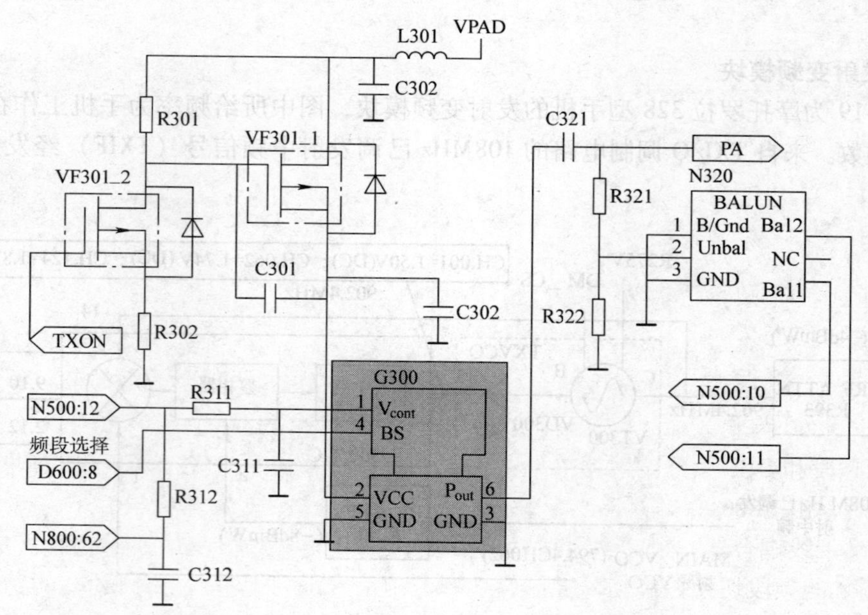


图 3-21　爱立信 T18 型手机的发射本振电路

发射变频模块 N500 的 12 脚输出的调谐信号控制 G300 工作在相应的信道上。

G300 从 6 脚输出信号，该信号一路经电容 C321 至功率放大器（PA）；另一路经集成电路 N320 分离成两路相位差为 90°的信号，送至 N500 与射频本振信号混频得到发射参考中频信号。

发射本振电路通常由分离元器件构成，或由集成 TXVCO 组件构成，多数手机采用后者。图 3-22 为三星 A408 型手机的 TXVCO 组件，它可以工作于 GSM 和 DCS 频段。

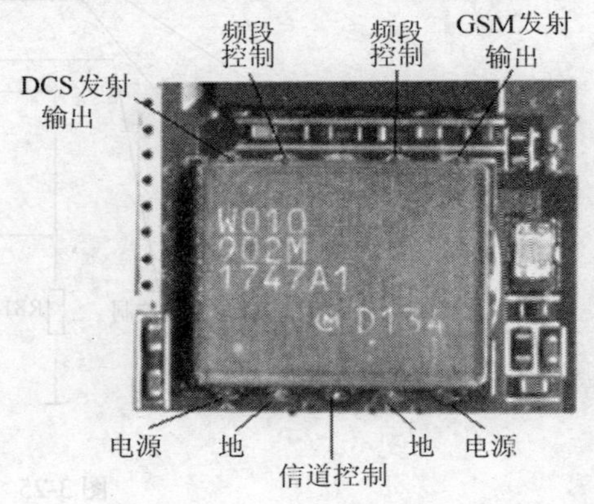


图 3-22　三星 A408 型手机的 TXVCO 组件

### 5. 功率放大器

（1）功率放大器概述　功率放大器（Power Amplifier，PA）分为单频功放和双频功放。单频功放只能工作在 GSM 频段，双频功放可以工作在 GSM 或 DCS 频段。双频功放一般有 GSM 和 DCS 两个射频输入端、两个射频输出端，以及两个电源端、两个功率控制端和一个频段切换控制端，如图 3-23 所示。

图 3-24a 为集成功放实例，图 3-24b 为集成功放输出端与微带线耦合器的连接，多数手机采用图 3-24b 所示的连接。

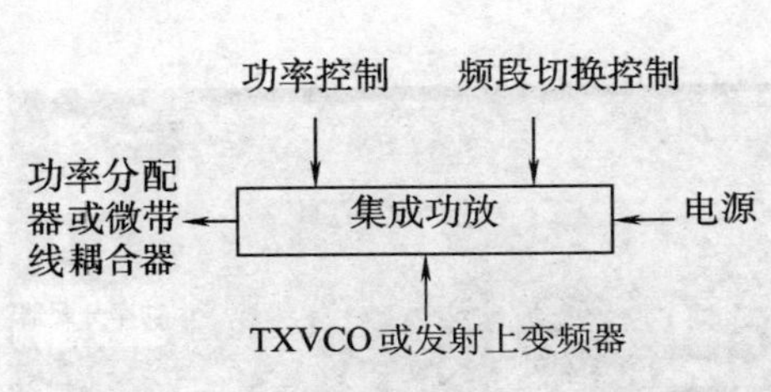


图 3-23　双频功放的组成与引脚分布

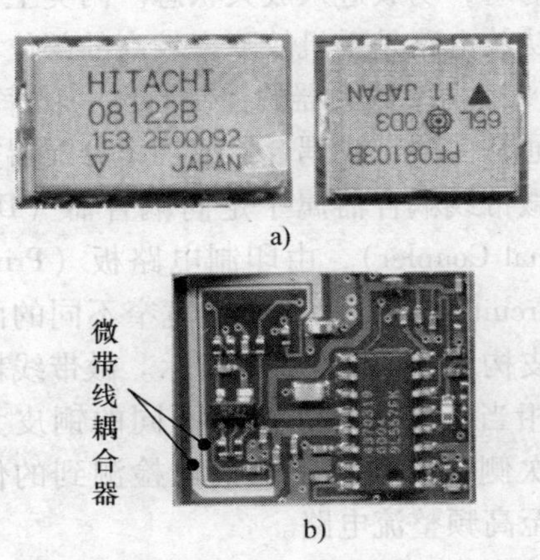


图 3-24　集成功放

图 3-25 为双频功放的实际电路，双讯器用于对 GSM 频段和 DCS 频段的射频信号进行分离和滤波，N800 为集成功放。

GSM 频段和 DCS 频段的射频信号首先经双讯器分离和滤波送至 N800 的 8 脚，经 N800 功率放大后，由 N800 的 4 脚（或 5 脚）输出 GSM 频段（或 DCS 频段）的射频信号至功率分配器或微带线耦合器，最后经天线发送出去。N800 工作频段的切换由 1 脚（GSM）、2 脚（DCS）输入的频段切换控制信号控制，功率控制信号由 7 脚输入，对 N800 的功率放大进行控制。N800 的 3 脚和 6 脚为电源供电端。

功放电路的供电分为电子开关供电型、长供电型两种，前者只有在手机处于发射状态

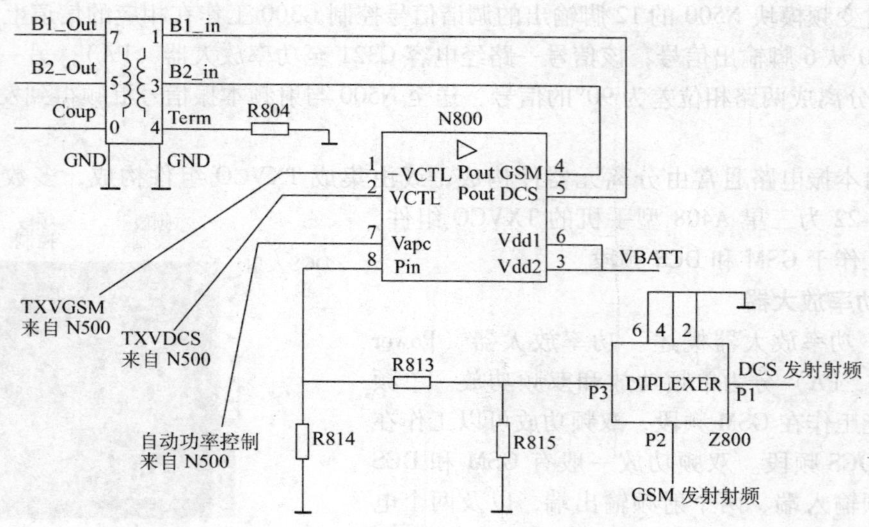


图 3-25　双频功放的实际电路

时，电子开关闭合，功放才得电工作，而在待机状态下，电子开关断开，功放因无工作电压而停止工作。后者工作于丙类状态，在待机状态虽有供电，但功放截止，不消耗电能；有信号发射时，功放进入放大状态。丙类工作状态的功放控制信号通常为负偏压。

功放电路是手机故障率较高的部位，工作不正常会引起手机无发射等故障。

（2）功率放大器的控制原理　功率放大器的控制原理见图 2-12。已调发射射频信号的取样通常由微带线耦合器或功率分配器完成。

微带线耦合器属于定向耦合器（Directional Coupler），由印制电路板（Printed Circuit Board，PCB）上宽窄不同的两块铜皮构成，如图 3-24b 所示。微带线耦合器相当于变压器，宽窄不同的铜皮为其一次侧和二次侧，窄铜皮检测到的信号送至高频整流电路。

功率分配器相当于有多个绕组的变压器，它将射频功率按一定比例分成两路或多路，集成功放与功率分配器实例如图 3-26 所示。

图 3-26　集成功放与功率分配器实例

图 3-27 为诺基亚 6110 型手机的功率控制原理图，功率控制参考信号与由定向耦合器采样取得的信号经误差放大器（也是比较放大器）N620 放大，输出功率控制信号（偏压），改变功放电路的输出，使之输出功率大小合适的射频信号。

功率控制电路工作不正常，手机会出现无发射、发射功率低、发射关机等故障。

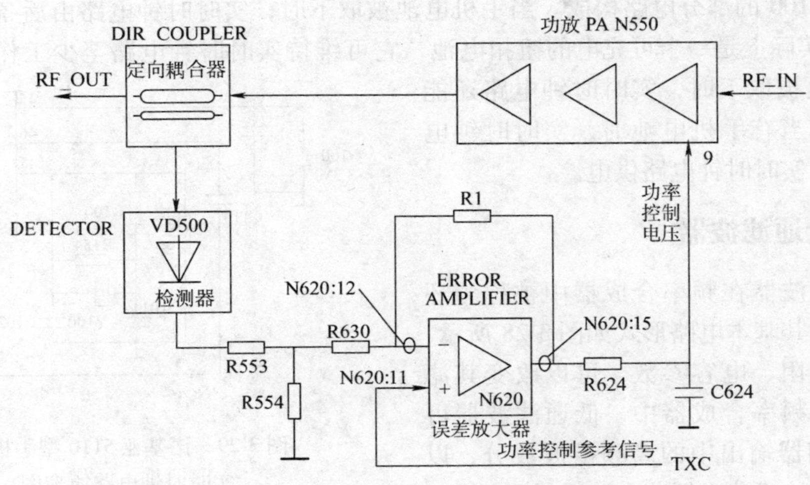


图 3-27　诺基亚 6110 型手机的功率控制原理图

## 3.3　GSM 数字手机的频率合成器

### 3.3.1　基准时钟电路

图 3-28 为 13MHz 基准时钟电路实例。晶振 Y702、变容二极管 VD221 和 U220 构成振荡电路。AFC 信号是数字信号处理器 U500 提供的自动频率控制信号。AFC 信号经 C242、C249 滤波后，通过改变变容二极管 VD221 两端电压实现对振荡频率的自动控制。

如果基准时钟电路出现故障，手机就不能开机。

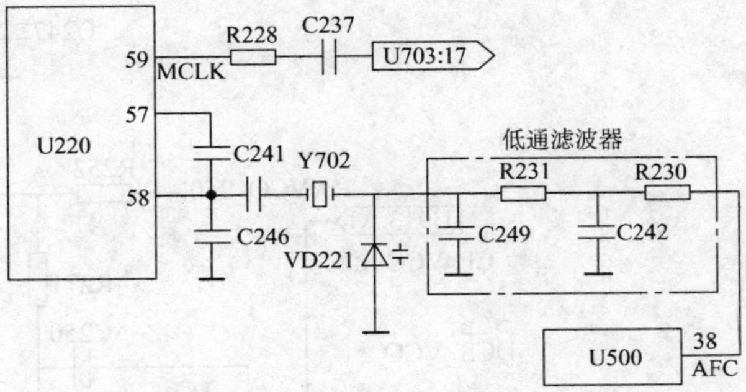

图 3-28　13MHz 基准时钟电路实例

### 3.3.2　实时时钟电路

**1. 实时时钟电路的功能**

实时时钟（RTC）电路通常被设计在电源管理单元（Power Manage Unit，PMU）或数字基带信号处理电路中，用于手机日历功能、提供睡眠时钟信号和产生中断信号。若实时时钟电路工作不正常，则手机日历功能或时钟显示将出错。

另外，在有的手机中，在开机之初，实时时钟电路还用作提供启动逻辑时钟信号和电源电路的振荡信号，以使电源电路能够正常工作。此类手机，如果实时时钟电路工作不正常，那么手机有可能出现不开机故障。

**2. 实时时钟电路的原理**

图 3-29 为诺基亚 5110 型手机的实时时钟电路原理图，该电路主要由 32. 768kHz 晶振和

电源模块 N100 的部分电路构成。当手机电池被取下时，实时时钟电路由后备电源 G100 供电。G100 实际上是一个可充电的钮扣电池，它可维持实时时钟电路至少工作 10min，以保证手机电池被取下时，实时时钟电路还能正常工作。当有手机电池时，实时时钟电压调节器为实时时钟电路供电。

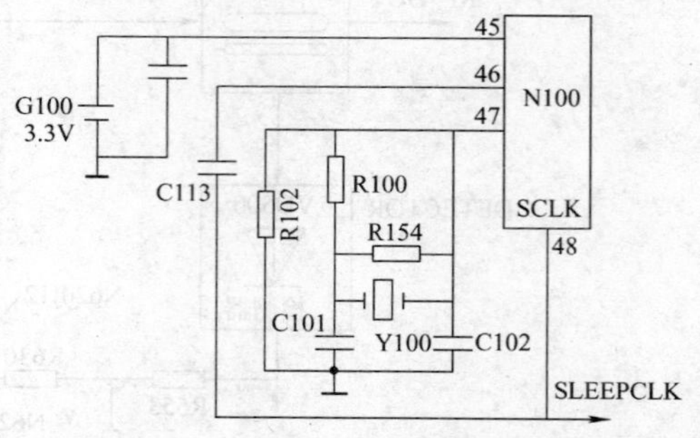

图 3-29 诺基亚 5110 型手机的实时时钟电路原理图

## 3.3.3 低通滤波器

低通滤波器在频率合成器中被称为环路滤波器，其基本电路形式如图 3-28 所示，改变滤波电阻、电容参数，可以改变其滤波性能。在频率合成器中，低通滤波器可以滤除鉴相器输出中的高频谐波成分，以避免高频谐波成分对振荡电路造成干扰。

## 3.3.4 压控振荡器

图 3-30 为摩托罗拉 V998 型手机的射频本振（接收本振电路（RXVCO）电路，它以 VT253 为核心构成电容三点式振荡器，RXVCO 控制信号通过改变变容二极管 VD251 两端的电压实现频率控制。VT255 为 RXVCO 电路的恒流源，可以提高 RXVCO 电路的稳定性。

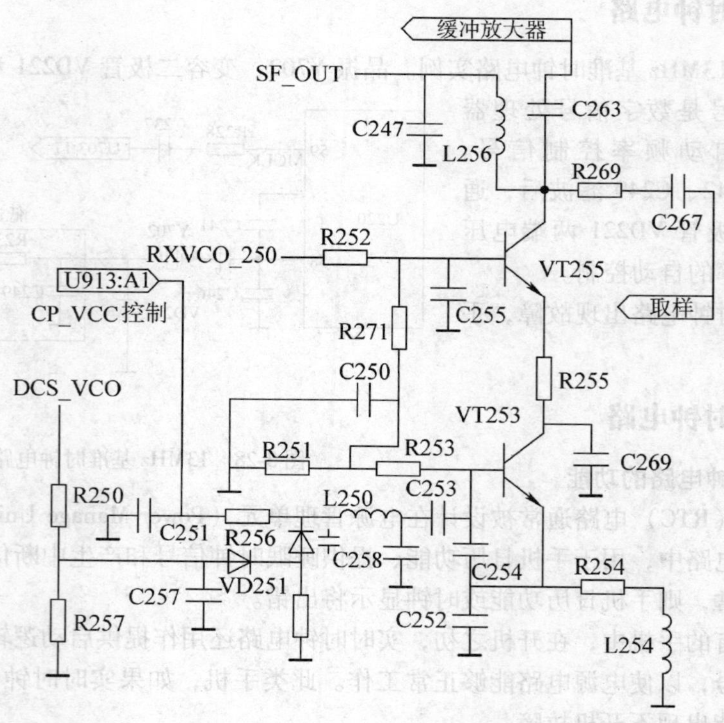

图 3-30 摩托罗拉 V998 型手机的射频本振（即接收本振 RXVCO）电路

随着手机小型化的发展，越来越多的手机采用集成 RXVCO 组件。为了减小负载对 RX-VCO 组件的影响，通常在 RXVCO 组件输出端加入缓冲放大器。

# 3.4 GSM 数字手机的电源电路

## 3.4.1 供电电路

### 1. 电池供电

手机供电多数由电池供电，在不同品牌的手机中，电池电源正极通常用 VBATT、VBAT、BATT、BATT+、VB、B+等表示、电池电源地用 GND 表示。摩托罗拉手机还可以由外接电源供电，电池电源正极用 BATT+表示，外接电源正极用 EXT_B+表示，经外接电源和电池供电后的电压一般用 B+表示。

有的手机中还有电池信息检测或电池温度检测电路。图 3-31 为手机电池供电电路，VBATT 为电池正极；BSI 为电池信息检测端；BTEMP 为电池温度检测端；集成电路 N100 为电源管理单元（PMU），负责对手机各部分供电，并在开机时为 CPU 提供复位信号。N100 又称为复合电源电路。

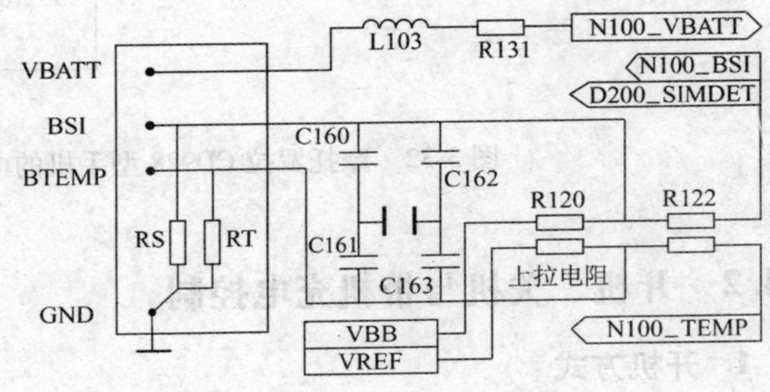


图 3-31 手机电池供电电路

BSI 又称为 BATTDATT 或 BATT ID 等。不同类型的电池，由于电池内阻 RS 不同，所以由 RS 和 R120（上拉电阻）对电源 VBB 分压得到的电压也不同。该电压送入 N100，经 A/D 转换得到的数据信号被送至逻辑电路（CPU 等）用于判断电池类型。当电池移走时，BSI 也可以为中央处理器 D200 提供手机关闭 SIM 卡的触发信号。

如图 3-31 所示，电池温度检测与电池信息检测过程相似，不同于后者的是电池温度分压器由安装在电池内部或手机主板上靠近电池位置的一个温度敏感电阻 RT 与 R120、参考电压 VREF 构成。

电池信息检测、电池温度检测与手机开机有一定的联系。接触不良，也可能使手机不能开机。

### 2. 供电切换电路

供电切换电路又称为供电电路，用于变换手机供电方式，使之在仅有电池供电时才将电池供电电源送至电源电路，其他情况下则由外接电源供电。

图 3-32 为摩托罗拉 CD928 型手机的电源供电切换电路原理图，U900 为复合电源管理模块。当有电池供电而无外接电源时，开关管 VT905、VT906 的 4 脚为低电平，VT906 内部导通，电池经 VT906 的 5~8 脚和 1~3 脚向手机供电。

当通过底部接口 J600 接入外接电源 EXT_B+时，VT905 的 1 脚、4 脚变为高电平，VT906 内部断开，切断电池供电。外接电源 EXT_B+经由单向二极管 VD605 向手机供电。

在采用集成电源管理器的手机中，供电切换电路通常被集成在电源管理器中。

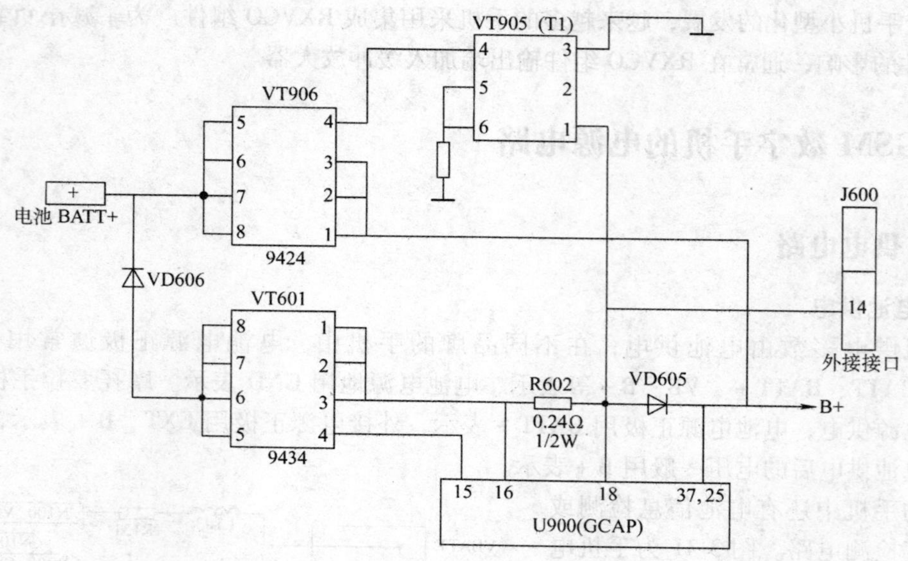


图 3-32 摩托罗拉 CD928 型手机的电源供电切换电路原理图

## 3.4.2 开机、关机与带机充电控制

### 1. 开机方式

GSM 手机有电源开关键开机、充电开机和定时开机等开机方式。电源开关键开机是指通过按下电源开关键使手机开机；充电开机是指检测到充电器插入时自动开机；定时开机是利用实时时钟电路的中断信号开机，若手机设置了闹钟功能，且手机处于关闭状态，则当闹铃时间到时，实时时钟电路将产生一个中断信号送给电源 IC 作为开机脉冲信号而使手机开机。

（1）电源开关键开机　电源开关键开机分为高电平开机和低电平开机两种方式。

1）高电平开机常见于采用多个独立电压调节器的电源电路中。在高电平开机方式中，电源开关键的一端连接到电池电源，另一端连接到电压调节器的启动控制端或复合集成电源电路的开机触发端，如图 3-33 所示。

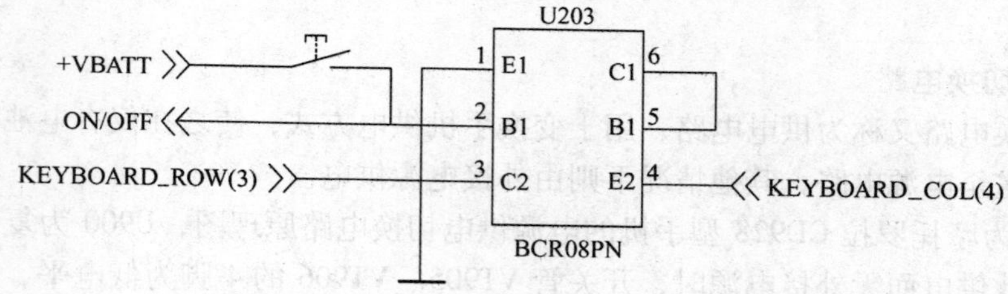


图 3-33 高电平开机电路原理图

2）低电平开机常见于采用复合集成电源电路中。在低电平开机方式中，电源开关键的一端连接到地，另一端连接到电源电路的开机触发端。

开机信号通常用ON/OFF、PWRSW、PWRON、PWRKEY、ONKEY等表示。在开机信号电路中，还有一个开机维持信号（WDOG、DCON、PWERON，看门狗信号），该信号来自于中央处理器，用于维持手机的正常开机。

（2）充电开机　图3-34为充电开机电路原理图，LED_3V3（见3.4.3节）是由电压调节器输出的供电电源。当充电电源DCVOLT经电阻R105加至开关管U106的2脚时，U106的3脚、4脚导通，LED_3V3送到VD110的4脚，VD110的2脚输出高电平，启动逻辑电压调节器（见3.4.3节）使手机开机。充电电源即外接电源，通常用DCVOLT、EXT_B+等表示。

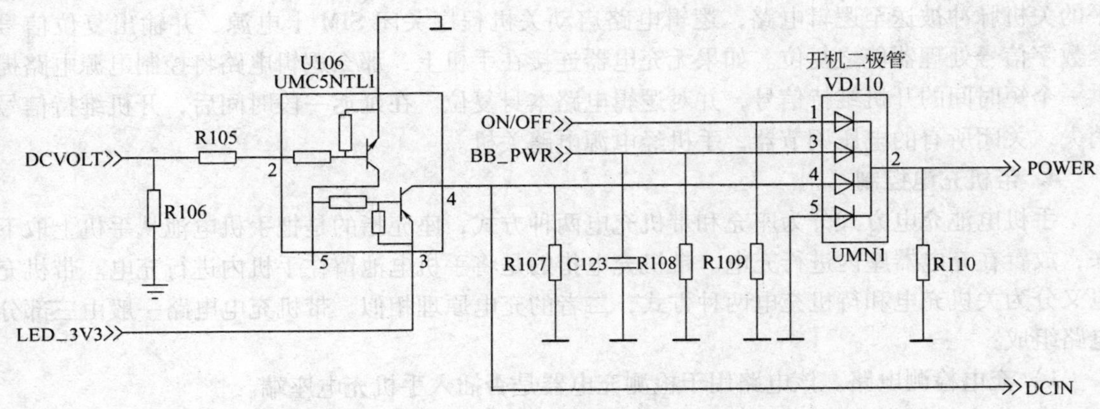


图3-34　充电开机电路原理图

## 2. 复位信号

复位信号用于使相关电路处于指定的初始状态，以防止因逻辑程序出现混乱而使手机不能正常工作。手机中的复位信号主要包括总复位信号、系统复位信号、复合数字音频处理（COBBA_GJP）复位信号、SIM卡复位信号、LCD驱动复位信号，复位信号由相关电路产生，如图3-35所示。

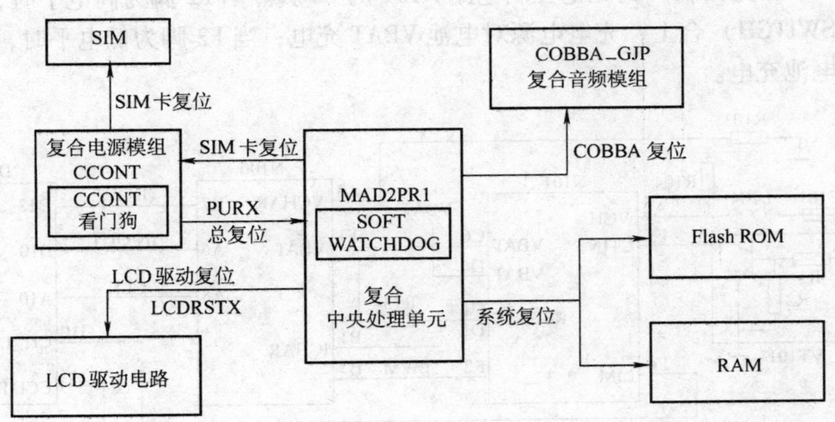


图3-35　GSM数字手机的复位信号

### 3. 关机程序

手机关机由逻辑电路控制完成。当出现以下几种情况时，逻辑电路启动关机程序关机。

1）逻辑电路检测到电源开关键关机操作时。

2）逻辑电路检测到电池电压低于工作电压下限或电池被取走时。

3）开机维持信号（看门狗信号）消失时，因电源IC停止供电而关机。

4）通过设置实时时钟功能，计时器控制逻辑电路启动关机程序。当设置时间到时，实时时钟电路产生中断请求信号，并经开机信号线路送给电源IC一个关机脉冲信号而关机。

例如，当电源开关键被按下足够长的时间或电池电压低于手机工作电压的下限时，低电平的关机脉冲被送至逻辑电路，逻辑电路启动关机程序关闭SIM卡电源，并输出复位信号至数字信号处理器使之复位。如果无充电器连接在手机上，那么逻辑电路将控制电源电路提供一个短时间的开机维持信号，并对逻辑电路本身复位。在延迟一段时间后，开机维持信号消失，关闭所有的电压调节器，手机经电源电路关机。

### 4. 带机充电控制

手机电池充电方式分为座充和带机充电两种方式，座充指的是把手机电池从手机上取下来，放置在充电器座内进行充电。带机充电指的是将手机电池留在手机内进行充电。带机充电又分为关机充电和待机充电两种方式，二者的充电原理相似。带机充电电路一般由三部分电路组成：

1）充电检测电路。该电路用于检测充电器是否插入手机充电座端。

2）充电控制电路。该电路用于控制外接电源向手机电池充电。

3）电池电量检测电路。该电路用于检测充电电量的多少。当电池充满电量时，电池电量检测电路输出信号给逻辑电路控制充电电路断开，停止充电。

图3-36为诺基亚3310型手机的带机充电控制电路原理图，该电路主要由充电控制模块N101、电源模块N100、中央处理器D200和控制管VT101组成。当充电器插入手机时，充电电源经F101和滤波电感L104送至充电控制模块N101的A2脚，并经过R103、R104分压送至复合电源N100的A3脚，N100检测到该信息后通过B7脚通知中央处理器D200运行带机充电程序。在D200的控制下，N100从B5脚送出1Hz的充电控制信号（Pulse Width Modulation，PWM，脉宽调制）到充电控制电路N101的F2脚。当F2脚为高电平时，N101内部充电开关（SWITCH）合上，充电电源对电池VBAT充电；当F2脚为低电平时，SWITCH断开，停止对电池充电。

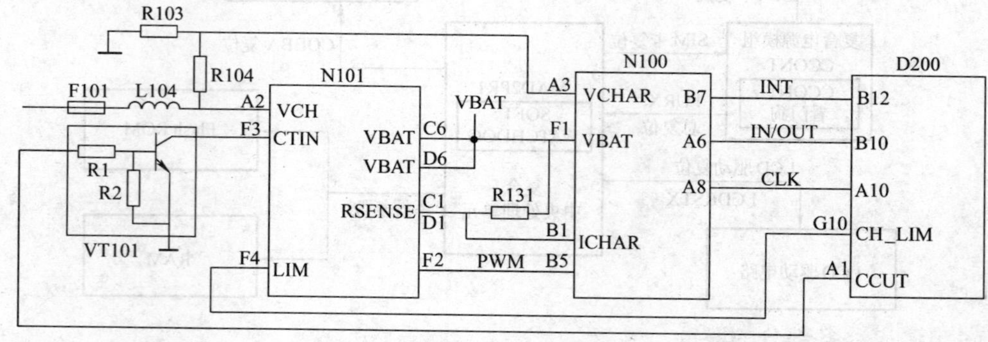


图3-36 诺基亚3310型手机的带机充电控制电路原理图

在充电过程中，R131为充电检测取样电阻，N100通过B1脚对R131两端电压取样，并将检测结果送D200，D200由此判断电池电量是否充满。当电池电量充满时，由D200送出控制信号至N100，使之停止送出充电控制信号，SWITCH断开，停止对电池充电。

为了防止在充电过程中出现意外事故，诺基亚3310型手机设有充电电压过高保护电路。当充电电压出现过高等情况时，N101的F4脚输出电平由高变低，称之为充电电压高低检测信号，该信号被送至D200的G10脚，经CPU内部的比较、识别、检测后，由D200的A1脚输出一个充电中断信号给控制管VT101，使N100内部开关断开，强行停止充电，实现带机充电保护。

## 3.4.3 电压调节器与电源电路的联系

电压调节器用于将输入电压进行变换以提供各种不同的电源电压。数字手机中具有多个电压调节器，输出不同的电源电压给不同的电路。一般情况下，不同电路所需电源不同。电压调节器的输出电源通常有4.75V、3.8V、3.3V、2.75V、1.8V、1.5V等几个标准电压值。

**1. 电压调节器的种类**

电压调节器一般由集成电压调节器与周围元器件构成，或由分立元器件构成，多数手机采用前者。电压调节器的分类如下：

1）逻辑电压调节器。逻辑电压调节器用于对逻辑电路供电，通常有2.75V、1.8V等，如果供电不正常，手机就不能开机。

2）射频电压调节器。射频电压调节器用于对射频电路供电，例如，接收射频电路和发射前级电路。如果供电不正常，手机就不能进入服务状态。

3）时钟电压调节器。时钟电压调节器用于对时钟电路供电，例如，实时时钟电路和基准时钟电路等。若基准时钟电源不正常，则手机不能开机。

如果电压调节器工作不正常，那么还会缩短电池供电时间。

**2. 实时时钟电压调节器**

实时时钟电压调节器如图3-37所示。当接入手机电池时，电池电源加到电压调节器U100上，使之由5脚输出电压对手机供电，并经VD100对实时时钟电路供电。

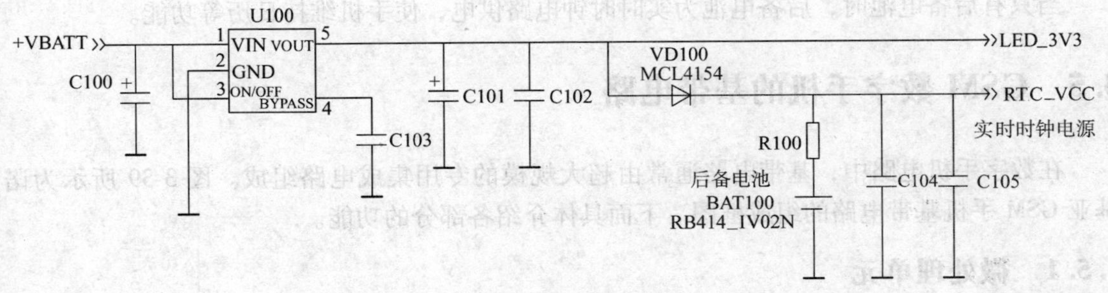


图3-37 实时时钟电压调节器

**3. 电源电路各部分的联系**

电源电路各部分的联系如图3-38所示。

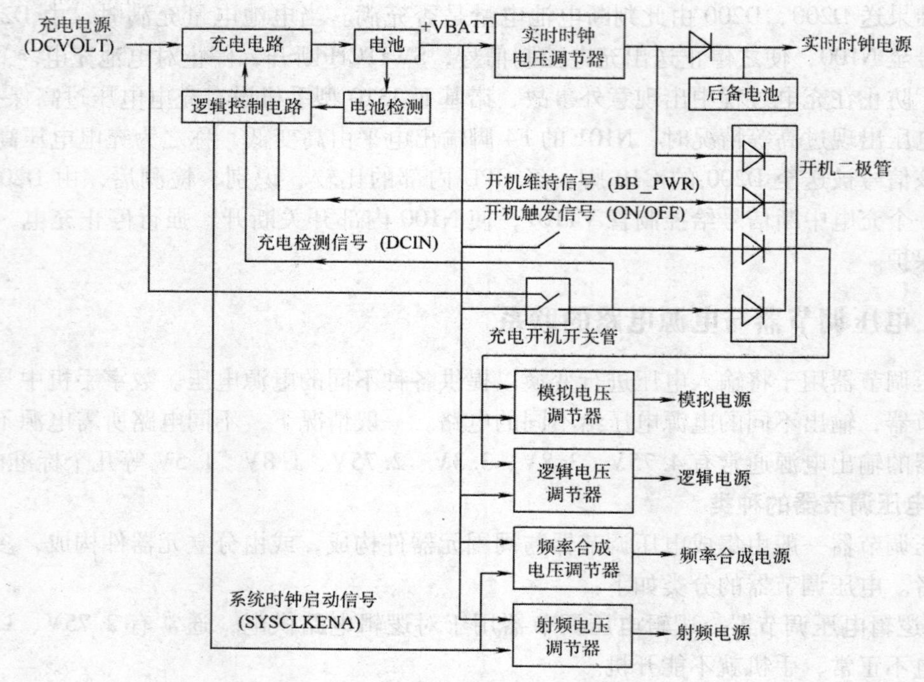


图 3-38 电源电路各部分的联系

当有充电电源接入时，充电开机开关管导通，为逻辑控制电路提供充电检测信号，使充电电路为电池充电。电池电源为手机供电，使模拟电路、逻辑电路、频率合成器、射频电路等得电工作，逻辑电路输出开机维持信号使手机一直处于开机状态。

当无充电电源、有电池时，除了电池可以始终为实时时钟电路供电，使之维持日历等功能，以及对后备电池充电外，若按下电源开关键（设高电平开机），则开机触发信号经开机二极管输出高电平的 POWER 信号。POWER 信号被送到逻辑电压调节器等的控制端，使手机得电开机。

当只有后备电池时，后备电池为实时时钟电路供电，使手机维持日历等功能。

## 3.5 GSM 数字手机的基带电路

在数字手机电路中，基带电路通常由超大规模的专用集成电路组成。图 3-39 所示为诺基亚 GSM 手机基带电路的组成框图。下面具体介绍各部分的功能。

### 3.5.1 微处理单元

微处理单元（MCU）由 CPU、Flash ROM 和 EEPROM 等组成，是主要的逻辑控制电路。微处理单元用于系统控制、通信控制、身份验证、射频检测、工作模式控制、附件监测、电池监测等，并提供某些用户界面、与 PC 通信的接口。

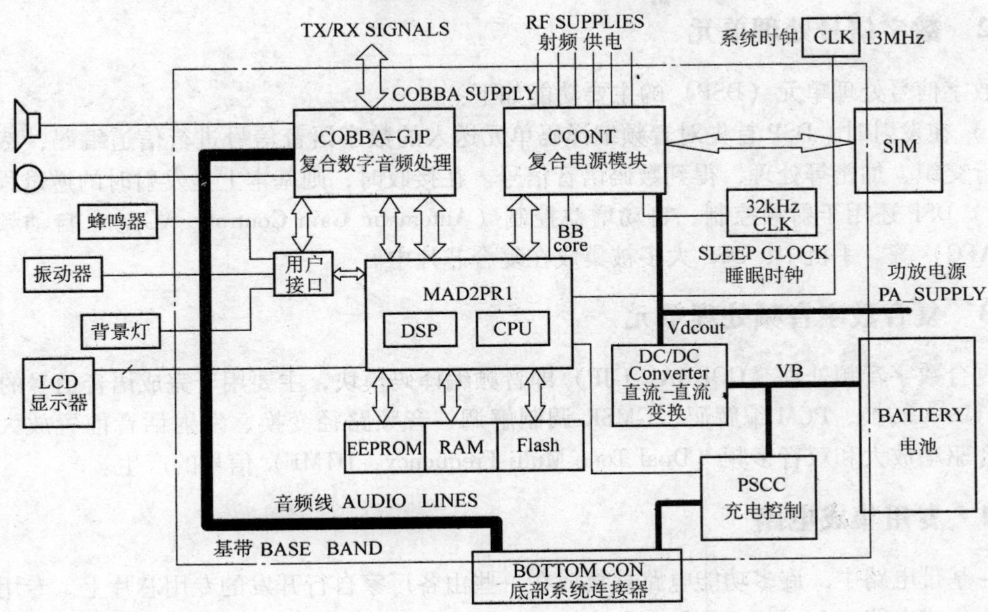


图 3-39 诺基亚 GSM 手机基带电路的组成框图

中央处理器（CPU）的部分功能如下：

1）对工作信道进行控制。CPU 发送信道编码指令给频率合成器以改变频率合成器的分频次数，产生不同的频率源，作为发射射频电路的载频信号、接收射频电路的本振信号，实现信道的自动选择和对信道的连续扫描。

2）对寻呼信号进行用户码的识别。手机接收到的寻呼信号若与存储器存储的用户码相符，则响应寻呼，振铃器发出铃声。

3）对发射功率进行检测和控制。CPU 对发射功放电路输出端进行信号取样、整流，获得反映功率强弱的直流电压送至 CPU 检测端，由 CPU 送出功率控制信号至发射单元电路，使其发射功率符合要求。

4）对接收信号电平、噪声电平进行检测，若信号过弱，则发出指令切换工作信道。

5）手机的有关数据信号由 CPU 编码成为数字化指令发射给基站。接收信令则由 CPU 译码后对整机实现智能化控制。

6）对直流电源进行电压检测和工作状态的控制。

7）读取键盘输入信息。通过对键盘的定时或连续扫描读取输入信息，并由 CPU 做出相应的功能控制。

8）控制显示器。主呼电话号码、本机拨叫号码、时钟状态信息、信号强弱信息及操作功能菜单等信息均由 CPU 输出至液晶显示器和指示灯，使之显示对应的数字与字符。

9）静噪控制。控制音频放大器的开启和关闭，使送话器及受话器回路接通或断开，实现送话或受话的静噪功能。

程序的执行和功能控制都是通过 CPU 与 Flash ROM、EEPROM、SRAM 进行数据交换实现的。

### 3.5.2 数字信号处理单元

数字信号处理单元（DSP）的主要功能如下：

1）在发射时，DSP首先对音频编译码单元送入的数字语音信号进行信道编码，然后对其进行交织、加密等处理，得到数码语音信号。在接收时，则基本上是发射时的逆过程。

2）DSP还用于射频控制、自动增益控制（Automatic Gain Control，AGC）、自动频率控制（AFC）等。手机中，DSP大多被集成在复合芯片中。

### 3.5.3 复合数字音频处理单元

复合数字音频处理（COBBA_GJP）即音频编译码模块，主要用于完成语音信号的A/D转换、D/A转换、PCM编解码、GMSK调制解调、音频路径变换、发射话音前置放大、接收话音驱动放大和双音多频（Dual Tone Multi-Frequency，DTMF）信号的产生。

### 3.5.4 专用集成电路

在基带电路中，许多功能电路被集成在一些由各厂家自行开发的专用芯片上。专用芯片即专用集成电路（Application Specific Integrated Circuit，ASIC）。ASIC通常包括中央处理器、存储器、电源IC、显示驱动、键盘矩阵和基准时钟电路等。

与接口有关的专用集成电路的主要功能如下：

1）提供MCU与用户模组之间的接口。

2）提供MCU与DSP之间的接口。

3）提供MCU、DSP与射频逻辑接口电路之间的接口。

4）产生时钟。

5）提供用户接口。

6）为GSM手机提供SIM卡接口，或为CDMA手机提供UIM卡接口。

7）提供时间管理及外接通信接口等。

### 3.5.5 音频编译码单元

音频编译码单元主要用来完成语音信号的A/D转换、D/A转换、PCM编译码、音频路径变换、发射话音前置放大、接收话音驱动放大和双音多频（DTMF）信号的产生。

## 3.6 GSM数字手机的射频控制信号

在手机射频电路中，除参考振荡电路的AFC信号、功率放大电路的自动功率控制（Auto Power Control，APC）信号外，其他的射频控制信号基本上由逻辑电路输出。

射频控制信号分为接收电路控制信号、发射电路控制信号、频段切换控制信号和频率合成控制信号等。

### 3.6.1 接收电路控制信号

接收电路控制信号通常有启动控制信号和自动增益控制信号等。

接收电路的启动控制信号又称为接收使能信号，通常被标注为RXON、RXEN、RX _ EN、RX _ ON或飞利浦芯片电路中的PON _ RX等。在待机状态下，该信号是一个逻辑电路控制下的随机脉冲信号；在测试状态（参见7.1.2节）或通话状态下，该信号是一个周期固定的脉冲信号。一般来说，手机开机后，逻辑电路就输出该信号，启动接收电路开始工作。

### 3.6.2　发射电路控制信号

发射电路的启动控制信号即发射使能信号，它为脉冲信号，通常标注为TXON、TXEN等。手机开机后，RXON信号是经常出现的。与RXON信号不同，TXON信号只在开机或关机时启动发射电路，将手机用户资料传送出去，然后一直处于“静默”状态，直到呼叫建立时才由逻辑电路输出。

### 3.6.3　频段切换控制信号

频段切换控制信号用在双频或三频手机中，以使手机能在多个频段工作。

频段切换控制信号只有高电平或低电平两种状态，通常用于控制天线开关电路进行频段切换、控制射频或发射本振电路进行工作频段切换、控制发射功率放大电路进行频段切换，以及控制复合射频信号处理器内的射频电路进行频段切换。

### 3.6.4　频率合成控制信号

频率合成时所需的控制信号即频率合成控制信号，通常有频率合成时钟信号、频率合成使能信号、频率合成数据信号等。

**1. 频率合成时钟信号**

频率合成时钟信号是频率合成电路中的基准时钟，通常标注为SYNCLK、SYNTHCLK、SCLK等。GSM手机中频率合成时钟信号的频率为3.25MHz，由13MHz信号四分频得到。

**2. 频率合成使能信号**

频率合成使能信号用于启动频率合成电路，通常标注为SYNEN、SYNON或SYNTH _ EN等。

**3. 频率合成数据信号**

频率合成数据信号用于控制频率合成电路中分频器的分频比，以改变频率合成器输出信号的频率，完成信道变换。频率合成数据信号通常标注为SYN _ DAT、SYNTH _ DATA和SDAT等。

## 3.7　GSM数字手机的人机界面电路

除上述电路外，与人机对话操作有关的人机界面电路包括铃声电路、背景灯电路、振动器电路、按键电路、显示电路、用户识别模组（SIM卡）电路等。

### 3.7.1　铃声电路

铃声电路即铃声驱动电路，用于将铃声信号进行功率放大，驱动蜂鸣器发出声音，以示有呼叫接入。

图 3-40 为诺基亚 5110 型手机的铃声电路，主要由晶体管 VT25、VT26 组成。当中央处理器 D200 的 97 脚输出铃声信号时，两个晶体管将铃声信号进行功率放大，推动蜂鸣器发出声音。二极管 VD28 用于防止铃声电路工作时，蜂鸣器产生反峰电压损坏电路。

## 3.7.2 背景灯电路

背景灯是为方便手机用户在夜间使用手机而设置的，分为显示背景灯与按键背景灯。背景灯电路实际上是一个控制背景灯工作与否的、带功率放大的开关电路。

图 3-41 为三星 T18 型手机的背景灯电路，图中包括按键背景灯和显示背景灯，VDIG 为背景灯电源。当中央处理器 D600 的 65 脚（背景灯启动）输出高电平信号到 VT613、VT614 基极时，VT613、VT614 导通使发光二极管发光。

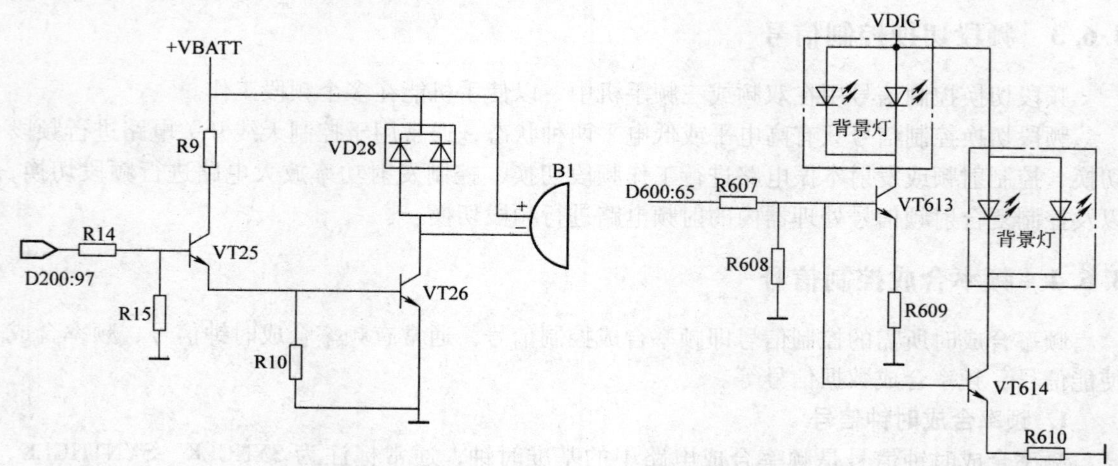


图 3-40 诺基亚 5110 型手机的铃声电路　　图 3-41 三星 T18 型手机的背景灯电路

如果背景灯电路出现故障，就会出现背景灯不亮等故障。

## 3.7.3 振动器电路

振动器又称为振子，是微型直流电动机。不同于蜂鸣器的是，振动器以振动形式提醒手机用户有呼叫接入。振动器的振动由振动器电路控制。

图 3-42 为三星 T18 型手机的振动器电路，它是一个带功率放大的开关电路。当中央处理器 D600 的 45 脚（振子启动）为低电平时，晶体管 VT622 导通，使 VT621 因 1 脚为高电平而导通，VT620 则因 1 脚变为低电平而导通，电池电源 VBATT 经电阻 R685、VT620 的 2 脚和 3 脚对振动器供电，振动器振动。

铃声电路、背景灯电路和振动器电路等现已逐渐被专用集成电路替代。

## 3.7.4 按键电路

手机按键分为数字按键和功能按键，它们共同构成矩阵式的按键电路。按键电路由与同一个专用集成电路连接的列地址线 COL 和行地址线 ROW 构成，二者构成很多交叉点，每个交叉点对应一个按键，列地址线和行地址线的逻辑电平状态相反。

如图 3-43 所示，假设 COL2 与 ROW1 的交叉点为“7”，则当按下“7”时，两条地址线的电平会产生变化。逻辑控制电路通过检测 COL2 和 ROW1 两条地址线电平的变化，并对照预设程序判断为“7”键被按下，随后产生与“7”键对应的控制。

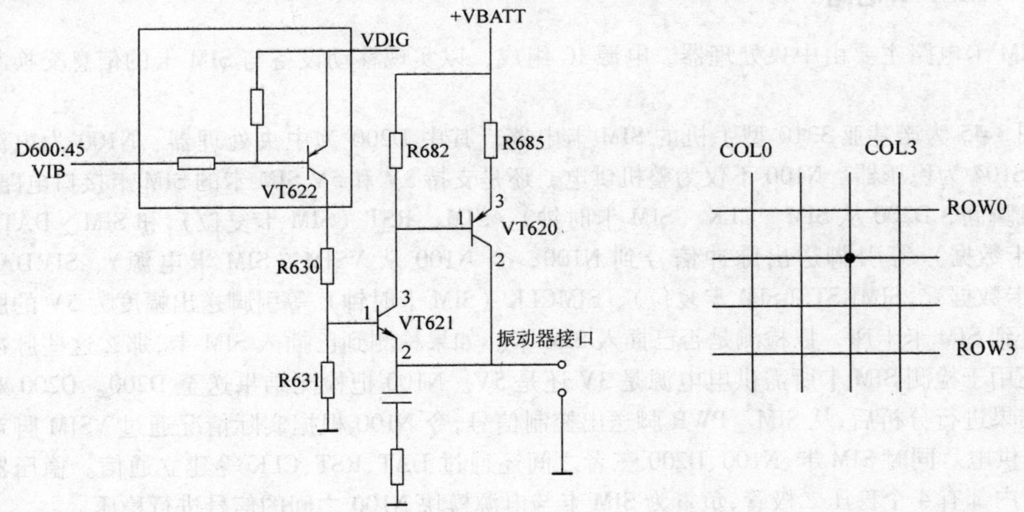


图 3-42 三星 T18 型手机的振动器电路　　图 3-43 按键阵列示意图

如果按键电路出现故障，就会出现按键失灵等故障。

## 3.7.5 显示电路

显示电路主要由显示模块以及 CPU 局部电路组成，包括显示电路电源、显示时钟与显示数据线。

图 3-44 为诺基亚 3310 型手机的显示接口电路，该电路为串行口液晶显示电路。它由集成电源 N100 为其提供 2.8V 的 VBB 电压。显示屏的控制信号和数据传输信号包括 LCDEN（显示启动）、LCDRSTX（显示复位）、GENSIO。LCDEN 用于启动显示；LCDRSTX 用于显示复位；GENSIO 用于传输显示数据和时钟信号，同时控制显示屏内的振荡器，以控制 LCD 的对比度。

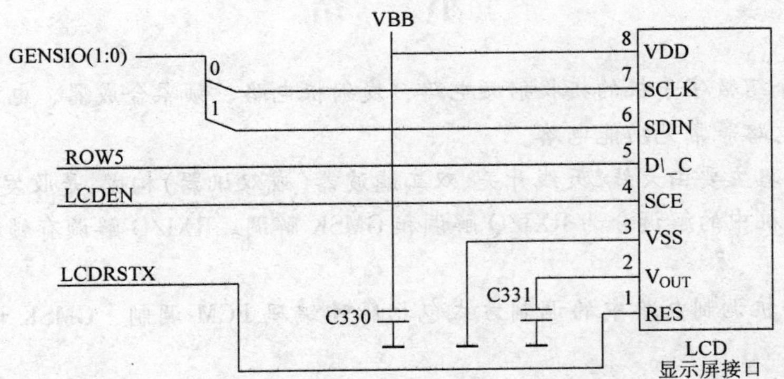


图 3-44 诺基亚 3310 型手机的显示接口电路

显示屏一般通过排线与印制电路板连接。当排线断裂或接触不良时，会出现无显示或显示模糊等故障。

### 3.7.6 SIM 卡电路

SIM 卡电路主要由中央处理器、电源 IC 组成，以实现移动设备与 SIM 卡的信息交换与控制。

图 3-45 为诺基亚 3310 型手机的 SIM 卡电路，其中 D200 为中央处理器、N100 为电源 IC、VS104 为稳压器。N100 不仅为整机供电，还是支持 3V 和 5V SIM 卡的 SIM 卡接口电路。在开机瞬间，D200 从 SIM _ CLK（SIM 卡时钟）、SIM _ RST（SIM 卡复位）和 SIM _ DATA（SIM 卡数据）等引脚送出脉冲信号到 N100，令 N100 从 VSIM（SIM 卡电源）、SIMDAT（SIM 卡数据）、SIMRST（SIM 卡复位）、SIMCLK（SIM 卡时钟）等引脚送出幅度为 5V 的脉冲信号到 SIM 卡卡座，以检测是否已插入 SIM 卡。如果检测到已插入 SIM 卡，那么这些脉冲信号还用于检测 SIM 卡所需供电电源是 3V 还是 5V。N100 把检测结果送至 D200。D200 对检测结果进行分析后，从 SIM _ PWR 脚送出控制信号，令 N100 根据实际情况通过 VSIM 脚对 SIM 卡供电。同时 SIM 卡、N100、D200 三者之间还通过 DAT、RST、CLK 等建立通信。稳压器 VS104 内部有 4 个稳压二极管，负责为 SIM 卡与电源模块 N100 之间的信号进行稳压。

如果 SIM 卡电路出现故障，那么会出现不识卡等故障。

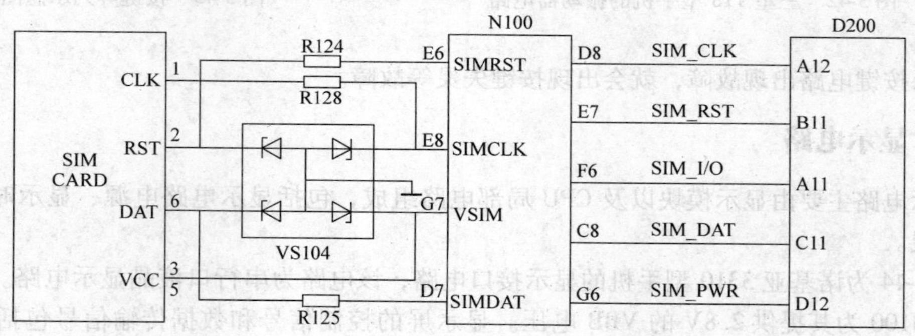


图 3-45 诺基亚 3310 型手机的 SIM 卡电路

## 小 结

本章主要介绍数字手机的接收射频电路、发射机电路、频率合成器、电源电路、基带电路、人机界面电路等常见功能电路。

1）天线电路主要由天线、天线开关、双工滤波器（或双讯器）构成，是收发共用电路。

2）数字手机中的解调分为 RXI/Q 解调和 GMSK 解调。RXI/Q 解调有锁相解调、正交解调等。

3）GSM 手机调制电路中的调制方式包括脉冲编码 PCM 调制、GMSK 调制以及 TXI/Q 调制。

4）GMSK 调制解调、PCM 编码解码一般在射频基带接口模块（模拟基带）内完成，自适应均衡、交织去交织、解密加密、信道编码解码和语音编码解码在数字基带电路内完成。

5）通常将PCM编码器、DSP与GMSK调制电路集成在芯片中，与送话器构成发射基带电路，其余部分为发射射频电路。

6）GSM手机有电源开关键开机、充电开机和定时开机等开机方式，电源开关键开机又分为高电平开机和低电平开机两种。

7）功放电路的供电分为电子开关供电型、长供电型两种。

8）手机供电可以在供电切换电路控制下，由电池供电或由外部电源供电。电池供电时，需对电池信息与电池温度进行检测。

9）复位信号用于使相关电路处于指定的初始状态，以防止因逻辑程序出现混乱而使手机不能正常工作。复位信号有总复位信号、系统复位信号、复合数字音频处理复位信号、SIM卡复位信号、LCD驱动复位信号等。

10）手机开机、关机都由逻辑控制电路根据一定的程序完成。

11）带机充电电路由充电检测电路、充电控制电路、电池电量检测电路组成。

12）手机电压调节器包含逻辑电压调节器、射频电压调节器、时钟电压调节器等。

13）在手机电路中，基带电路是逻辑电路与音频电路的组合，它通常采用超大规模的专用集成电路。

14）射频控制信号主要有接收使能信号、自动增益控制信号、发射使能信号、频段切换控制信号，以及频率合成使能信号、频率合成数据信号、频率合成时钟信号。

15）人机界面电路主要包括铃声电路、背景灯电路、振动器电路、按键电路、显示电路、SIM卡电路。

## 习　题　3

3.1　GSM手机天线电路的组成是怎样的？

3.2　天线开关、双工滤波器、双讯器的功能有什么区别？各有哪几个端口？

3.3　分析说明图3-6、图3-8、图3-13、图3-19、图3-28的工作原理。

3.4　名词解释：RXI/Q解调、TXI/Q调制。

3.5　数字手机中的调制分为哪几种？每种调制的功能是什么？

3.6　以图3-21为例，分析说明如何实现双频本振电路输出信号的控制？

3.7　以图3-27为例，分析说明如何实现功率放大器的控制？

3.8　数字手机中基准时钟信号、实时时钟信号的用途是什么？

3.9　数字手机供电电路的整体组成是怎样的？各部分之间有什么联系？

3.10　以图3-31为例，分析说明如何检测手机电池信息、电池温度？

3.11　怎样实现手机电源供电的切换？

3.12　数字手机的开机方式有哪几种？怎样实现充电开机？

3.13　数字手机在什么情况下可以关机？关机程序是怎样的？

3.14　以图3-36为例，分析说明怎样实现带机充电控制？

3.15　数字手机中的调压器有哪几种？每种调压器的功能是什么？

3.16　怎样实现对实时时钟的供电？

3.17　数字手机中，中央处理器的功能有哪些？

3.18　数字手机中，接收电路控制信号、发射电路控制信号主要有哪些？

3.19　数字手机中的人机界面电路主要有哪些？

3.20　以图3-45为例，分析说明SIM卡的检测过程是怎样的？

# 第4章　摩托罗拉V998型手机的电路原理分析

**本章要点**：摩托罗拉V998型手机整机工作原理、组成及各部分的联系，电源电路、射频电路、基带电路的工作原理与信号控制。

**学习参考**：要求通过学习熟悉数字手机整机电路的组成及各部分的联系，了解数字手机信号处理过程，掌握各功能电路的工作原理与信号控制。

## 4.1　V998型手机整机工作原理简介

摩托罗拉V998型手机为双频GSM手机,其电路分为电源电路、射频电路和基带电路三部分,如图4-1所示。摩托罗拉V998型手机的整机电路原理图如图4-2所示(见全文后插页)。

### 4.1.1　V998型手机射频电路

射频电路主要由接收电路、发射电路、频率合成电路和功率控制电路构成，用于完成对射频信号的处理。

**1. 接收电路**

V998型手机的接收电路是超外差一次变频接收电路，接收中频信号的频率是400MHz，接收电路原理框图如图4-3所示。VT1254内部有两个分别用作GSM混频和DCS混频的晶体管。天线接收到的高频信号首先送入天线开关U101，在GSM或DCS频段选择信号的控制下分成GSM（925～960MHz）和DCS（1805～1880MHz）两路信号。

对于GSM信号，接收信号由天线开关U101的5脚输出，经带通滤波器FL460滤波后被低噪声放大器VT461放大，以提高接收灵敏度。放大后的信号再经带通滤波器FL470滤波后送入GSM混频器，即VT1254的一个基极。同时，从RXVCO（VT253）产生的1325～1360MHz本振信号经缓冲放大后加至VT1254发射极，由VT1254完成GSM混频，产生400MHz的中频信号。

对于DCS信号，接收信号由天线开关U101的6脚输出，经带通滤波器FL450、低噪声放大器VT451、带通滤波器FL465的一系列处理后送入VT1254的另一个基极，而RXVCO产生的本振信号（1405～1480MHz）经缓冲放大后送至VT1254，与接收信号混频输出400MHz的中频信号。

VT1254混频输出的400MHz中频信号首先经滤波器FL457滤波，然后经隔离放大器VT490放大送入调制解调器（在中频模块U913内），由U913对信号进行I/Q解调后，将解调得到的RXI/Q基带信号送往CPU作进一步处理。

**2. 发射电路**

V998型手机发射电路是带偏移锁相环的发射电路，如图4-4所示。复合音频电源模块U900得到的发射音频信号经中央处理器U700处理后以数字信号的形式送至中频模块U913进行I/Q调制，并由U913内部鉴相器、低通滤波器和发射压控模块（TXVCO）U250构成

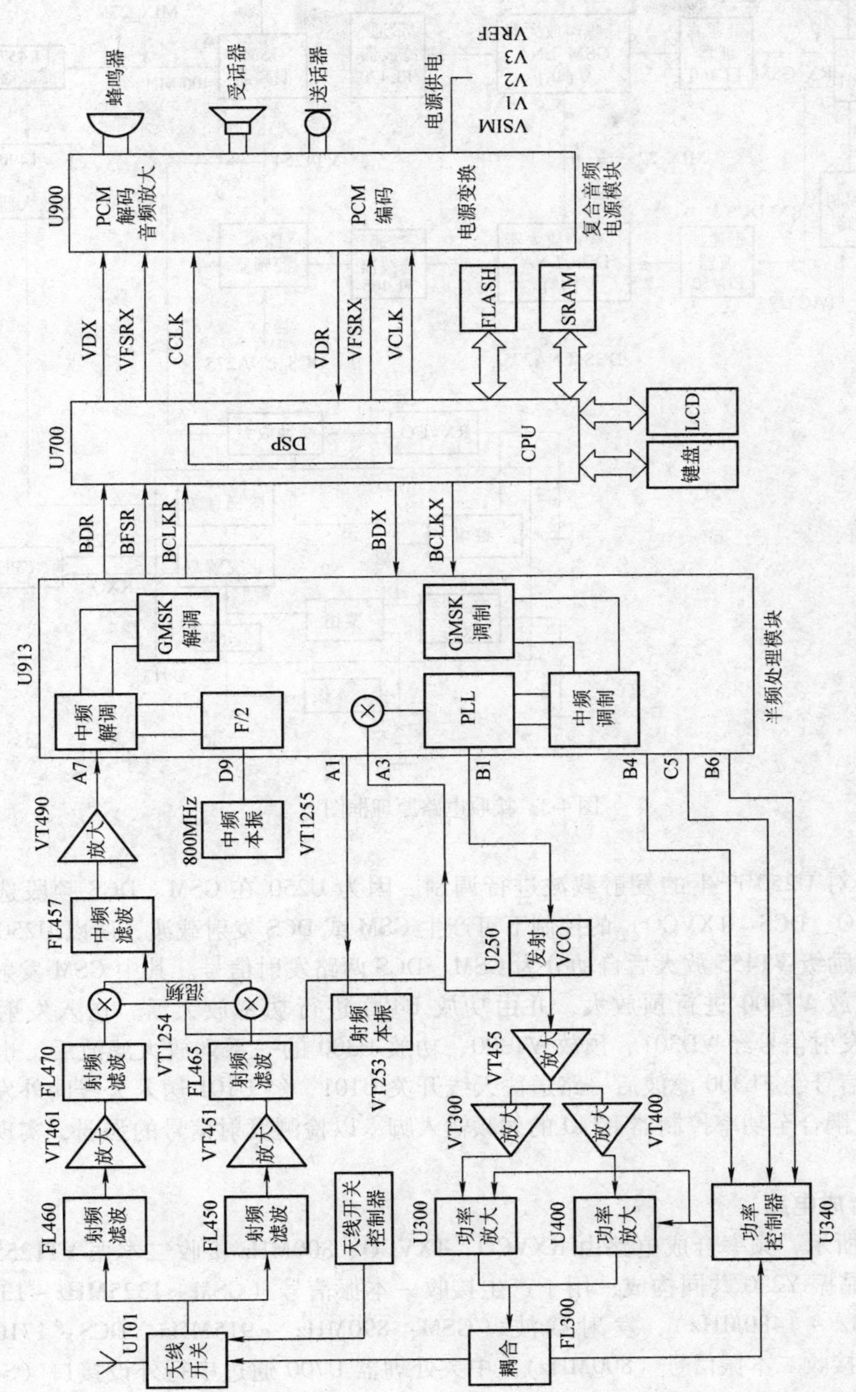


图 4-1 摩托罗拉V998型手机的整机电路框图

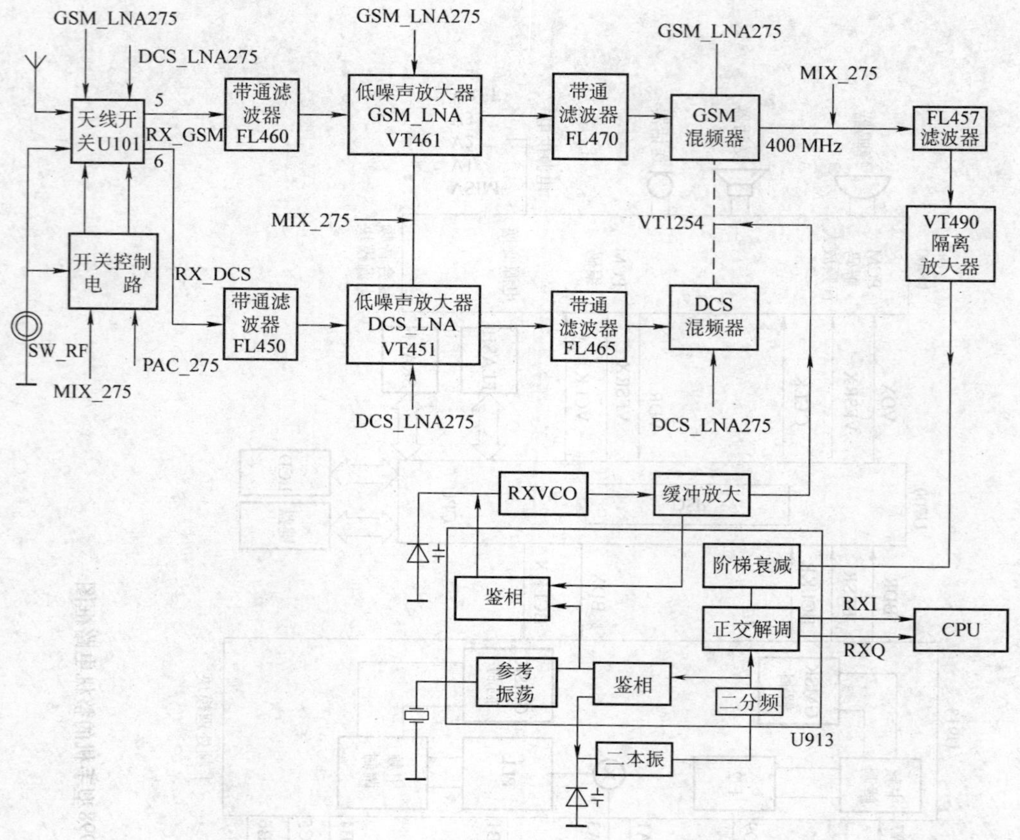


图 4-3 接收电路原理框图

的偏移锁相环对 U250 产生的发射载波进行调制。因为 U250 在 GSM、DCS 频段选择信号（GSM _ TXVCO、DCS _ TXVCO）的控制下可产生 GSM 或 DCS 发射载波，所以 U250 输出的已调载波被激励级 VT455 放大后自动分为 GSM、DCS 两路发射信号。其中 GSM 发射信号经 VD300 送入预放 VT400 进行预放大，并由功放 U400 进行功率放大后，送入发射滤波器 FL300；DCS 发射信号经 VD301、预放 VT300、功放 U300 的一系列放大滤波后，也被送入 FL300。发射信号经 FL300 滤波后一路送往天线开关 U101，经 U101 送入天线向外发射；另一路经 FL300 耦合至功率控制器 U340 的射频输入脚，以检测发射信号的强弱，实现功率控制的目的。

**3. 频率合成电路**

如图 4-2 所示，频率合成电路由 RXVCO、TXVCO、800MHz 接收二本振 VT1255、中频模块 U913 与晶振 Y230 共同构成，用于产生接收一本振信号（GSM：1325MHz ~ 1360MHz、DCS：1405MHz ~ 1480MHz）、发射载波（GSM：890MHz ~ 915MHz、DCS：1710MHz ~ 1785MHz）和接收二本振信号（800MHz）。中央处理器 U700 通过串行外设接口（Serial Peripheral Interface，SPI）总线向 U913 发送控制数据，控制 U913 在与基站对应的工作信道上进行发射和接收。U913 还根据 U700 送来的信息调整内部分频器分频次数，使各振荡器的振荡频率锁定在相应的频率上。

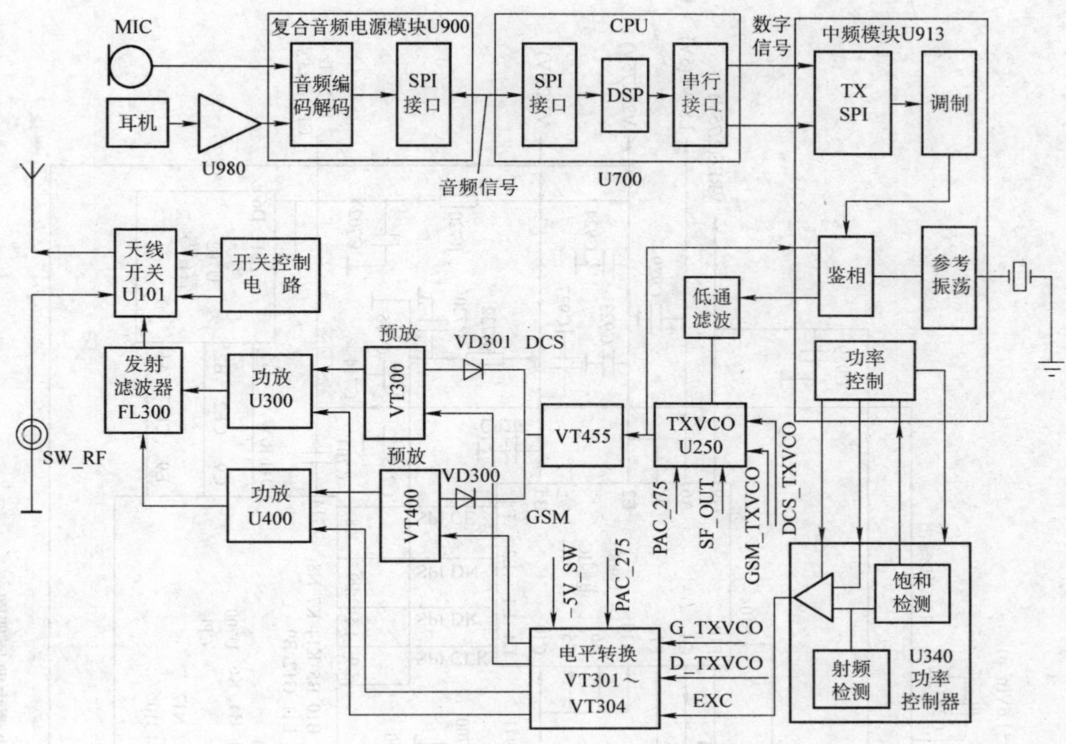


图 4-4　V998 型手机的发射电路原理框图

**4. 功率控制电路**

如图 4-2 所示，功率控制电路由滤波器 FL300、匹配电路（C302、C303、C306、VD306、VD307）、功率控制模块 U340 及中频模块 U913 内部的功率控制电路构成。U340 用于控制功放（U300、U400）及预放（VT300、VT400）的放大倍数，以调整发射信号的大小。发射信号经 U340 内部的射频检测器与 U913 内部的功率控制信号比较，输出功率控制电压 EXC。EXC 通过调整功放及预放的偏置实现功率控制。

## 4.1.2　V998 型手机电源电路

如图 4-5 所示，手机电池电压 BATT + 经电子开关管 VT942 产生电压 B + ，B + 加入复合音频电源模块 U900 中，产生电压 LS _ V1、V2、V3 和 VREF。

LS _ V1 用于产生电压 V1，V1 用于对中频模块等供电。V2 用作中央处理器 U700、版本 U701、暂存器 U702 的工作电压。V3 也用作 U700 的工作电压。VREF 用作中频模块 U913 的参考电压输入。B + 与 VREF 加入 U913 内产生射频电压 RF _ V1 和 RF _ V2，用于本振电路和射频电路。

## 4.1.3　V998 型手机基带电路

基带电路由逻辑控制系统、时钟电路和逻辑音频电路等组成，逻辑音频电路包括发射音频电路、接收音频电路等，见图 4-2。

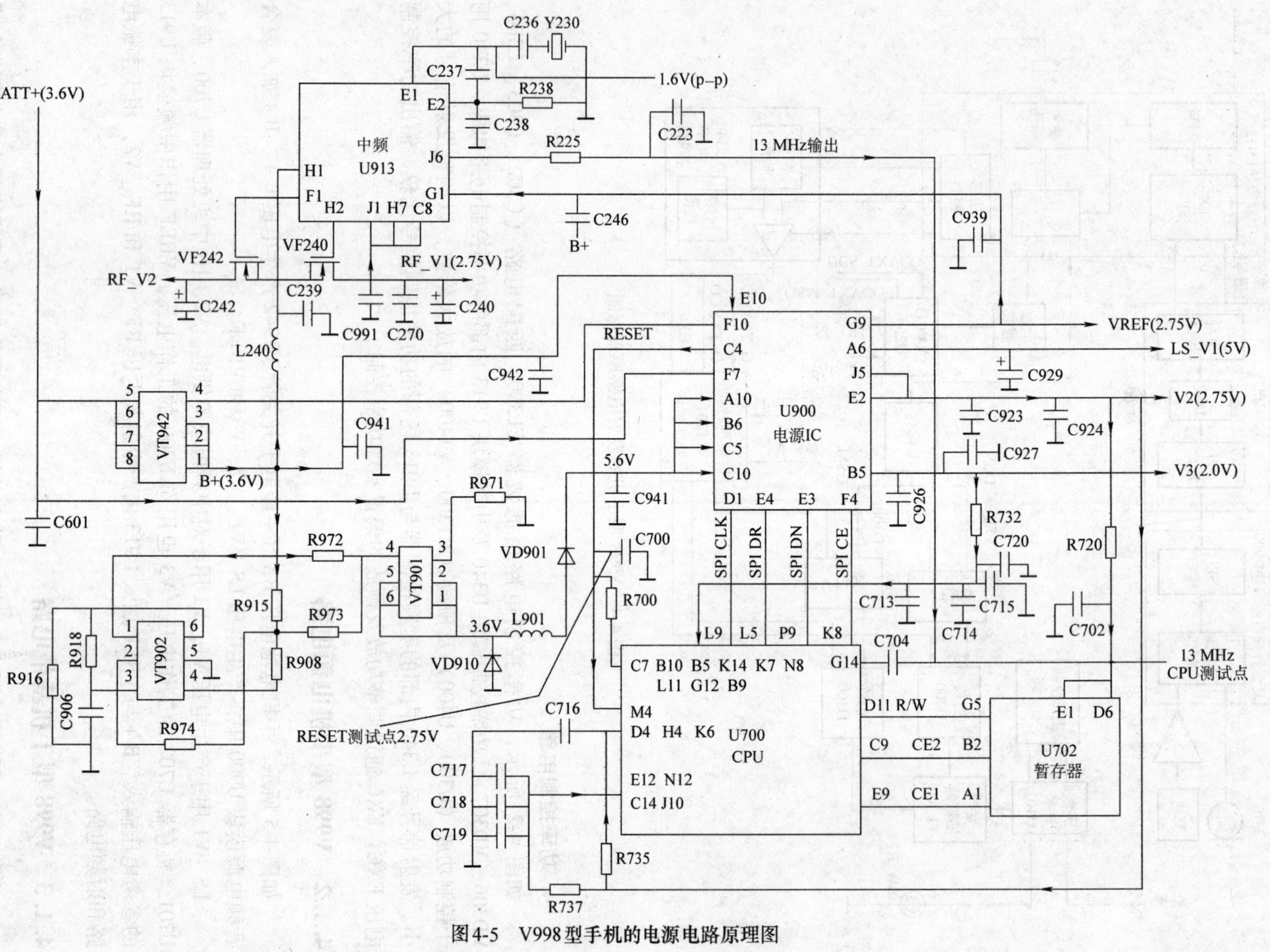

图4-5 V998型手机的电源电路原理图

**1. 逻辑控制系统**

逻辑控制系统由中央处理器 U700、2MB 的 Flash ROM 和 64KB 的 RAM 构成，Flash ROM、RAM 由 CPU 根据需要予以选通。CPU 通过 21 位地址总线（A0 ~ A20）对 Flash ROM 和 RAM 取址，通过 16 位数据总线（D0 ~ D15）交换数据。

**2. 时钟电路**

V998 型手机中的时钟信号分为 13MHz 基准时钟信号和 32.768kHz 实时时钟信号。

V998 型手机由 26MHz 的晶振和中频模块 U913 内的部分电路构成振荡器产生 26MHz 的参考振荡信号。26MHz 信号除了在 U913 内部被分频为 13MHz 信号送入 CPU 作为系统时钟外，还被送入 U913 内部的锁相环产生准确的 13MHz 基准时钟信号。上述 13MHz 的两个信号均被送入 U913 内的选择器，由 CPU 输出的时钟选择信号 CLK _ SEL 确定其中的哪个信号作为系统时钟。

32.768kHz 的实时时钟（RTC）信号由 V998 型手机内的 32.768kHz 晶振与复合音频电源模块 U900 一起产生，用作手机计时和日历功能等。

**3. 发射音频电路**

发射音频电路用于完成对基带信号的处理，包括对话音信号编码、信道编码等。

来自送话器的话音信号经送话器接口 J610 加到复合音频电源模块 U900 的 MICIN +、MICIN - 脚,在 U900 内部经运算放大器放大,并对模拟话音信号进行取样、量化和编码使之成为数字话音信号,然后送至 U700 进行信道编码等一系列处理。

**4. 接收音频电路**

由调制解调器（在中频模块 U913 内部）输入到 CPU 的接收数字信号在 CPU 内完成信道解码后，送入复合音频电源模块 U900 进行语音解码（RPE-LTP 解码），再经 U900 内部完成 D/A 转换，然后由内部放大器放大，从显示屏接口 J700 送至手机翻盖内的扬声器，驱动扬声器发声。

## 4.2　V998 型手机的电源电路

### 4.2.1　供电电路分析

V998 型手机的电源电路以内含接收音频通道及逻辑模拟电源调节器的复合音频电源模块 U900 为核心，包括电源供电切换电路、升压电路、尾插接口开机电路、稳压输出及开关机电路、LS _ V1（5V）产生电路及其他供电电路。

**1. 电源供电切换电路**

V998 型手机利用电池（BATT +）或外部接口电源（带机充电插座）供电。当两路电源同时供电时，由电子开关 VT942 控制外部接口电源优先供电，如图 4-6 所示。

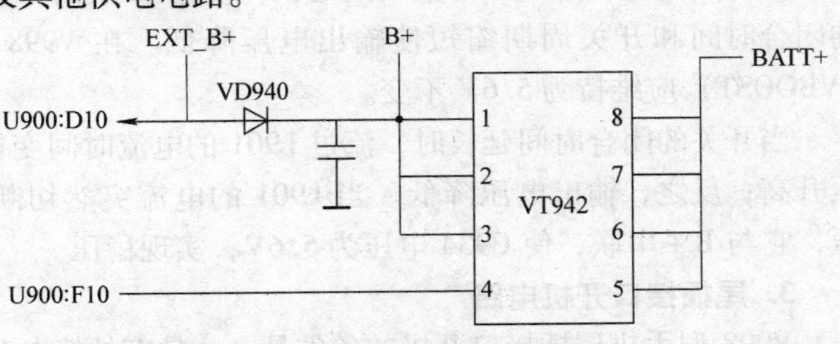

图 4-6　电源供电切换电路原理图

VT942 的 4 脚为控制端，当

4 脚为低电平时，VT942 的 5 ~ 8 脚与 1 ~ 3 脚导通；当 4 脚为高电平时，5 ~ 8 脚与 1 ~ 3 脚截止。当使用电池供电时，4 脚电平为 0V，电池电压（BATT +）从 VT942 的 5 ~ 8 脚输入，从 VT942 的 1 ~ 3 脚输出供电电压 B +。当外部接口电源（EXT _ B +）供电时，复合音频电源模块 U900 的 D10 脚为高电平，U900 的 F10 脚输出 3. 6V 的高电平至 VT942 的 4 脚，使 VT942 截止，电池（BATT +）不再向手机供电，而由 EXT _ B + 通过单向二极管 VD940 向手机供电。

**2. 升压电路**

手机电路中设置升压电路，一方面是为了满足某些电路所需工作电压比电池电压更高的需要；另一方面是为了避免手机电池电压因用电时间延长而降低所造成的影响。

V998 型手机的升压电路主要由复合音频电源模块 U900、储能电感 L901、滤波电容 C934 和续流二极管 VD901 组成，其实质是一种开关稳压电源，如图 4-7 所示。

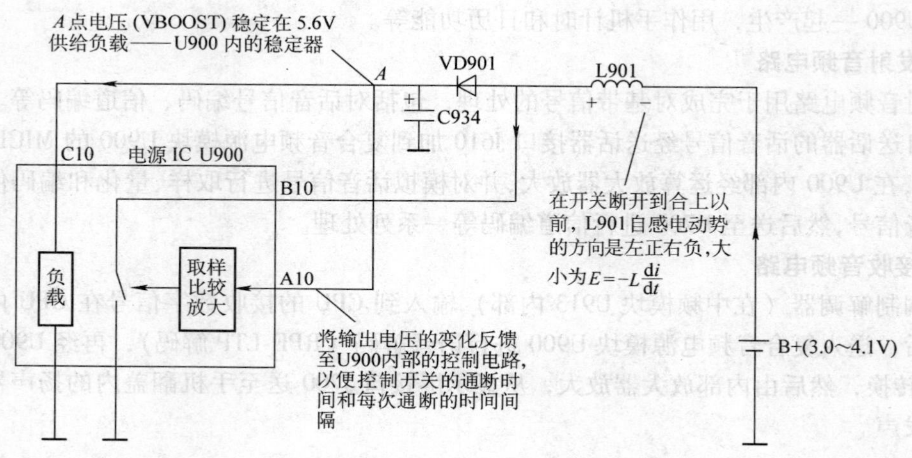


图 4-7 升压电路原理图

复合音频电源模块 U900 起到开关的作用，开关闭合或断开的时间，以及开关闭合或断开周期的大小均可以随着输入和输出电压的高低自动调整。输出电压是供给 U900 内部稳压器的电压，即升压电路中 *A* 点的电压（VBOOST）。当电池电压（B +）变低或输出电压降低时，U900 对输出电压进行取样、比较和放大产生控制 U900 内开关动作的控制信号，该信号控制开关的闭合时间和开关周期延长，使输出电压升高；反之，当输出电压升高时，开关的闭合时间和开关周期缩短使输出电压降低。在 V998 型手机中，升压电路的输出电压（VBOOST）应维持为 5. 6V 不变。

当开关的闭合时间延长时，流过 L901 的电流时间变长，L901 储存的能量增大，输出电压升高；反之，输出电压降低。当 L901 的电流突然切断时，L901 产生左正右负的感应电压，它与 B + 串联，使 C934 电压为 5. 6V，实现稳压。

**3. 尾插接口开机电路**

V998 型手机尾插接口开机的条件是：一是有外接电源（EXT _ B +）进入手机，二是有一个尾插接口开机触发信号。如图 4-8 所示，当外接电源接入尾插接口 J600 时，J600 的 14

脚有3.6V的外接电源输入，J600的9脚（ON/OFF）电压为0V。因J600的9脚经R921使复合音频电源模块U900的G5脚（尾插接口开机触发端）变为低电平，故使手机被触发，调用尾插接口供电开机程序实现开机。

另外，当电池供电（或外接电源接到电池触片的正负极）时，复合音频电源模块U900的G5脚输出为高电平，经R921、VD920、R804使U900的C8脚为高电平。按下开机键（或将R804的任一脚与地之间短接）时，U900的C8脚被按键开机低电平信号拉低为低电平，手机运行电池供电开机程序而开机。

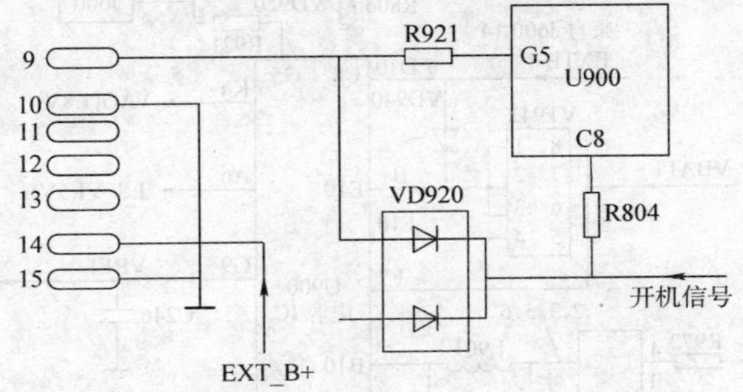


图4-8 尾插接口开机电路原理图

**4. 稳压输出及开关机电路**

稳压输出电路原理图如图4-9、图4-10所示。当持续按下开机键时，复合音频电源模块U900的C8脚电压由3V左右的高电平变为小于1V的低电平，使U900内部稳压器触发电路工作产生高于2.4V的触发电压。触发电压一方面为U900内部各稳压器的触发端供电，另一方面为U900内部升压电路供电，在U900的B10脚产生5.6V升压脉冲。升压脉冲经VD901、C934整流滤波后在U900的A10脚得到5.6V的升压电压（VBOOST），并通过U900的C10、C5、B6、A10脚为U900内部的各稳压器供电，使各稳压器工作并产生相应的电压为整机供电。

复合音频电源模块U900输出的电压如下：

1）LS_V1电压。该电压是5.0V的逻辑电压，用于产生V1电压，对接口电路供电。LS_V1由升压电压VBOOST（5.6V）经复合音频电源模块U900控制和稳压，由U900的A6脚输出。LS_V1受CPU控制，并与暂存器有关，但与字库无关。LS_V1正常时是5V，不正常时是2.75V。

V1电压由LS_V1电源经待机电路控制得到，用于对-5V电压产生电路、发射滤波电路、复合中频模块供电。V1电压在开机扫描信道时是直流5V，进入待机状态后是间歇的5V。待机电路主要由待机延时门电路U703、待机5V控制管VT920和VT921组成。

2）V2电压。该电压是2.75V的逻辑电压。它从复合音频电源模块U900的J5、E2脚输出，为大部分逻辑电路供电。例如，经R737为中央处理器U700的E12、N12、D4、K6、H4、C14、J10供电，并为版本U701的A5、A4、E5、E1供电，还为暂存器U702的E1、D6供电，如图4-10所示。

3）V3电压。该电压是1.8V的逻辑电压。它从复合音频电源模块U900的B5脚输出，经R732为中央处理器U700的B10、K14、L11、L12、B5、N8、K7、B9供电，如图4-10所示。

4）VSIM1电压。该电压是3V或5V的SIM卡供电电压。如图4-2所示，当SIM卡插入手机后，复合音频电源模块U900首先输出3V电压，若手机与SIM卡不能通信，则关闭SIM卡电路，U900迅速改为输出5V电压，并测试手机是否能与SIM卡通信。

5）VREF电压。该电压是2.75V的参考电压。它从复合音频电源模块U900的G9脚输

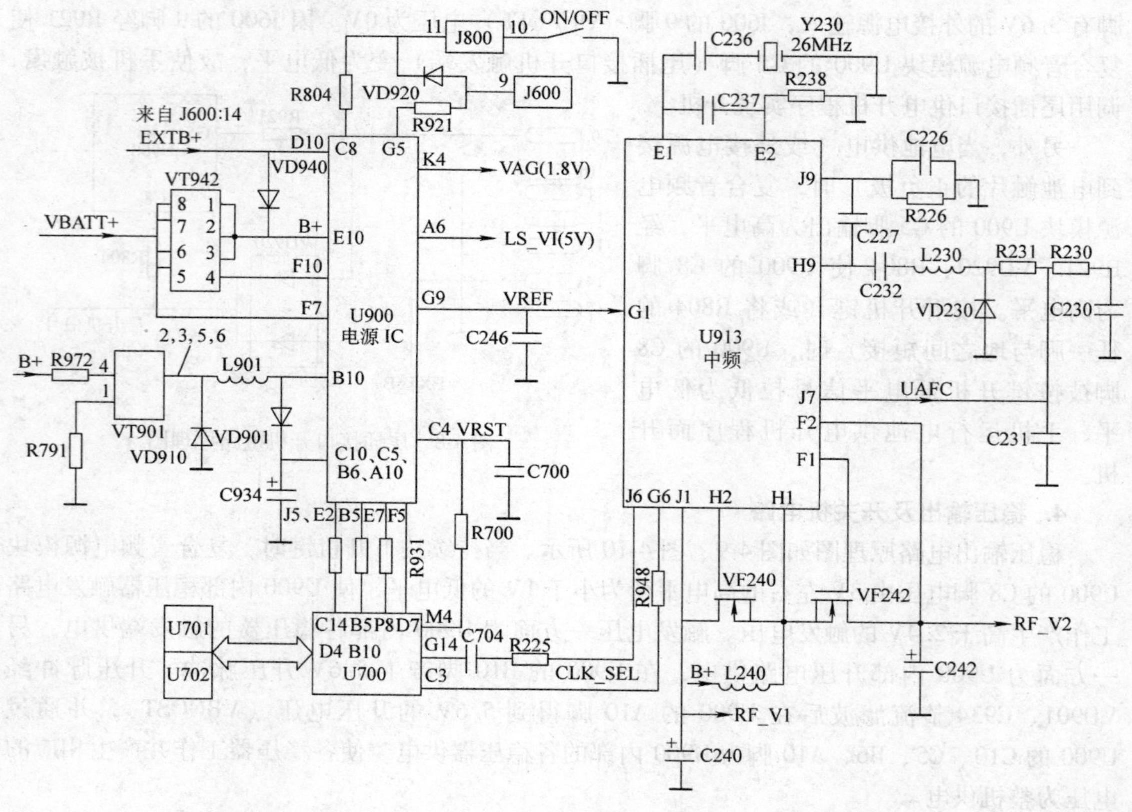


图 4-9 稳压输出电路原理图（一）

出，对中频模块 U913 的 G1 脚供电，以启动 U913 内部的再生电源电路，使之分别从 H2、F1 脚输出 2.8V 左右的驱动电压，使 VF240、VF242 导通，并对电池电压 B + 进行稳压调整，产生 2.75V 稳定的 RF _ V1、RF _ V2 电压。RF _ V1、RF _ V2 电压被送回 U913，为 U913 内部的 13MHz 逻辑时钟、26MHz 参考时钟、混频处理电路、中频处理电路、二本振及部分逻辑基带处理电路供电，如图 4-9 所示。

如图 4-2 所示，当中频模块 U913 得到 RF_V1、RF _ V2 工作电压时，由 U913、26MHz 晶振 Y230、C236、C237、R238 等组成的 26MHz 参考时钟电路工作，产生 26MHz 参考时钟信号。26MHz 参考时钟信号经 U913 内部二分频后，由 U913 的 J6 脚输出 13MHz 逻辑时钟信号。13MHz 逻辑时钟信号经 R225、C704 送入中央处理器 U700 的 G14 脚进行整形处理后，由 U700 的 D7 脚输出时钟认可信号 GCAP _ CLK。GCAP _ CLK 信号送入复合音频电源模块 U900 的 F5 脚作为基准的 13MHz 逻辑时钟信号。

6）VAG 电压。该电压是 1.8V 的音频供电电压。它从复合音频电源模块 U900 的 K4 脚输出，对射频及音频 IC 供电，如图 4-9 所示。

7）SR _ VCC 电压。该电压为断电电压，如图 4-10 所示，当手机在瞬间撞击时，若出现电池与触点脱离，则 SR _ VCC 在 0.5s 内从复合音频电源模块 U900 的 E2 脚输出，经 R720 继续对暂存器 U702 的 E1、D5 脚供电，以保证手机仍能正常开机工作。

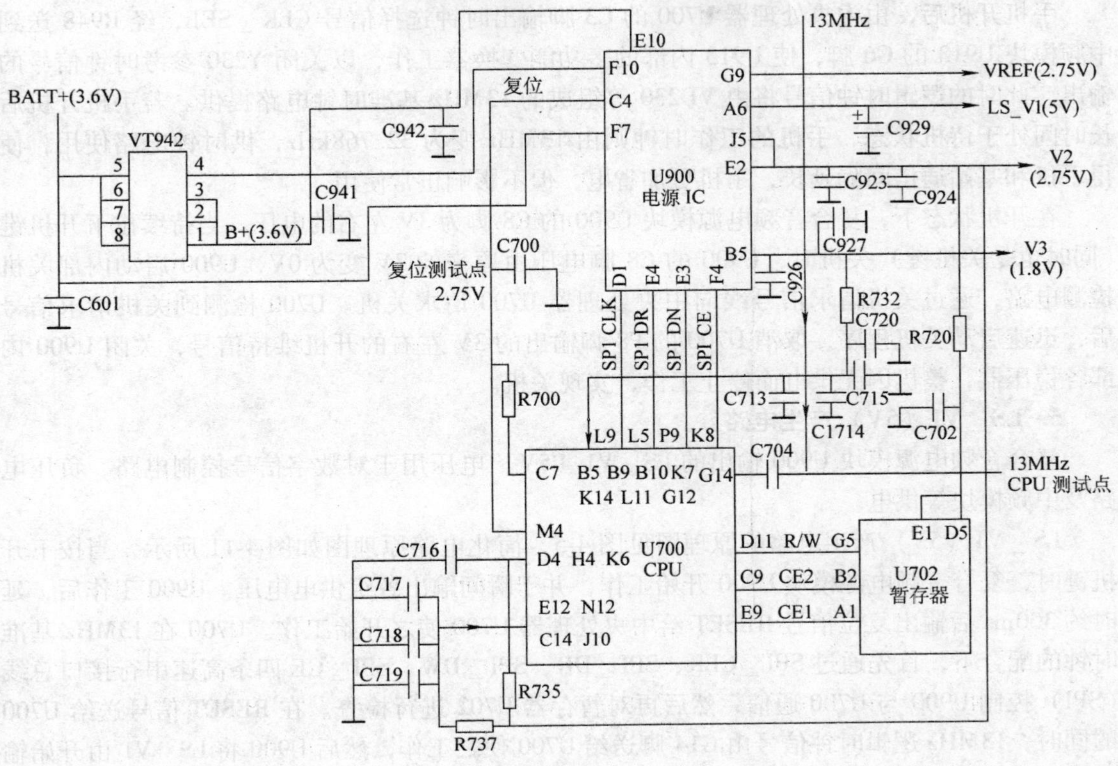


图 4-10 稳压输出电路原理图（二）

复合音频电源模块 U900 输出的部分电压及其主要功能见表 4-1。

**表 4-1 复合音频电源模块 U900 输出的部分电压及其主要功能**

| 电压名称 | 电压值 | 电压用途与测试点 |
|---|---|---|
| V1 | 5V | 对中频模块 U913 等供电 |
| V2 | 2.75V | 对 CPU、版本、暂存器等逻辑电路供电 |
| V3 | 1.8V | 对 CPU 供电 |
| VREF | 2.75V | 用于中频 IC 的启动，并产生 RF _ V1、RF _ V2 电压，进而产生开机时钟 |
| VSIM1 | 3V 或 5V | 对 SIM 卡供电 |
| VAG | 1.8V | 对射频及音频 IC 供电 |
| VRST | 2.5V（p-p） | 从复合音频电源模块 U900 的 C4 脚送给 CPU，使逻辑电路复位 |
| LS _ V1 | 5V | 对数字信号控制电路、负压电路及中频模块等供电 |

与开机有关的电源是 V2、V3、VREF 和 VRST 电源。V2、V3 电源使 CPU 及其软件处于等待状态。VREF 电源使 26MHz 参考时钟电路工作，以得到 13MHz 的逻辑时钟信号。

VRST 电源的电压（复位电压）为 2.5V（p-p）。当复合音频电源模块 U900 得到中央处理器 U700 送来的时钟认可信号 GCAP _ CLK 时，U900 从 C4 脚输出 2.5V（p-p）的复位电压，送入 U700 的 M4 脚使 U700 复位。U700 复位后，U700 开始对硬件和软件进行自检。自检成功后，U700 从版本 U701 中调出开机程序，并由 U700 的 P8 脚输出 3V 左右的开机维持信号（WDOG），经 R931 送到 U900 的 E7 脚，使 U900 内部稳压器长期稳定地工作，达到维持开机的目的，如图 4-2 所示。

手机开机后，由中央处理器 U700 的 C3 脚输出时钟选择信号 CLK _ SEL，经 R948 送到中频模块 U913 的 G6 脚，使 U913 内部的多功能变换器工作，以关闭 Y230 参考时钟信号的输出，此时的逻辑时钟信号将由 VD230 等组成的 13MHz 基准时钟电路提供。若手机开机后长时间处于待机状态，手机的工作时钟则由 13MHz 变为 32. 768kHz，供时钟电路使用，使得手机和基站通信间隔延长，手机更加省电，但不影响正常使用。

在开机状态下，复合音频电源模块 U900 的 C8 脚为 3V 左右的电压。当持续按下开机键（同时也是关机键）关机时，U900 的 C8 脚电压由原来的 3V 变为 0V，U900 启动内部关机检测电路，通过关机请求信号线向中央处理器 U700 请求关机。U700 检测到关机请求信号后，迅速启动关机程序，取消 U700 的 P8 脚输出的 3V 左右的开机维持信号，关闭 U900 内部各稳压器，整机因无供电而停止工作，实现关机。

**5. LS _ V1（5V）产生电路**

复合音频电源模块 U900 输出的 LS _ V1（5V）电压用于对数字信号控制电路、负压电路及中频模块等供电。

LS _ V1（5V）产生电路的原理图见图 4-5，简化电路原理图如图 4-11 所示，当按下开机键时，复合音频电源模块 U900 开始工作，并于瞬间输出各组供电电压。U900 工作后，延时约 300ms 后输出复位信号 RESET 给中央处理器 U700 使之开始工作。U700 在 13MHz 基准时钟的配合下，首先通过 SPI _ CLK、SPI _ DR、SPI _ DW、SPI _ CE 四条高速串行接口总线（SPI）控制 U900 与 U700 通信，然后再对暂存器 U702 进行检查。在 RESET 信号送给 U700 的同时，13MHz 逻辑时钟信号由 G14 脚送给 U700 使之工作，然后 U900 将 LS _ V1 由开始输出的 2. 75V 变为 5V 输出，此时中央处理器单元开始运行软件而开机。

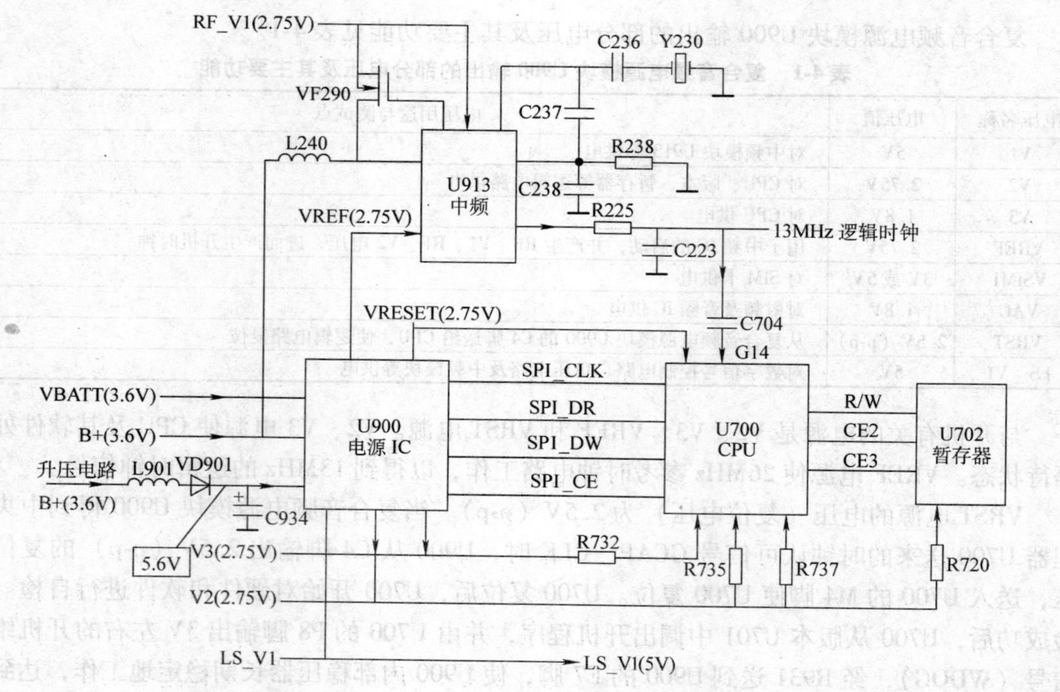


图 4-11 LS _ V1（5V）产生电路的简化电路原理图

**6. 其他供电电路**

（1）中频模块供电电路　中频模块供电电路原理图如图4-12所示。在手机加电不开机时，中频模块U913的H1、H2、F1脚及场效应稳压供电管VF240和VF242的栅极G和源极S有3.6V的B+电压，其他脚无电压；否则，手机会出现漏电故障而导致不开机。当复合音频电源模块U900供电正常并输出各路电压时，U913有V1（5V）和VREF（2.75V）的供电，U913开始工作。U913的H2脚由3.6V的B+电压拉低为2.75V，从VF240的漏极D输出2.75V的射频电压RF_V1对U913内部13MHz基准时钟电路及锁相环分频电路供电。当手机开机正常之后，U913的F1脚由3.6V的B+电压拉低为2.75V，从VF242漏极D输出2.75V的射频电压RF_V2。RF_V2电压一路回送给U913内部，为中频解调和调制电路供电；另一路为射频接收前端的供电控制电路提供2.75V的工作电压（见图4-2）。由U913的C1脚产生0~2.75V的本振供电电压SF_OUT，为本振电路及发射压控振荡模块等电路供电；由U913的C7脚产生0~2.75V的开关电压SW_VCC，为中频放大管VT490提供直流偏置电压；由U913的C2脚产生5V的V1滤波电压V1_FILT，为发射末级电路供电。

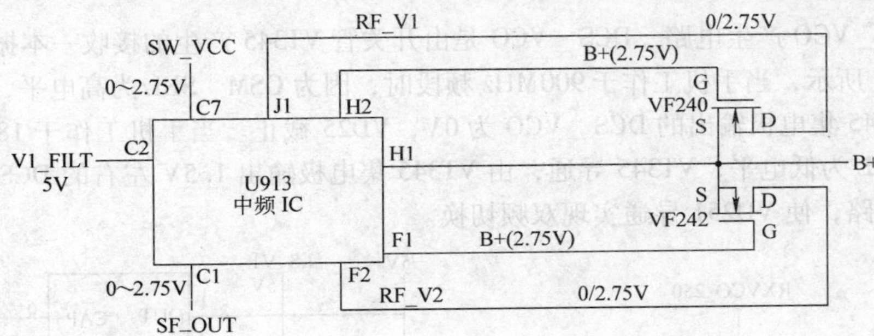


图4-12　中频模块供电电路原理图

（2）TXVCO_250产生电路　TXVCO_250是仅在发射时输出2.5V，而接收时为0V的发射压控电压。如图4-13所示，控制管VT343的3脚输入是来自于中频模块U913的C1脚输出的0~2.75V的SF_OUT电压；4脚为只在发射时为0~2.75V、待机状态时为0V的发射启动控制端（TXON）；2脚输出的TXVCO_250电压对发射控制管VT333的2脚供电。

（3）GSM_TXVCO和DCS_TXVCO产生电路　发射压控模块U250的双频切换由受控管VT333输出的GSM_TXVCO和DCS_TXVCO信号控制，VT333的2脚为发射压控电压TXVCO_250（2.5V）供电输入端，如图4-14所示。

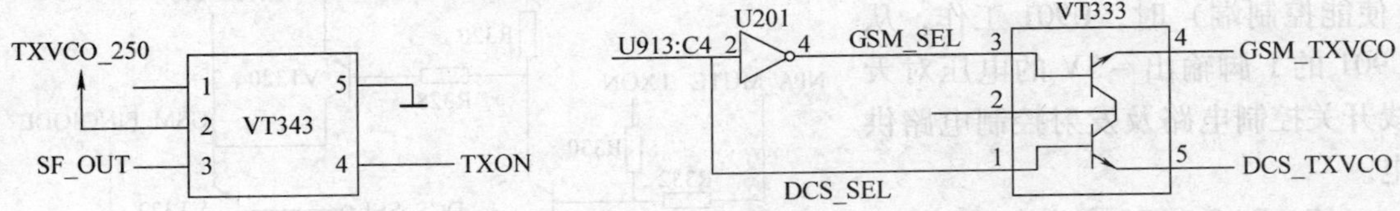


图4-13　TXVCO_250产生电路原理图　　图4-14　GSM_TXVCO和DCS_TXVCO产生电路原理图

当VT333的1脚（DCS_SEL）为高电平、3脚（GSM_SEL）为低电平时，VT333的4脚输出2.5V的DCS_TXVCO脉冲电压加到发射压控模块U250的6脚，手机工作于

1800MHz 或发射频段。当 VT333 的 1 脚为低电平、3 脚为高电平时，VT333 的 5 脚输出 2.5V 的 GSM _ TXVCO 脉冲电压加到 U250 的 10 脚，手机工作于 900MHz 频段。

（4）RXVCO _ 250 产生电路　RXVCO _ 250 是由控制管 VT344 产生的 2.5V 的接收压控电压。如图 4-15 所示，在由中频模块 U913 的 F8、F9 脚送给 VT344 的 4 脚的控制信号的作用下，VT344 对 3 脚输入的本振供电电压 SF _ OUT 进行变换，并从 2 脚输出 RXVCO _ 250 为本振电路供电。在开机时，RXVCO _ 250 是在 0 ~ 2.5V 之间的脉冲电压。

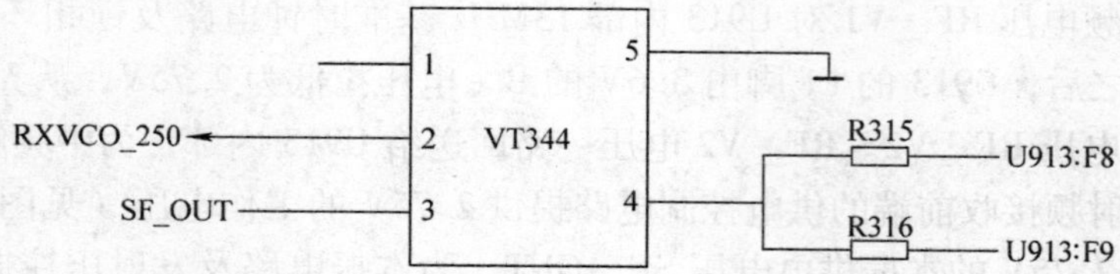


图 4-15　RXVCO _ 250 产生电路原理图

（5）DCS _ VCO 产生电路　DCS _ VCO 是由开关管 VT345 产生的接收—本振双频切换电压。如图 4-16 所示，当手机工作于 900MHz 频段时，因为 GSM _ SEL 为高电平，所以 VT345 截止，由 VT345 集电极输出的 DCS _ VCO 为 0V，VD25 截止。当手机工作于 1800MHz 频段时，GSM _ SEL 为低电平，VT345 导通，由 VT345 集电极输出 1.5V 左右的 DCS _ VCO 控制电压给本振电路，使 VD251 导通实现双频切换。

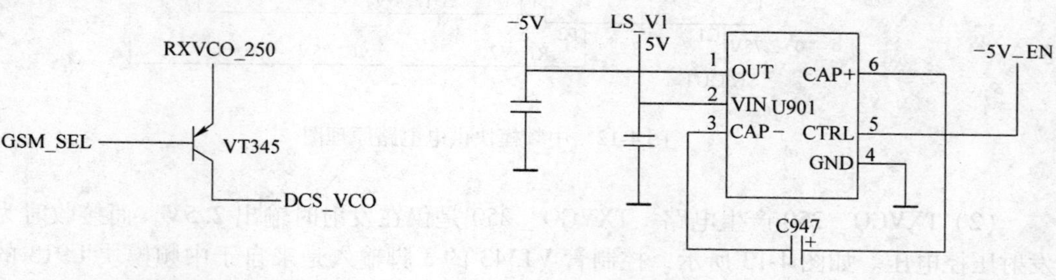


图 4-16　DCS _ VCO 产生电路原理图　　图 4-17　负压电路原理图

（6）负压电路　负压电路由负压稳压管 U901 等组成，如图 4-17 所示。U901 的 2 脚由复合音频电源模块 U900 的 A6 脚（LS _ V1）提供工作电源。当中央处理器 U700 的启动信号（-5V _ EN）送入 U901 的 5 脚（使能控制端）时，U901 工作，从 U901 的 1 脚输出 -5V 的电压对天线开关控制电路及发射控制电路供电。

（7）PAC _ 275 产生电路　PAC _ 275 是 2.75V 的功率控制电压。如图 4-18 所示，发射时，发射启动信号（TXON）为高电平，VT321 导通，从 VT320 集电极输出 0 ~

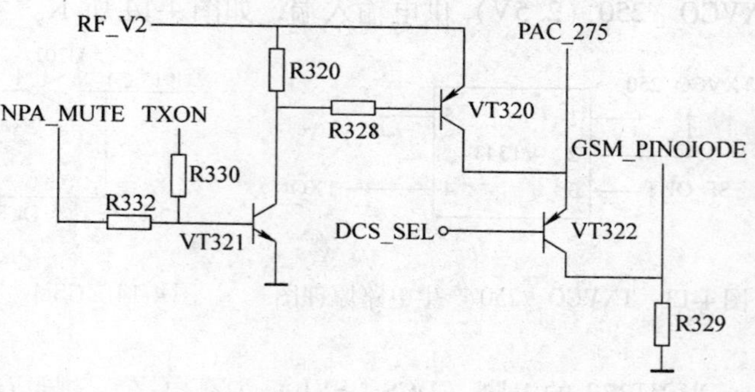


图 4-18　PAC _ 275 产生电路原理图

2.75V 的 PAC _ 275 电压，对发射预放管和功率控制电路供电。当 DCS 波段选择信号（启动信号）DCS _ SEL 为低电平时，手机工作于 900MHz 频段。GSM 控制信号 GSM _ PINOIODE 从 VT322 集电极输出，使发射滤波器 FL300 外围二极管的电容量得以改变，实现对 900MHz 发射信号的滤波。

（8）V1 _ SW 产生电路　V1 _ SW 为受发射启动信号（TXON）间接控制的、5V 的 V1 开关电压，用于发射有源滤波电路。如图 4-19 所示，VT346 的 4 脚为控制端，当手机发射时，TXON 信号有效（0 ~ 2.75V），VT346 将通过 3 脚来自于中频模块 U913 的 C2 脚的 5V 滤波电压 V1 _ FILT 变换为 5V 的 V1 _ SW 电压，由 2 脚输出。

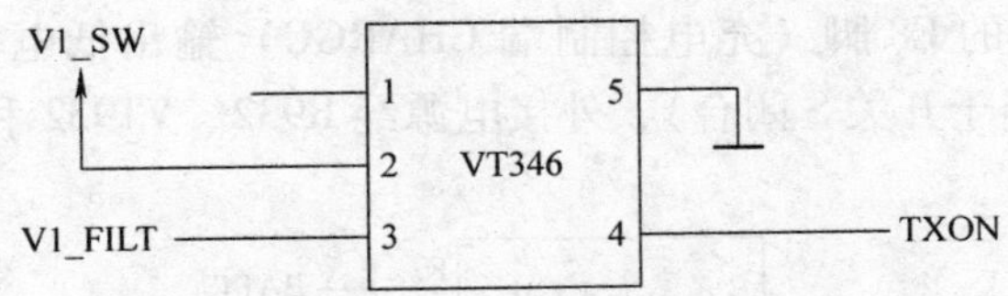


图 4-19　V1 _ SW 产生电路原理图

（9）功放供电电路　功放供电电路由功放供电管 VF330 和控制管 VT331 等组成，如图 4-20 所示。在手机不发射时，功放供电电路不工作，来自 VT942 的 1 ~ 3 脚的、3.6V 的电池电压 B + 直接加至 VF330 的 1 ~ 3 脚，由于上拉电阻 R331 的作用，VF330 的 4 脚控制端保持为 3.6V 左右的高电平。当手机处于发射状态时，从逻辑电路送来的发射控制信号 DM _ CS 使 VT331 导通，VF330 的 4 脚电平变低，VF330 的 5 ~ 8 脚输出 3.6V 的功放供电电压 PA _ B + 对功放电路供电。

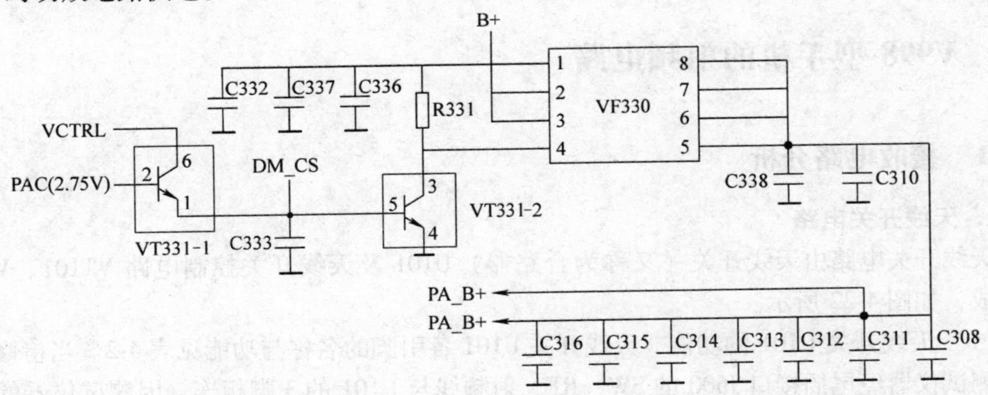


图 4-20　功放供电电路原理图

因为发射控制信号 DM _ CS 是 0 ~ 2.75V 的跳变电压，所以 VT330 在发射时也是断续工作的。

### 4.2.2　充电电路分析

充电器通过尾插接口 J600 和手机相连。J600 的 5 脚（充电类型检测端 MAN TEST AD）用于检测充电器是快速充电器还是中速充电器；J600 的 8 脚（充电检测端 EXT CHG EN）用于检测充电器是否插入手机充电座；外接电源（EXT _ B + ）由 J600 的 14 脚送至复合音频电源模块 U900 的 D10 脚，并通过取样电阻 R932（0.25Ω）送到充电开关管 VT932 的 4 脚与 U900 的 D9（ISENSE）脚。U900 计算出 R932 上的充电电流，并与标准电流比较后输出充电控制信号，通过控制 VT932 的导通程度控制充电电流的大小。ISENSE 端是检测充电电流大小的反馈电压检测端。

V998 型手机充电电路原理图如图 4-21 所示。当复合音频电源模块 U900 的 F7 脚（BATT +）检测到电池电量不足，且手机有外接电源 EXT _ B + 时，中央处理器 U700 控制 U900 的 E8 脚（充电控制端 CHARGC）输出低电平信号，控制 VT932 启动充电电路工作（相当于开关 S 闭合），外接电源经 R932、VT932 和 VD932 对电池充电。

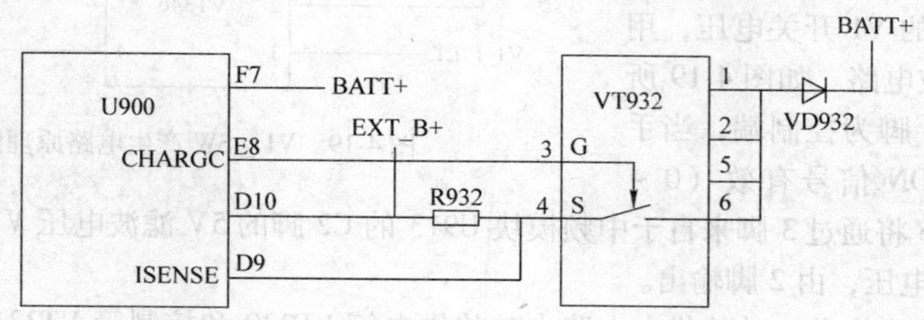


图 4-21　V998 型手机充电电路原理图

当复合音频电源模块 U900 的 F7 脚检测到电池电压足够高时，充电控制端 CHARGC 输出高电平信号，关闭 VT932（相当于开关 S 断开），外接电源 EXT _ B + 停止对手机电池充电。但 EXT _ B + 仍继续向手机提供工作电源。

## 4.3　V998 型手机的射频电路

### 4.3.1　接收电路分析

#### 1. 天线开关电路

天线开关电路由天线开关（又称为合路器）U101 及天线开关控制电路 VT101、VT102 等组成，如图 4-22 所示。

（1）天线开关 U101 的功能　天线开关 U101 各引脚的名称与功能见表 4-2。当检修手机时，测试仪器经尾插接口 J600 的 SW _ RF、射频线与 U101 的 3 脚相连，因测试仪器的阻抗为 50Ω，所以相当于 U101 的 3 脚经 50Ω 电阻与地相接，故 U101 的 3 脚为低电平。其他情况下，射频信号经天线（ANT1）进出手机，U101 的 3 脚为高电平。

天线开关 U101 内部等效电路如图 4-23 所示，U101 工作状态表见表 4-3，其中 V1、V2 控制射频信号经天线还是射频线进出手机，V3、V4 用于控制将接收的信号分为 GSM、DCS 两路。

（2）天线开关控制电路的工作原理

1）检修手机时，SW _ RF 为低电平，使 VT101、VT102 的 1 脚为低电平，使 VT106 导通，所以 VT101、VT102 的 3 脚为高电平（2.75V）。手机处于接收状态时，因为 MIX _ 275 在 RX _ EN 控制下为 2.75V 的高电平，即 VT102 的 2 脚为高电平，所以 VT102 上、下两边的晶体管分别导通、截止，使 VT102 的 6 脚和 4 脚分别为高电平、低电平，即 U101 的 2 脚（V2）、9 脚（V1）为高电平和低电平，手机选择由 SW _ RF 输入的射频信号。

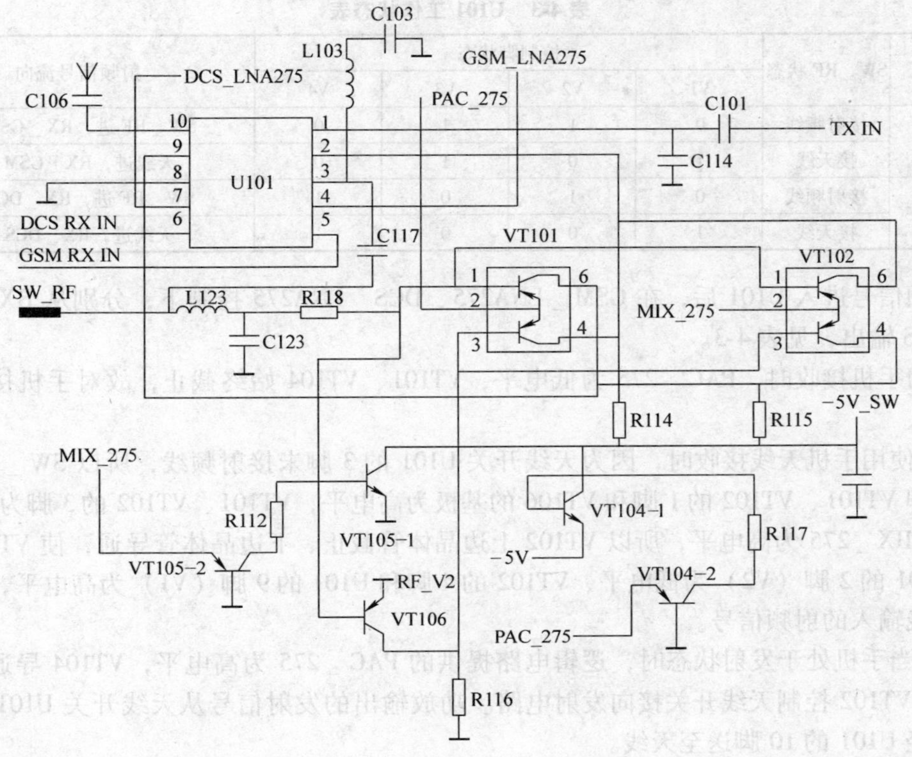


图 4-22　天线开关电路原理图

**表 4-2　天线开关 U101 各引脚的名称与功能**

| 引脚号 | 引脚名称 | 引脚功能 | 引脚号 | 引脚名称 | 引脚功能 |
|---|---|---|---|---|---|
| 1 | TX | 发射射频信号输入脚 | 6 | RX _ DCS | DCS 接收信号输出脚 |
| 2 | V2 | 控制电压 V2 | 7 | V4 | 控制电压 V4 |
| 3 | ANT2 | 射频线连接脚 | 8 | GND | 接地脚 |
| 4 | V3 | 控制电压 V3 | 9 | V1 | 控制电压 V1 |
| 5 | RX _ GSM | GSM 接收信号输出脚 | 10 | ANT1 | 天线连接脚 |

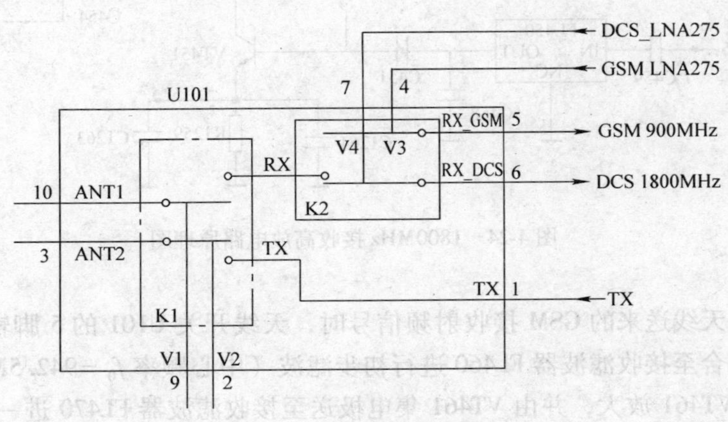


图 4-23　天线开关 U101 内部等效电路

表 4-3 U101 工作状态表

| 工作频段 | SW _ RF 状态 | 控制脚状态 | | | | 射频信号流向 |
|---|---|---|---|---|---|---|
| | | V1 | V2 | V3 | V4 | |
| GSM | 接射频线 | 0 | 1 | 1 | 0 | SW _ RF 进，RX _ GSM 出 |
| | 接天线 | 1 | 0 | 1 | 0 | 天线进，RX _ GSM 出 |
| DCS | 接射频线 | 0 | 1 | 0 | 1 | SW _ RF 进，RX _ DCS 出 |
| | 接天线 | 1 | 0 | 0 | 1 | 天线进，RX _ DCS 出 |

射频信号进入 U101 后，在 GSM _ LNA275、DCS _ LNA275 控制下，分别从 RX _ GSM、RX _ DCS 输出，见表 4-3。

因为手机接收时，PAC _ 275 为低电平，VT101、VT104 始终截止，故对手机接收无影响。

2）使用手机天线接收时，因为天线开关 U101 的 3 脚未接射频线，所以 SW _ RF 为高电平，即 VT101、VT102 的 1 脚和 VT106 的基极为高电平，VT101、VT102 的 3 脚为低电平。又因为 MIX _ 275 为高电平，所以 VT102 上边晶体管截止、下边晶体管导通，使 VT102 的 6 脚和 U101 的 2 脚（V2）为低电平、VT102 的 4 脚和 U101 的 9 脚（V1）为高电平，手机选择经天线输入的射频信号。

3）当手机处于发射状态时，逻辑电路提供的 PAC _ 275 为高电平，VT104 导通，通过 VT101、VT102 控制天线开关接向发射电路。功放输出的发射信号从天线开关 U101 的 1 脚输入，经 U101 的 10 脚送至天线。

**2. 900MHz 和 1800MHz 低噪声放大器**

900MHz 和 1800MHz 低噪声放大器（接收高放电路）原理图如图 3-6、图 4-24 所示。

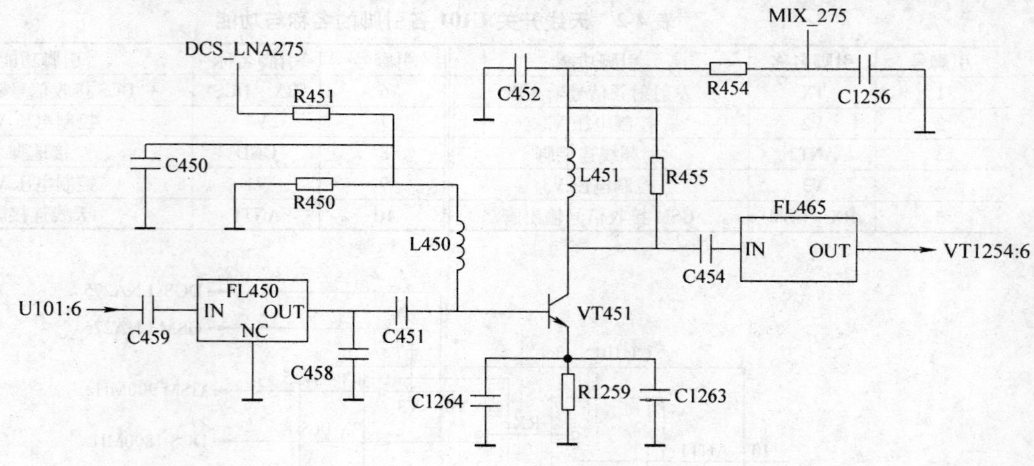


图 4-24 1800MHz 接收高放电路原理图

1）当接收天线送来的 GSM 接收射频信号时，天线开关 U101 的 5 脚输出的射频信号，首先由 C453 耦合至接收滤波器 FL460 进行初步滤波（中心频率 $f_0$ = 942. 5MHz），然后送至低噪声放大管 VT461 放大，并由 VT461 集电极送至接收滤波器 FL470 进一步滤波，得到幅度和纯净度符合要求的 GSM 接收射频信号，最后送至混频电路进行混频。

2）当接收天线送来的DCS接收射频信号时，与GSM接收射频信号的处理过程相似。信号传输路径为：天线开关U101的6脚、C459、接收滤波器FL450、低噪声放大管VT451、接收滤波器FL465。

**3. 混频电路**

混频电路主要由混频管VT1254及其外围电路组成，如图4-25所示。

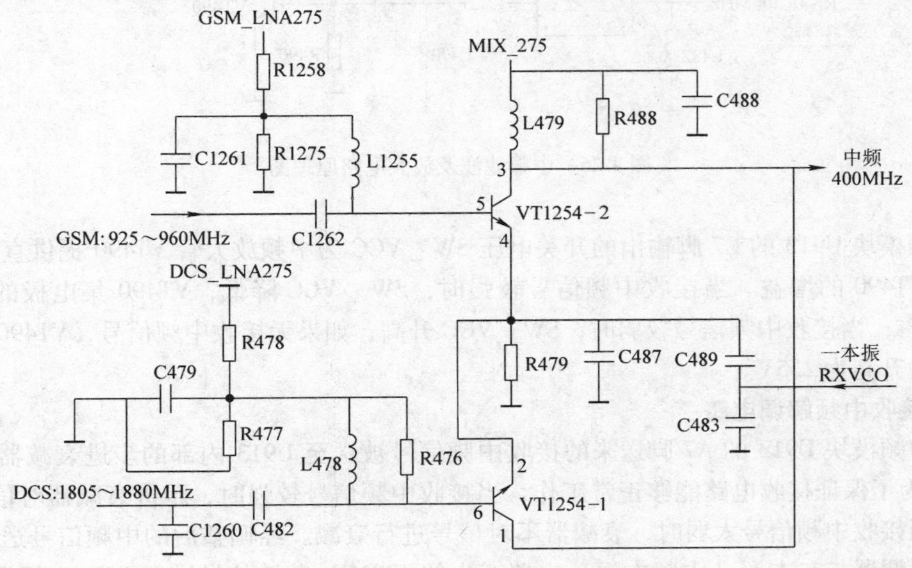


图4-25　混频电路原理图

VT1254内部集成了两个NPN型晶体管，3～5脚为GSM混频管，1、2、6脚为DCS混频管。VT1254的5脚、6脚偏置电压由GSM_LNA275、DCS_LNA275提供，而1、3脚电压由MIX_275电压提供。

1）当手机接收GSM射频信号时，GSM_LNA275＝2.75V，DCS_LNA275＝0V，混频管VT1254内只有GSM混频管工作。FL470输出的射频信号经C1262耦合至VT1254的5脚，由本振电路产生的1325～1360MHz本振信号经放大和滤波后由VT1254的4脚输入，两个信号在VT1254内部混频后由VT1254的3脚输出中心频率为400MHz（400MHz±67.707kHz）的接收中频信号。

2）当手机接收DCS射频信号时，GSM_LNA275＝0V，DCS_LNA275＝2.75V，混频管VT1254内只有DCS混频管工作。FL465输出的射频信号经C482耦合至VT1254的6脚，1405～1480MHz的本振信号从VT1254的2脚输入，两个信号在VT1254内部混频后由VT1254的1脚输出400MHz的接收中频信号。

**4. 中频滤波及放大电路**

中频滤波及放大电路原理图如图4-26所示。混频管VT1254的1脚或3脚输出的接收中频信号，首先经中频滤波器FL457滤波，然后经C494耦合至中频放大器VT490进行放大，并由VT490集电极送至中频模块U913的A7脚。由U913对经滤波放大后的中频信号进行中频解调（I/Q解调）。

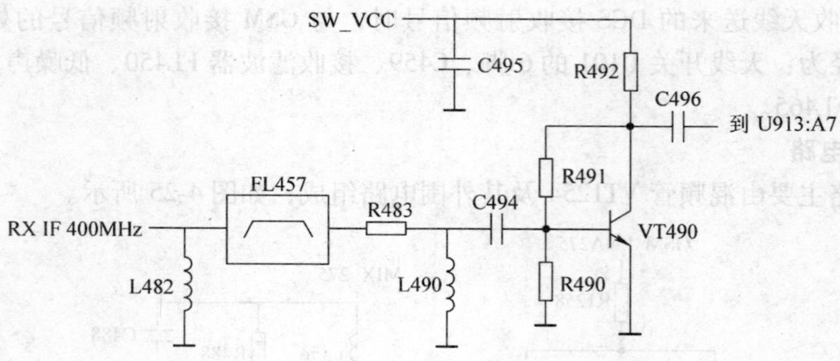

图 4-26 中频滤波及放大电路原理图

中频模块 U913 的 C7 脚输出的开关电压 SW _ VCC 为中频放大管 VT490 提供直流偏置，并控制 VT490 的增益。当接收中频信号较强时，SW _ VCC 降低，VT490 集电极的电压为 1. 2V 左右；当接收中频信号较弱时，SW _ VCC 升高；如果无接收中频信号，VT490 集电极的电压就升高为 2. 5V。

**5. 接收中频解调电路**

经中频模块 U913 的 A7 脚送来的接收中频信号被送至 U913 内部的步进衰减器（STEP ATT）。为了保证接收电路能够正常工作，当接收中频信号较强时，步进衰减器对信号进行衰减；当接收中频信号太弱时，衰减器不对信号进行衰减。经调整后的中频信号送到 U913 内部的解调器与二本振（中频本振）电路产生的 400MHz 载波信号进行 RXI/Q 解调，得到 67. 707kHz 的模拟接收基带信号（RXI/Q）。模拟接收基带信号再在 U913 内部完成 A/D 转换（GMSK 解调）、均衡及解密处理后，由 U913 的 G8、G9 脚输出数字接收基带信号，并被送至中央处理器 U700 作进一步处理，如图 4-1、图 4-2 所示。

**6. 接收电路控制信号**

接收电路控制信号主要有 RX _ EN、GSM _ SEL 等，产生原理见图 4-2。

1）接收使能信号 RX _ EN。它由 CPU 产生，接收时为 2. 75V。

2）波段选择信号 GSM _ SEL、DCS _ SEL。接收时，由 CPU 控制 U913 产生 DCS _ SEL，由反相器对 DCS _ SEL 反相得到 GSM _ SEL。当选择 GSM 频段时，GSM _ SEL 为高电平（2. 75V）、DCS _ SEL 为低电平（0V）；当选择 DCS 频段时，DCS _ SEL 为高电平（2. 75V）、GSM _ SEL 为低电平（0V）。

3）混频电压 MIX _ 275。MIX _ 275 由 RX _ EN 通过 VT340 产生，用于天线开关、低噪声放大器和混频电路。VT340 的内部电路原理图如图 4-27a 所示。当 RX _ EN 变高时，NPN 晶体管导通，集电极为 0V，PNP 晶体管导通，RF _ V2 通过 PNP 晶体管产生 MIX _ 275（高电平 2. 75V）。

4）低噪声放大电压 GSM _ LNA275、DCS _ LNA275。用于天线开关、低噪声放大器和混频电路。VT342 内部电路原理图如图 4-27b 所示。在 DCS 频段，DCS _ SEL 为高电平，上边的 PNP 晶体管截止使 GSM _ LNA275 为低电平（0V）；GSM _ SEL 为低电平，下边的晶体管导通使 DCS _ LNA275 为高电平（2. 75V）。在 GSM 频段时，上述晶体管状态和信号电平相反。

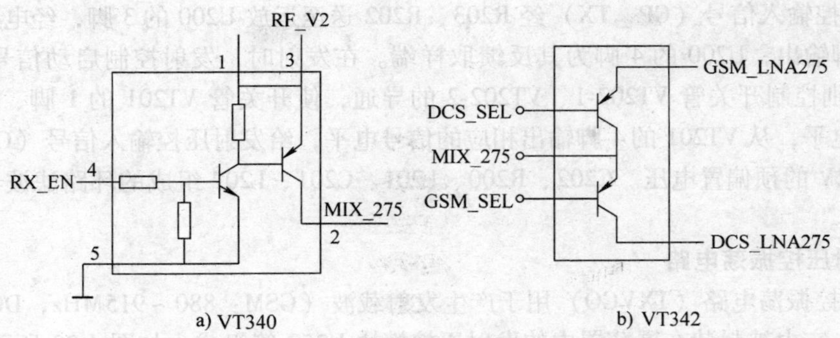


图 4-27 VT340、VT342 内部电路原理图

5）接收供电电压 RXVCO _ 250、本振电压 SF _ OUT。SF _ OUT 是由 U913 产生的 2. 75V 的控制信号。在接收时，RXVCO _ 250 由 SF _ OUT 利用 VT344 产生。

6）DCS 压控电压 DCS _ VCO。当选择 GSM 频段时，GSM _ SEL 为高电平，VT345 截止，DCS _ VCO 为低电平；当选择 DCS 频段时，GSM _ SEL 为低电平，VT345 导通，DCS _ VCO 为高电平。因 VD250 两端所加电压不同，从而改变本振电路输出信号的频率。

## 4. 3. 2 发射电路分析

### 1. 发射基带信号处理电路

由中央处理器 U700 的 C0（BDX）、A2（BCLKX）脚输出的数字信号经中频模块 U913 的 G8、F7 脚送入 U913，在 U913 内部进行 GMSK 调制（D/A 转换）并得到模拟发射基带信号（TXI/Q），TXI/Q 信号再在 U913 内对中频载波信号进行 TXI/Q 调制得到发射已调中频信号。TXI/Q 调制所使用的载波信号来自于 U913 内部的频率合成器。

发射已调中频信号在中频模块 U913 内与发射参考信号在鉴相器中比较，得到一个包含发送数据的发射压控输入信号（CP _ TX），由 U913 的 B1 脚输出。CP _ TX 信号由运放 U200 和开关管 VT201 等组成的有源环路滤波器滤除其中的高频成分，以防止对发射振荡电路（TXVCO）造成干扰，如图 4-28 所示。工作过程如下：

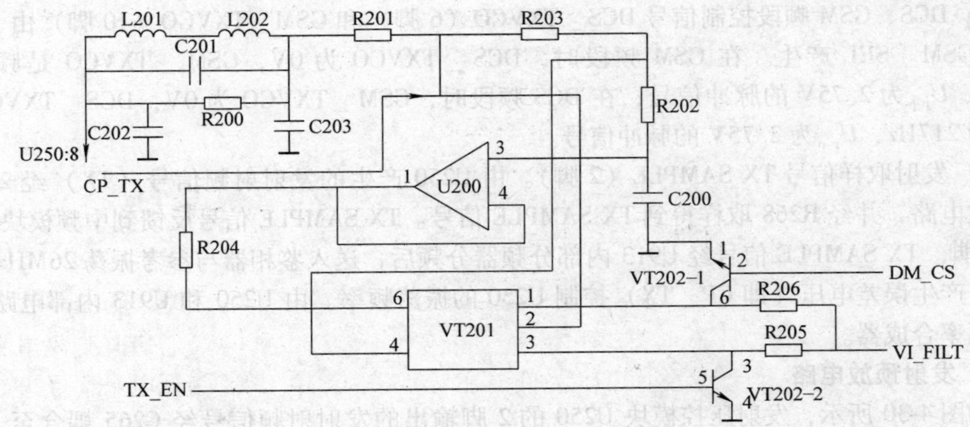


图 4-28 发射基带信号处理电路原理图

发射压控输入信号（CP _ TX）经 R203、R202 送至运放 U200 的 3 脚，经电压放大后从 U200 的 1 脚输出，U200 的 4 脚为其反馈取样端。在发射时，发射控制启动信号 DM _ CS、TX _ EN 分别控制开关管 VT202-1、VT202-2 的导通，使开关管 VT201 的 1 脚、3 脚电平由 5V 变为低电平，从 VT201 的 4 脚输出相应的信号电平，给发射压控输入信号（CP _ TX）一个 1.5 ~3.2V 的预偏置电压。C202、R200、L201、C201、L202 组成的环路滤波器对鉴相电压进行滤波。

**2. 发射压控振荡电路**

发射压控振荡电路（TXVCO）用于产生发射载波（GSM：880 ~915MHz，DCS：1710 ~1785MHz），它由被封装在屏蔽罩内的发射压控模块 U250 等组成，如图 4-29 所示。U250 部分引脚功能如下：

1）本振电压 SF _ OUT（4 脚）为本振电路供电，电压为 0 ~2.75V。

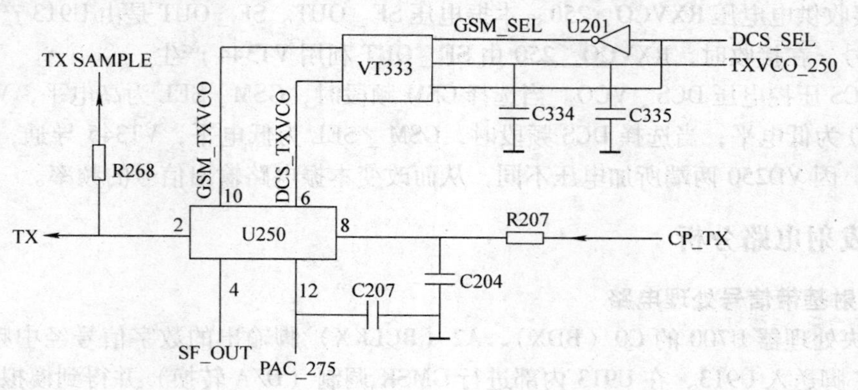


图 4-29　发射压控振荡电路原理图

2）功率控制电压 PAC _ 275（12 脚）是 U250 的使能信号。PAC _ 275 由 TX _ EN 产生，是一个频率为 217Hz、$U_{p\text{-}p}$为 2.75V 的脉冲信号。

3）发射压控输入信号 CP _ TX（8 脚）由中频模块 U913 产生，是频率为 217Hz、$U_{p\text{-}p}$为 1.5 ~3.2V 的脉冲信号。CP _ TX 信号包含信道控制信息和发射语音信息。在 CP _ TX 控制下，TXVCO 产生的射频信号成为已调载波。载波中心频率锁定在相应信道的对应频率上。

4）DCS、GSM 频段控制信号 DCS _ TXVCO（6 脚）和 GSM _ TXVCO（10 脚）由 DCS _ SEL、GSM _ SEL 产生。在 GSM 频段时，DCS _ TXVCO 为 0V，GSM _ TXVCO 是频率为 217Hz、$U_{p\text{-}p}$为 2.75V 的脉冲信号；在 DCS 频段时，GSM _ TXVCO 为 0V，DCS _ TXVCO 是频率为 217Hz、$U_{p\text{-}p}$为 2.75V 的脉冲信号。

5）发射取样信号 TX SAMPLE（2 脚）。由 U250 产生的发射射频信号（TX）经 2 脚送至功放电路，并经 R268 取样得到 TX SAMPLE 信号。TX SAMPLE 信号反馈到中频模块 U913 的 A3 脚。TX SAMPLE 信号经 U913 内部分频器分频后，送入鉴相器与参考振荡 26MHz 信号鉴相，产生误差电压（即 CP _ TX）控制 U250 的振荡频率。由 U250 和 U913 内部电路共同构成频率合成器。

**3. 发射预放电路**

如图 4-30 所示，发射压控模块 U250 的 2 脚输出的发射射频信号经 C265 耦合至 GSM/DCS 发射共用预放管 VT455 的基极，经 VT455 放大后由集电极输出。GSM 发射信号（GSM

_TX）经二极管 VD301 保护和预放管 U400 放大送至 GSM 功放 U400 的 7 脚。为了防止发射信号的突然增大造成对功放的冲击，利用 VT301 的 4 脚输出的偏置电压（EXC _ GSM）改变 VD301 的导通程度来确定发射信号的通过率，起到保护作用。DCS 发射信号（DCS _ TX）经 VT455 放大、VD300 保护、预放管 VT300 放大后，送至 DCS 功放 U300 的 2 脚。VT455 的基极、集电极偏置电压由功率控制电压 PAC _ 275（2.75V）提供。VT300 和 VT400 的集电极偏置电压在由 VT301 的 4 脚输出的 EXC _ GSM 和 1 脚输出的 EXC _ DCS 的控制下，由功放供电电压（PA _ B +）提供。EXC _ GSM、EXC _ DCS 可以影响预放电路的放大倍数。

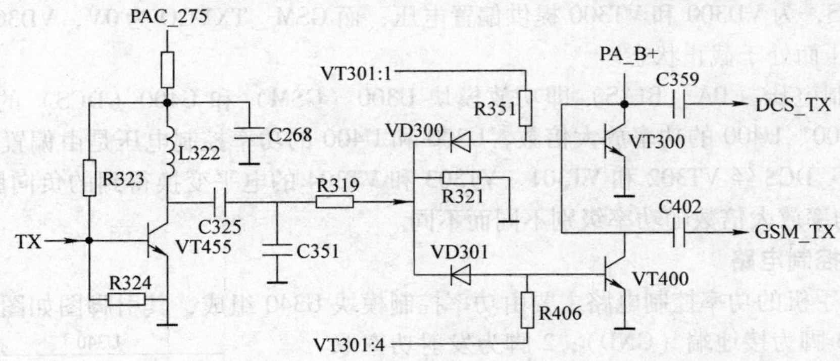


图 4-30　发射预放电路原理图

## 4. 功率放大电路

功率放大电路由内部集成了两级功放的 U300 和 U400 组成，分别负责 DCS 频段发射信号及 GSM 频段发射信号的末级放大，如图 4-31 所示。U300 的 2 脚和 U400 的 7 脚为发射信号输入端，U300 的 7 脚和 U400 的 2 脚为功率控制端。U300 和 U400 的 10 ~ 15 脚为发射信号输出端，分别送至发射滤波器 FL300 的 1、4 脚进行滤波，由 FL300 的 3 脚输出的实际发射功率被取样送至功率控制模块 U340 的 2 脚。经 FL300 滤波的发射信号（TX OUT）从其 5 脚被送至天线开关 U101 的 1 脚，再从天线发送给基站。

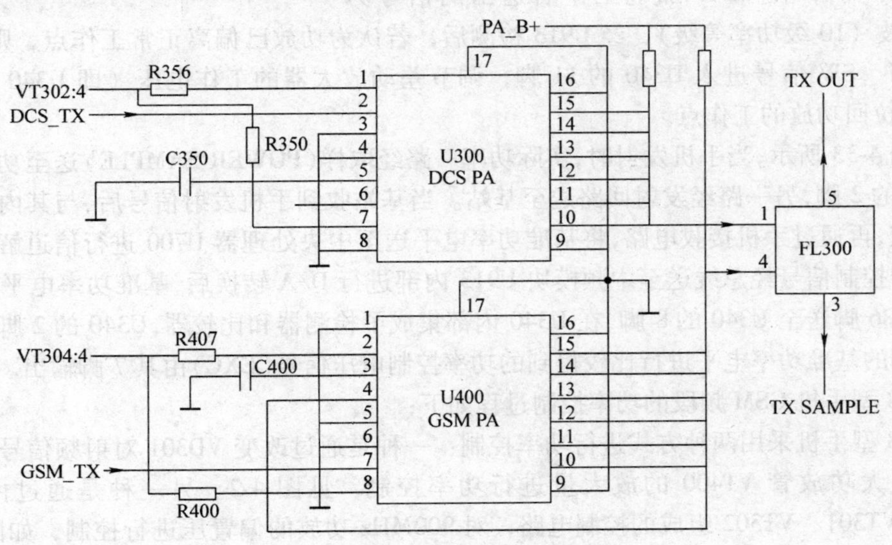


图 4-31　功率放大电路原理图

功放模块 U300 和 U400 的供电电压为功放供电电压 PA _ B +，PA _ B + 为 0 ~ B + 的、217Hz 正向脉冲信号。发射控制信号（DM _ CS）经 VT331 反相后控制功放供电管（场效应晶体管）VF330，使 B + 变为脉冲形式的 PA _ B +。

GSM 频段时，GSM _ TXVCO 为 2.75V、217Hz 的脉冲信号，该信号经 VT301 输出 EXC _ GSM，为 VD301 和 VT400 提供偏置；而 DCS _ TXVCO 为 0V，VD300 和 VT300 因无偏置而处于截止状态。

DCS 频段时，DCS _ TXVCO 为 2.75V、217Hz 的脉冲信号，该信号经 VT301 射极跟随输出 EXC _ DCS，为 VD300 和 VT300 提供偏置电压；而 GSM _ TXVCO 为 0V，VD301 和 VT400 因无偏置电压而处于截止状态。

功率控制电压（PA _ BIAS）即功放模块 U300（GSM）和 U400（DCS）的偏置电压，用于改变 U300、U400 的功率放大倍数，U300 和 U400 的功率控制电压是由偏置电压 EXC _ GSM 和 EXC _ DCS 经 VT302 和 VT301、VT303 和 VT304 的电平变换得到的负向脉冲。U300 和 U400 的功率放大倍数随功率级别不同而不同。

**5. 功率控制电路**

V998 型手机的功率控制电路主要由功率控制模块 U340 组成，其引脚图如图 4-32 所示。U340 的 1、3 脚为接地端（GND）；2 脚为发射功率取样信号输入端（RF _ IN）；4 脚（ENABLE）、14 脚（VCC）为 PAC _ 275（2.75V）供电端；7 脚为偏置电压输出端（EXC）；8 脚（AOC，自动功率控制）、9 脚（ACT，附件接入的检测信号）为来自中频模块 U913 的自动功率参考电平控制信号输入端；10 脚为来自 U913 的发射时序控制信号输入端（TX _ KEY）；11 脚为功率检测控制信号输入端（DET _ SW）；12 脚为功率饱和状态信号输出端（SAT _ DET），送至 U913 的 B4 脚，在 U340 加电工作后送出的信号为 2.5V 方波（10 级功率等级），经 U913 检测后，若认为功放已偏离正常工作点，则从 A5 脚输出 DET _ SW 信号进入 U340 的 11 脚，调节差动放大器的工作电压（即 U340 的 7 脚电压），以拉回功放的工作点。

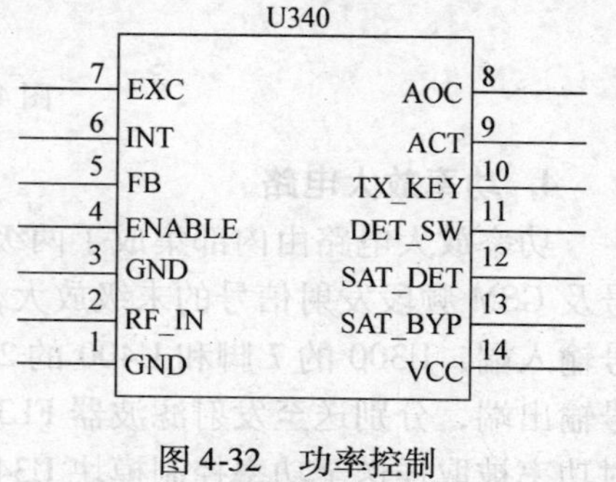


图 4-32　功率控制模块 U340 引脚图

如图 4-33 所示，当手机发射时，实际功率一路经取样（POWER SAMPLE）送至功率控制模块 U340 的 2 脚，另一路经发射回路送至基站。当基站收到手机发射信号后，与其内部功率表进行比较，再通过手机接收电路，将基准功率电平送至中央处理器 U700 进行信道解码。信道解码后的控制信号经总线送至中频模块 U913 内部进行 D/A 转换后，基准功率电平（AOC）由 U913 的 B6 脚送至 U340 的 8 脚，在 U340 内部集成了检测器和比较器，U340 的 2 脚的实际电平与 8 脚的基准功率电平进行比较得到的功率控制电压信号（EXC）由其 7 脚输出。

V998 型手机 GSM 频段的功率控制过程如下：

V998 型手机采用两种方式进行功率控制：一种是通过改变 VD301 对射频信号的衰减量和前置放大功放管 VT400 的放大量进行功率控制，见图 4-2。另一种是通过由 VT303、VT304、VT301、VT302 组成的控制电路，对 900MHz 功放的偏置压进行控制，如图 4-34 所示。

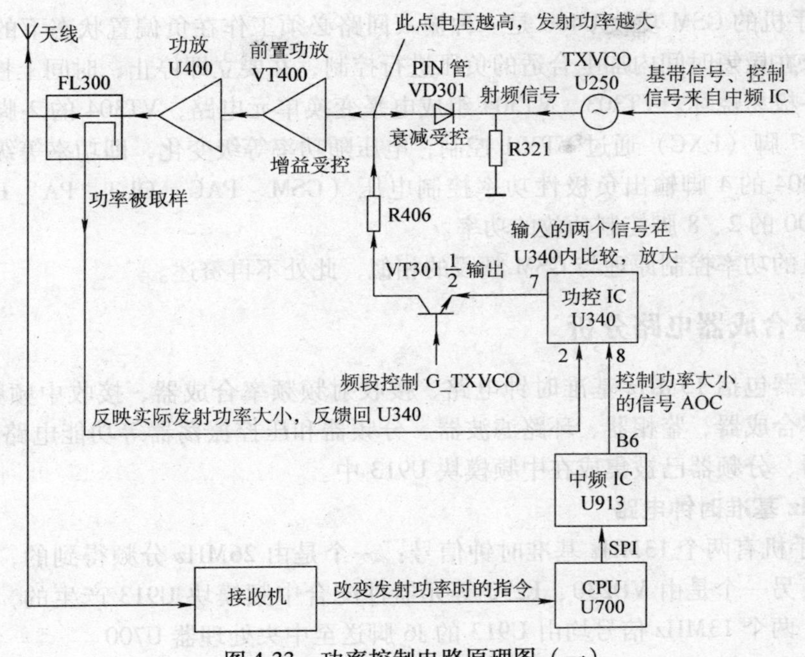

图 4-33　功率控制电路原理图（一）

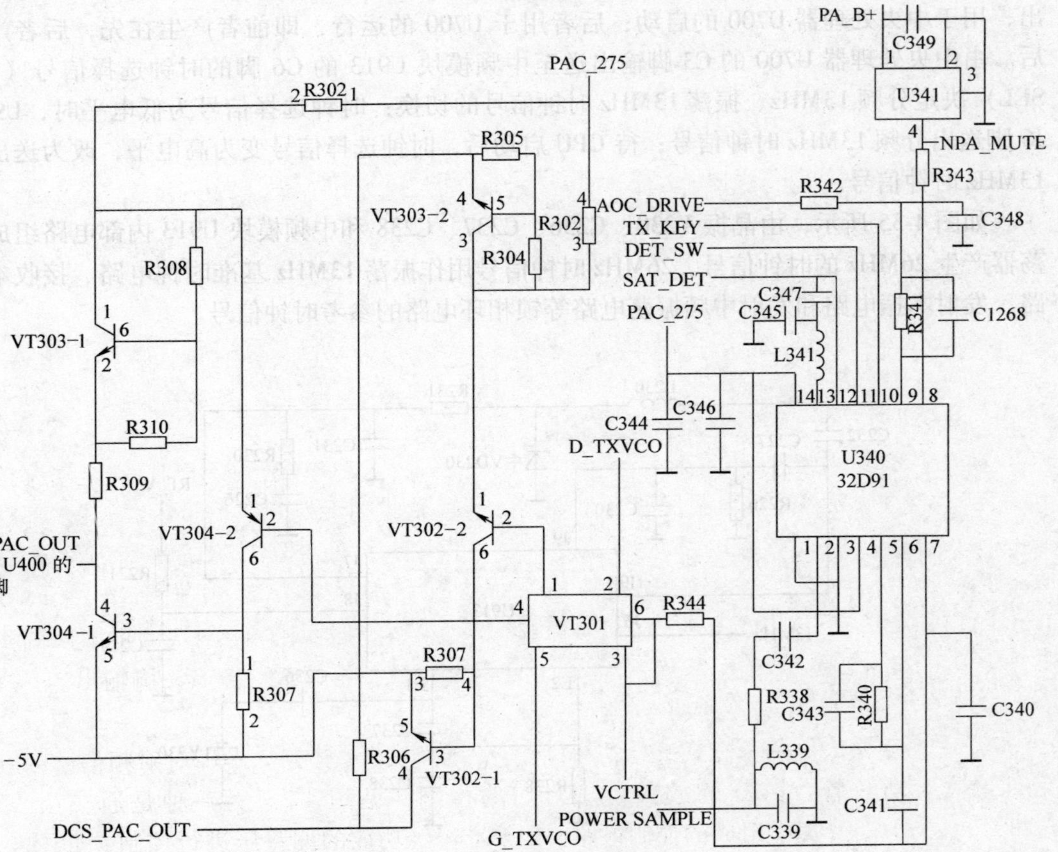

图 4-34　功率控制电路原理图（二）

V998 型手机的 GSM 功放 U400 是一种输入回路必须工作在负偏置状态下的高频功率放大器，它要求在极短时间内加上合适的负压进行控制，并要立即停止，时间上控制得要十分准确，否则，极易烧坏。VT303、VT304 组成电平变换单元电路，VT304 的 2 脚由功率控制模块 U340 的 7 脚（EXC）通过 VT301 控制，电压随功率等级变化，即功率等级越大，电压越高。从 VT304 的 4 脚输出负极性功率控制电压（GSM _ PAC _ OUT、PA _ BIAS），加至 GSM 功放 U400 的 2、8 脚控制功放的功率。

DCS 频段的功率控制原理与 GSM 频段的相似，此处不再赘述。

## 4.3.3 频率合成器电路分析

频率合成器包括 13MHz 基准时钟电路、接收射频频率合成器、接收中频频率合成器、发射中频频率合成器、鉴相器、环路滤波器、分频器和压控振荡器等功能电路。V998 型手机中的鉴相器、分频器已被集成在中频模块 U913 中。

**1. 13MHz 基准时钟电路**

V998 型手机有两个 13MHz 基准时钟信号：一个是由 26MHz 分频得到的，称之为分频 13MHz 信号；另一个是由 VD230、L230 等元器件配合中频模块 U913 产生的，称之为振荡 13MHz 信号。两个 13MHz 信号均由 U913 的 J6 脚送至中央处理器 U700。

分频 13MHz、振荡 13MHz 时钟信号的产生时序不同，前者在开机瞬间（200ms 内）送出，用于中央处理器 U700 的启动；后者用于 U700 的运行，即前者产生在先，后者产生在后。由中央处理器 U700 的 C3 脚输出送至中频模块 U913 的 G6 脚的时钟选择信号（CLK _ SEL）决定分频 13MHz、振荡 13MHz 时钟信号的切换：时钟选择信号为低电平时，U913 的 J6 脚送出分频 13MHz 时钟信号；待 CPU 启动后，时钟选择信号变为高电平，改为送出振荡 13MHz 时钟信号。

如图 4-35 所示，由晶振 Y230、C236、C237、C238 和中频模块 U913 内部电路组成的振荡器产生 26MHz 的时钟信号。26MHz 时钟信号用作振荡 13MHz 基准时钟电路、接收本振电路、发射本振电路和发射中频振荡电路等锁相环电路的参考时钟信号。

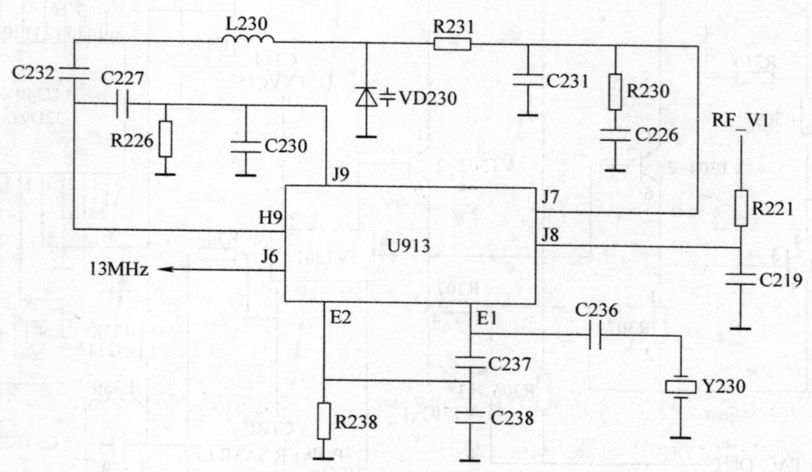


图 4-35 V998 型手机的时钟振荡电路原理图

由 VD230、C226、C227、C232、C231、C230、L230、R226、R231、R230 和中频模块 U913 内部电路组成的振荡电路用于产生振荡 13MHz 时钟信号。U913 的 J7 脚输出的 1.0～3.0V 的锁相环电压 PLL _ CP 通过改变 VD230 的电容量控制振荡 13MHz 时钟信号的频率、相位与基站的一致，保证手机与基站协调工作。振荡 13MHz 时钟信号经内部放大器放大后，一路作为基准时钟信号合成各种载频；另一路从 U913 的 J6 脚输出，经 R225 送至中央处理器 U700 的 G14 脚，作为手机的逻辑同步时钟。

**2. 接收射频频率合成器**

接收射频频率合成器的组成框图和电路原理图如图 4-36、图 4-37 所示。

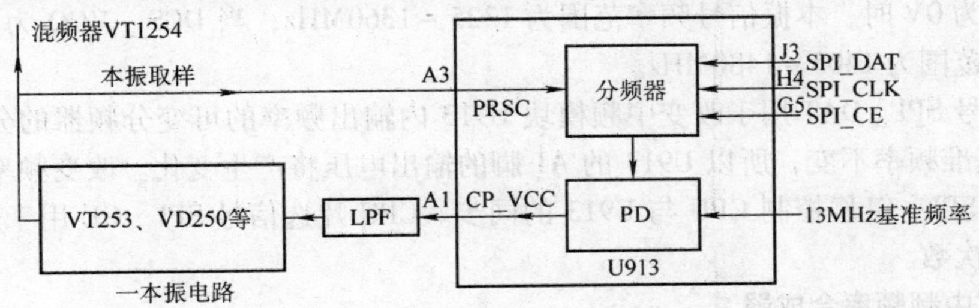


图 4-36　接收射频频率合成器的组成框图

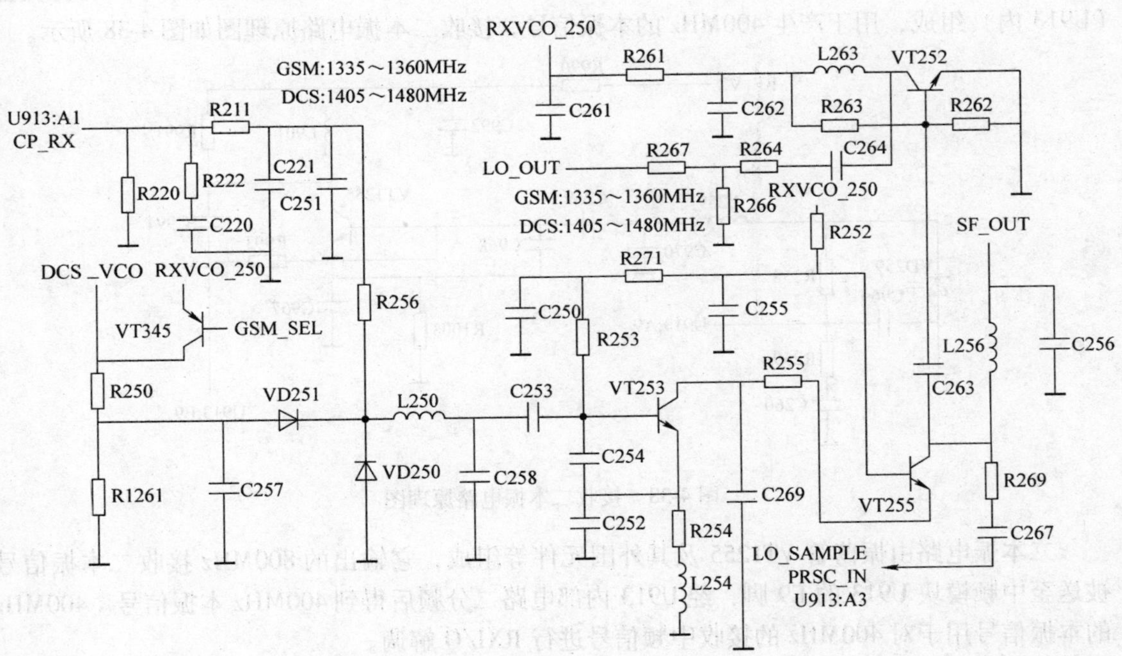


图 4-37　接收射频频率合成器的电路原理图

接收射频频率合成器主要由 13MHz 基准时钟电路、鉴相器（在中频模块 U913 内）、环路滤波器、一本振电路和分频器（在 U913 内）组成。

接收射频频率合成器主要用于产生稳定的一本振信号（GSM 频段：1325～1360MHz，DCS 频段：1405～1480MHz）。一本振电路（RXVCO）由振荡管 VT253、变容二极管

VD250、C252、C254 等组成，用于产生一本振信号。一本振信号经 VT255 电压放大，C267 耦合至中频模块 U913 的 A3 脚，在 U913 内部分频，并与 13MHz 信号鉴相后，由 U913 的 A1 脚输出 0~2.5V 的鉴相电压。鉴相电压经环路滤波器（C221、R220、R222、C220、R211、C251 等）滤波后通过改变 VD250 的电容量实现本振频率的微调，以保证本振信号的频率准确无误。本振信号（LO _ OUT）经 VT255 电压放大、VT252 电流放大后，送至混频器 VT1254 的 2、4 脚。

本振电路的直流供电电压分别由接收供电（RXVCO _ 250）电压和本振供电（SF _ OUT）电压提供。1800MHz 压控信号（DCS _ VCO）用于改变手机本振电路的工作频段。当 DCS _ VCO 为 0V 时，本振信号频率范围为 1325~1360MHz；当 DCS _ VCO 为 1.5V 时，本振信号频率范围为 1405~1480MHz。

数据信号 SPI _ DAT 用于改变中频模块 U913 内输出频率的可变分频器的分频次数，由于 13MHz 基准频率不变，所以 U913 的 A1 脚的输出电压将产生变化。改变频率时，由 CPU 的时钟信号 SPI _ CLK 控制 CPU 与 U913 的同步。CPU 片选信号 SPI _ CE 用于选择 U913 是否改变分频次数。

**3. 接收中频频率合成器**

接收中频频率合成器由 13MHz 基准时钟电路、鉴相器（在中频模块 U913 内）、环路滤波器（R258、R259、C260 等）、二本振电路（振荡管 VT1255 及其外围元件等）和分频器（U913 内）组成，用于产生 400MHz 的本振信号，接收二本振电路原理图如图 4-38 所示。

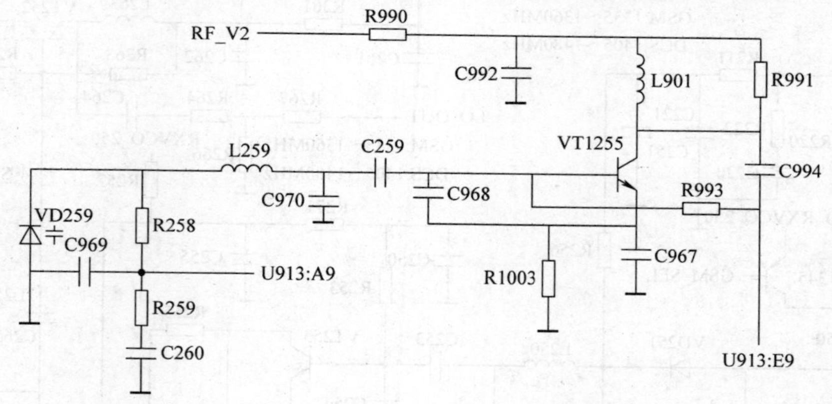


图 4-38 接收二本振电路原理图

二本振电路由振荡管 VT1255 及其外围元件等组成，它输出的 800MHz 接收二本振信号被送至中频模块 U913 的 E9 脚，经 U913 内部电路二分频后得到 400MHz 本振信号。400MHz 的本振信号用于对 400MHz 的接收中频信号进行 RXI/Q 解调。

由中频模块 U913 的 A9 脚送出的 1~2.5V 鉴相电压通过控制 VD259 的电容量使二本振电路输出本振信号的频率锁定为 800MHz。

**4. 发射中频频率合成器**

发射中频频率合成器中，除 13MHz 基准时钟电路外，鉴相器、环路滤波器、发射中频 VCO 电路和分频器都集成在中频模块 U913 内部，用于产生发射中频载波信号。由 U913 得到的模拟基带信号（TXI/Q）对发射中频载波信号进行正交调制，得到发射已调中频信号。

## 4.4　V998 型手机的基带电路和人机界面电路

基带电路由中央处理器 U700、版本 U701 和暂存器 U702 等组成。U700 用于完成对版本数据、地址的传输和控制工作，以及收信/发信控制、各种按键的应答控制等。U701 以代码形式储存手机的基本程序和各种功能程序。U702 对数据传输起到缓存作用。

开机，系统复位后，中央处理器 U700 从版本 U701 内取出指令，在其内运算、译码并输出协调各部分工作的命令，完成各自功能。

版本 U701 与中央处理器 U700 之间通过数据线 D0 ~ D15 进行数据交换，地址线为 A0 ~ A19。OE 脚为数据输出控制端，CE 脚为片选端，WE 脚为写允许端，分别由 U700 的 A9、D9、D11 脚进行控制。

暂存器 U702 与中央处理器 U700 之间通过数据线 D0 ~ D15 进行数据交换，地址线为 A0 ~ A15。U702 的 CEO、CEI 为 SRAM 选通控制端，WE 为数据写入控制端，分别由中央处理器 U700 的 C9、E9、D11 脚进行控制。OE 为数据允许输出控制端，直接接地时，暂存器始终允许数据输出。

人机界面电路包括显示电路、SIM 卡电路等。

### 4.4.1　基带电路音频信号处理流程分析

#### 1. 接收信号流程

接收信号流程图如图 4-39 所示。从中频模块 U913 的 G9（BFSR）、G8（BDR）脚输出的数字接收基带信号 RXI/Q 被串行送入中央处理器 U700 的 B3、C4 脚，该信号在 U700 内部进行信道解码，去掉 9.8kbit/s 的纠错码元，恢复纯净的语音数据流，并将基站送给手机的控制信息取出来，再将纯净的语音数据流（13kbit/s）在 U700 的数字信号处理器（DSP）内部完成语音解码，得到 64kbit/s 的数字信号，从 U700 的 E6（VCLK）、F4（VDX）、D3（VDR）、A5（VFSRX）脚分四路将 64kbit/s 的信号送至复合音频电源模块 U900 的 E5、G1、G2、G3 脚，经 U900 内部电路的 PCM 解码得到模拟的音频信号，再经 U900 内部的语音放大器驱动受话器发音。

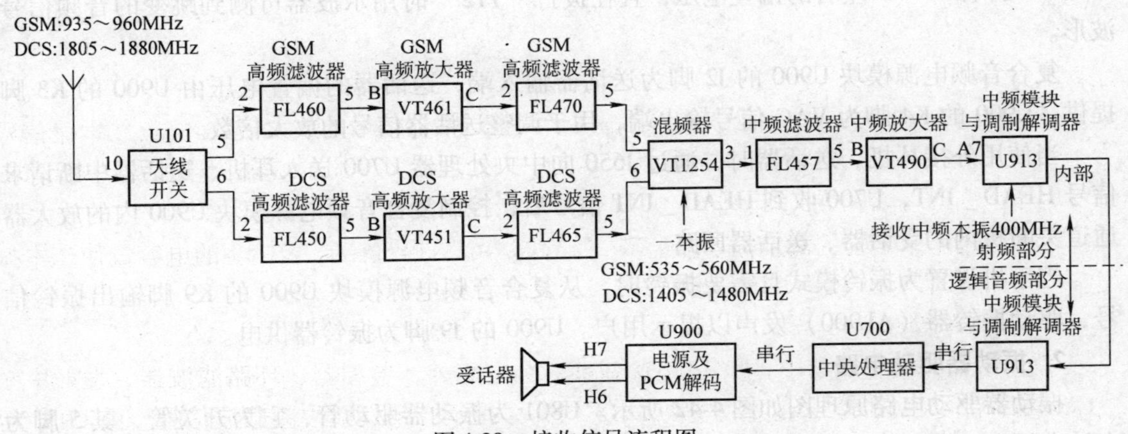


图 4-39　接收信号流程图

**2. 发射信号流程**

发射信号流程图如图 4-40 所示。送话器（MIC）将音频信号送至复合音频电源模块 U900 的 J2、H2 脚，在 U900 内部经音频放大及 PCM 编码得到 64kbit/s 的 PCM 信号，再经数字音频线（E5、G1、G2、G3）分四路送至中央处理器 U700 进行处理。由于接收和发射不在同一时间进行，所以接收数字音频信号和发射数字音频信号可共用四条线传输。数字音频信号在 U700 内部完成音频编码和信道编码后，将音频信息和手机需要发送给基站系统的控制数据调制在一起得到 22.8kbit/s 的数据流，从 U700 的 A2（BCLKX）、C6（BDX）脚送至中频模块 U913 进行调制处理。

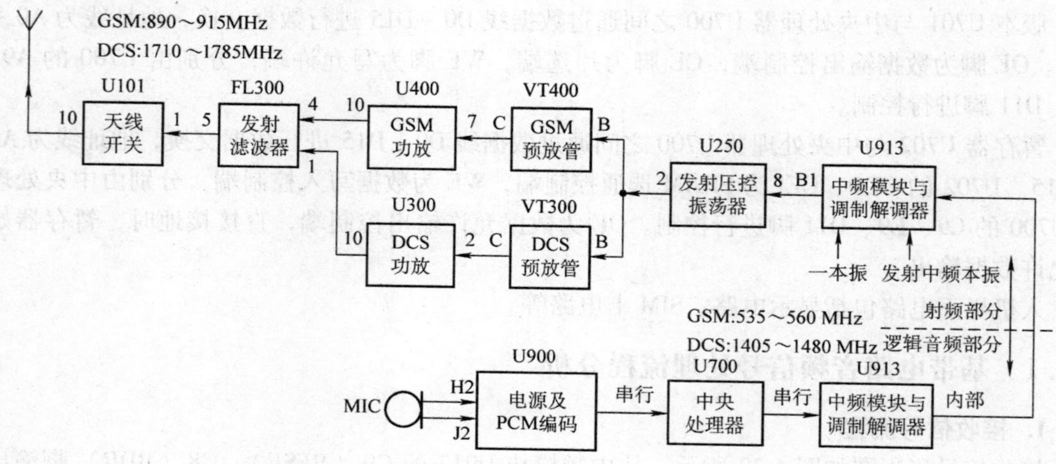

图 4-40　发射信号流程图

## 4.4.2　人机界面主要电路分析

**1. 受话器、送话器和振铃电路**

受话器、送话器和振铃电路的原理图如图 4-41 所示。

复合音频电源模块 U900 的 H6、H7 脚为音频平衡输出端，连至受话器两端，受话器的正反向阻值为 150Ω 左右，U900 的 H6、H7 脚对地电阻值应是相等的。在手机开机之后，H6、H7 脚有 1.35V 左右的偏置电压，且在拨打“112”时用示波器可测到跳变的音频信号波形。

复合音频电源模块 U900 的 J2 脚为送话器输入端，送话器的偏置电压由 U900 的 K3 脚提供。U900 的 K4 脚为 VAG 信号输出端，用于调整送话器信号的放大倍数。

当使用外接耳机、送话器时，通过 J650 向中央处理器 U700 送入耳机、送话器中断请求信号 HEAD _ INT，U700 收到 HEAD _ INT 信号后，控制复合音频电源模块 U900 内的放大器通道关断机内的受话器、送话器回路。

当手机设置为振铃模式且需要振铃时，从复合音频电源模块 U900 的 K9 脚输出振铃信号，驱动振铃器（AL900）发声以提示用户。U900 的 J9 脚为振铃器供电。

**2. 振动器驱动电路**

振动器驱动电路原理图如图 4-42 所示。U801 为振动器驱动管，它为开关管，其 5 脚为电池电压 B + 供电端，1 脚为来自于中央处理器 U700 的 K4 脚的振动启动信号（VIB _ EN）。

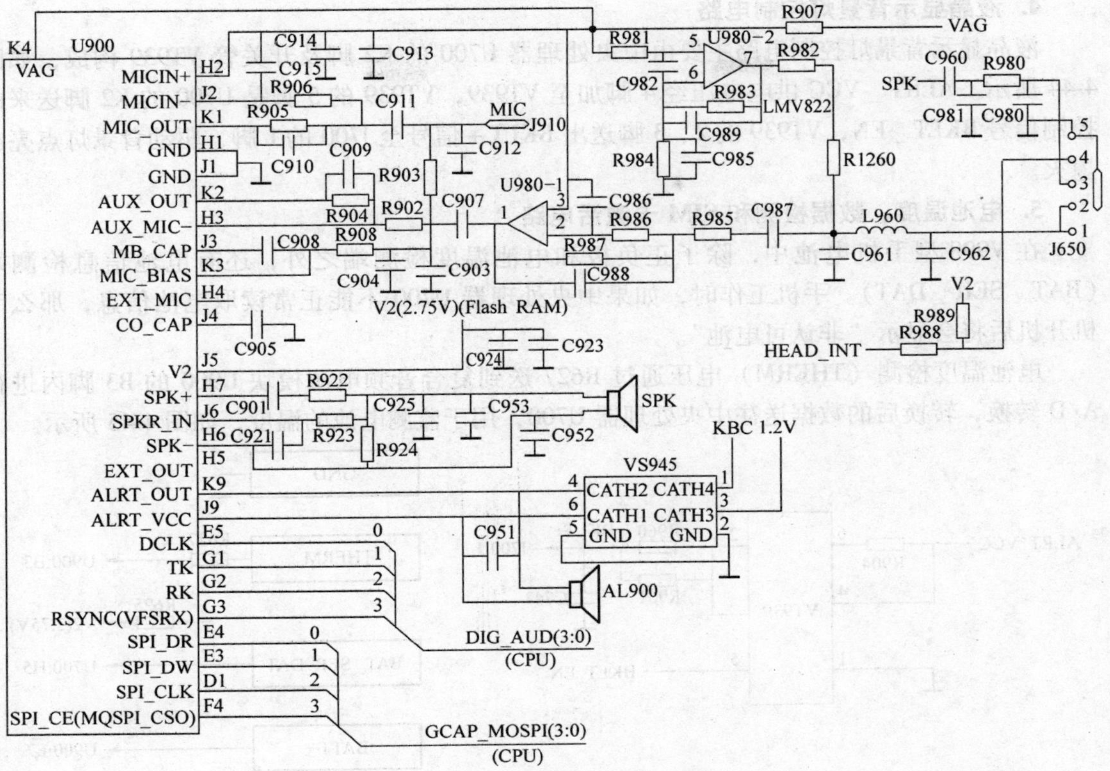

图 4-41　受话器、送话器和振铃电路的原理图

若设置手机为振动方式提示有电话打入，则当有电话打入时，VIB _ EN 为 0 ~ 2.75V 跳变电压，驱动 U801 的 4、5 脚断续导通，并将 B + 电压从 U801 的 4 脚送至振动器正极使之振动。

### 3. 信号灯控制电路

手机信号灯控制电路由红绿集成发光二极管 VL806、驱动开关管 VT805 和中央处理器 U700 的控制电路组成。发光二极管 VL806 的正极由 V2（2.75V）供电，VL806-1 为绿灯，VL806-2 为红灯。从 U700 的 M3 脚送出 0 ~ 2.75V 的 LED _ R 驱动信号使 VT805-2 断续导通，红灯闪烁。同理，从 U700 的 M2 脚送出 0 ~ 2.75V 的 LED _ G 驱动信号使 VT805-1 断续导通，绿灯闪烁，如图 4-43 所示。

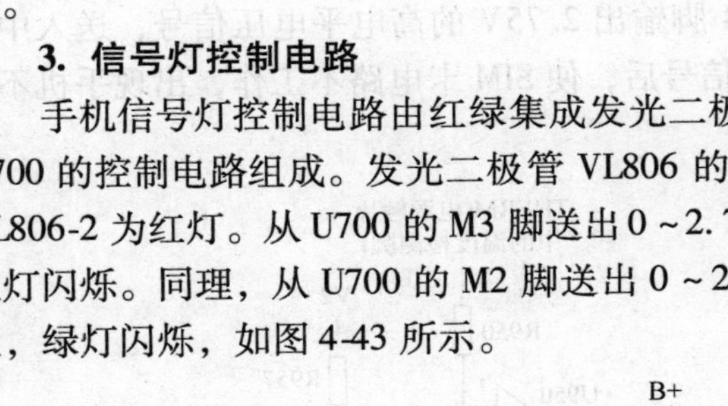

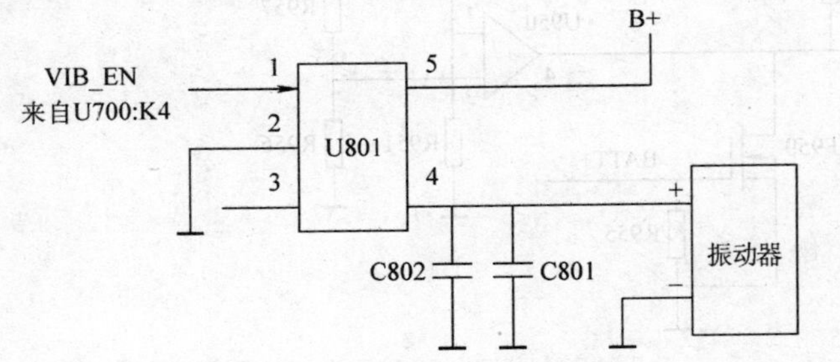


图 4-42　振动器驱动电路原理图

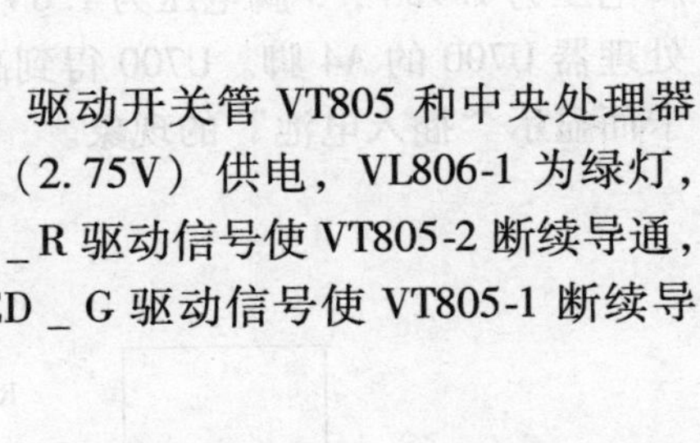

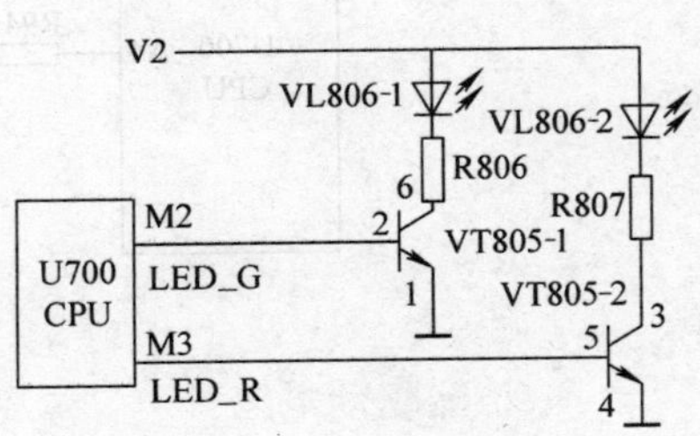


图 4-43　信号灯控制电路原理图

**4. 液晶显示背景灯控制电路**

液晶显示背景灯控制电路主要由中央处理器 U700 的 K2 脚及开关管 VT939 构成，如图 4-44 所示。ALRT _ VCC 供电电压经 4 脚加至 VT939，VT939 的 5 脚是 U700 的 K2 脚送来的控制信号 BKLT _ EN，VT939 的 2、3 脚送出 BKLT + 信号至 J700 的 1 脚，驱动背景灯点亮或熄灭。

**5. 电池温度、数据检测和 SIM 卡激活电路**

在 V998 型手机电池中，除了正负极和电池温度检测端之外，还有电池信息检测端（BAT _ SER _ DAT）。手机工作时，如果中央处理器 U700 不能正常读取电池信息，那么手机开机后将会显示“非认可电池”。

电池温度检测（THERM）电压通过 R627 送到复合音频电源模块 U900 的 B3 脚内进行 A/D 转换，转换后的数据送往中央处理器 U700，用于监测电池的温度，如图 4-45 所示。

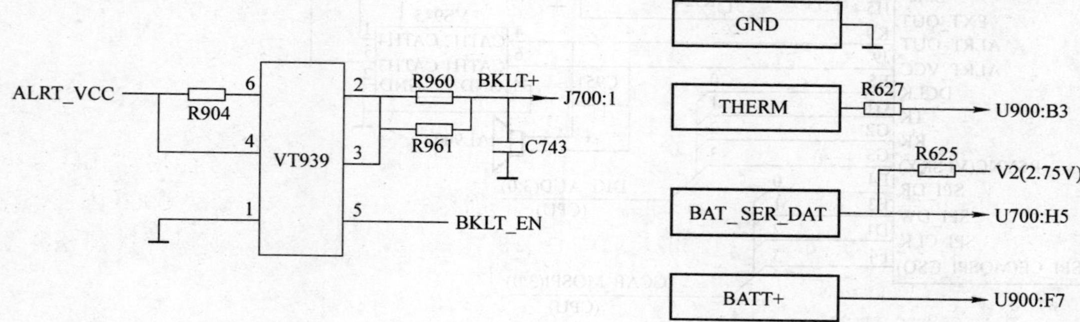


图 4-44　液晶显示背景灯控制电路原理图　　图 4-45　电池温度、数据检测电路原理图

电池温度信号还用于激活 SIM 卡，如图 4-46 所示。当尾插接口加电（EXT _ B +）开机后，若电池触片 BATT + 脚电压为 0V，或 THERM 脚电压为 2. 75V，则电压比较器 U950 的 1 脚电压为 1. 96V，3 脚电压为 1. 8V。U950 的 4 脚输出 2. 75V 的高电平电压信号，送入中央处理器 U700 的 A4 脚。U700 得到高电平电压信号后，使 SIM 卡电路不工作，出现手机不读卡而显示“插入电池”的现象。

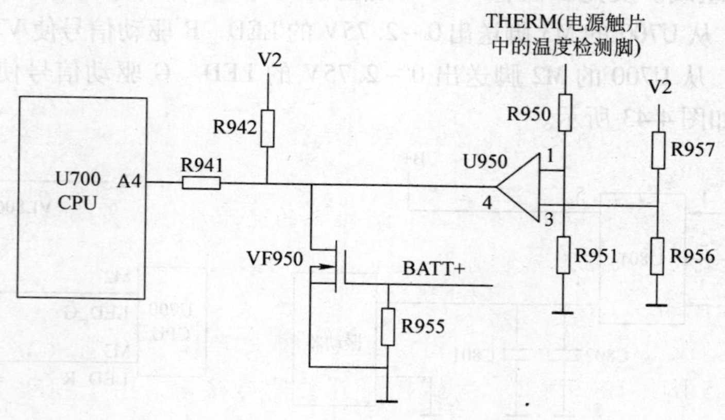


图 4-46　SIM 卡激活电路原理图

当手机加入电池或 THERM 脚变为低电平时，电压比较器 U950 的 4 脚输出 0V 的低电平信号，并送至中央处理器 U700 的 A4 脚，U700 激活 SIM 卡电路，使手机正常工作。

**6. SIM 卡电路**

手机的 SIM 卡检测控制及供电电路全部集成在复合音频电源模块 U900 内部，U900 通过数据线与中央处理器 U700 交换 SIM 卡信息，实现智能控制，如图 4-47 所示。

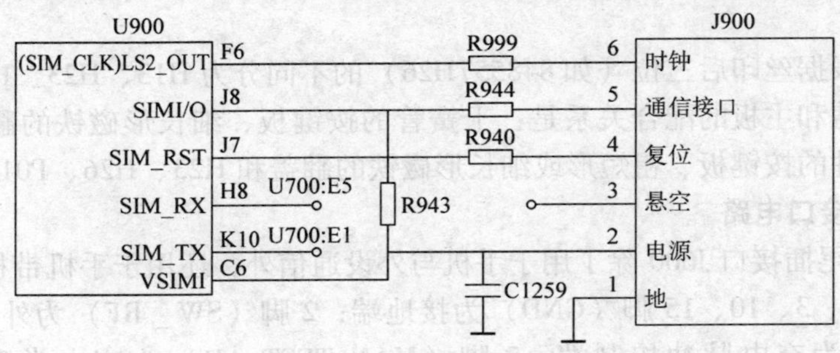


图 4-47　SIM 卡电路原理图

手机在开机不插卡时，SIM 卡电路不工作，仅在手机插卡且开机后才能启动 SIM 卡电路。由于有 3V 和 5V 两种工作电压不同的 SIM 卡，所以在复合音频电源模块 U900 内部也存在 3V 和 5V 的 SIM 卡电路，两电路的启动均以手机插卡开机后 SIM 卡检测脉冲送到 SIM 卡卡座得到的响应进行识别。

**7. 显示屏接口电路**

如图 4-2 所示，显示屏接口电路 J700 各脚的功能均有标注，其功能如下：

1）1 脚：BKLT +，背景灯供电。

2）2、6、24、26 脚：接地 GND。

3）3、4、5、12、16 脚：供电电压 V2。

4）7、9、10、11、13、14、15、17 脚：D0 ~ D7 数据线。

5）18 脚：R/W，读/写信号。

6）19 脚：A0 地址线。

7）21 脚：DP _ EN，显示使能信号。

8）22 脚：RESET，复位信号。

9）27 脚：RTC _ BATT，后备电池。

V998 型手机显示部分由显示屏和软排线构成，显示屏通过软排线连接 J700 来实现与主板之间的通信、控制及供电。

**注意**：V998 型手机显示屏有两个版本：新版本的显示屏接口处布线较密，旧版本的显示屏接口处布线较疏，不同版本不能通用。

**8. 按键板接口电路**

如图 4-2 所示，按键盘板接口电路 J800 的 1、3 脚（GND）为接地端；2、4 脚（BKLT +）为背景灯供电端；5 脚（HS _ INT）为磁控管开关信号接口，用于判断手机翻盖是否合上；6 ~ 12 脚（KBC3、KBC2、KBC1、KBC0、KBR2、KBR1、KBR0）为手机按键接口；13 脚（PWR _ SW）为电源开机键；若按键板上有干簧管，则 14 脚接地，若使用霍尔元件，则

14 脚接 V2。

V998 型手机按键板与翻盖、主板的配合如下：

手机按键板分为两种：一种是使用干簧管，另一种是使用霍尔元件，两种按键板可以相互替代。

手机翻盖的不同在于内部磁铁的不同，磁铁分为细长和粗短两种，前者磁性强、后者磁性弱。

手机的主板根据丝印后三位（如 848557H26）的不同分为 H13、H23、H26 或 P01。

按键板、翻盖和主板的配合关系是：干簧管的按键板、细长形磁铁的翻盖和 H13 的主板配合，霍尔元件的按键板、粗短形或细长形磁铁的翻盖和 H23、H26、P01 的主板配合。

**9. 手机尾插接口电路**

V998 型手机尾插接口 J600 除了用于手机与外设通信外，还用于手机带机充电。如图 4-2 所示，J600 的 1、3、10、15 脚（GND）为接地端；2 脚（SW _ RF）为外接天线端；4 脚（BATT _ FDBK）为充电脉冲控制端；5 脚（MAN TEST AD）为充电类型检测端；6 脚（RX232 _ TX）为 RS232 接口发射数据，与 U700 的 D5 脚连接，实现与电脑的通信；8 脚（EXTCHG _ EN）为待机充电使能端，连接 U900 的 C2 脚，用于与 EMMI（Electrical Man Machine Interface，电子人机接口）联络；13 脚（DSC-EN）为总线使能端，是 CPU 唤醒外设（EMMI BOX）的启动信号；14 脚（EXT _ B +）为外接电源输入端，与充电器正极相连。

**10. 休眠控制电路**

休眠控制电路主要由中央处理器 U700、VD701、VF960、VT921 和 VT920 等组成，如图 4-48 所示。手机开机时，VREF 为 2.75V，V2 为 5V，U700 送出的 STBY _ PCS 电压为低电平，此时，VT921 截止，VT920 的 5 脚为高电平，控制 VT920 输出 V1 为 5V 的直流电压。

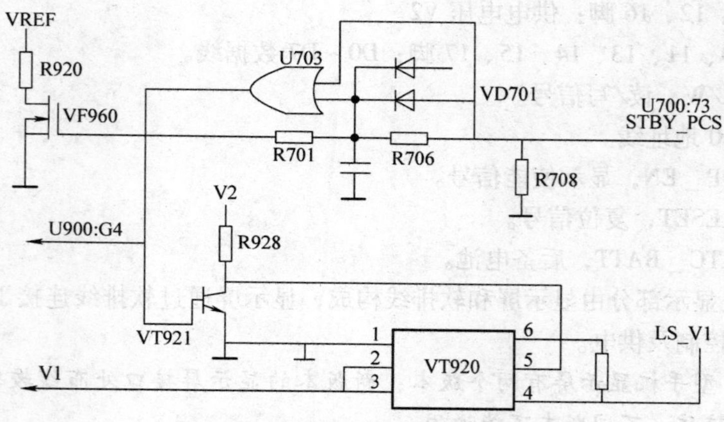


图 4-48 休眠控制电路原理图

手机进入待机（背景灯熄灭）时，中央处理器 U700 送出的 STBY _ PCS 电压为 2.75V 的脉冲信号，使待机延时门电路 U703 间断导通，得到待机控制脉冲信号 STBY _ DL，STBY _ DL 信号送复合音频电源模块 U900 的 G4（STN _ GBY）脚以间断关闭 VREF，并使 VF960

间断导通，也使 VT920 的 5 脚间断为低电平，V1 呈现间断状态，使手机处于休眠状态。

**11. 通信接口电路**

V998 型手机的通信接口有两种：一种是 RS232 通用接口，RX232 _ TX、RS232 _ RX 通过尾插接口 J600 的 6、7 脚与中央处理器 U700 的 A6、D5 脚相连，用于手机与电脑的通信。另一种是专用通信接口，UPLINK（上行线）、DOWNLINK（下行线）通过 J600 的 11、12 脚与复合音频电源模块 U900 的 D2、C3 脚相连。U900 通过 GCAP _ SPI 总线与 U700 相连，用于外部设备与手机的通信。

中央处理器 U700 通过 GCAP _ SPI 总线读取数据，实现对复合音频电源模块 U900 的控制，例如，开关机信号、SIM 卡数据的读取与存储，以及外设的读取与发送，如图 4-49 所示。

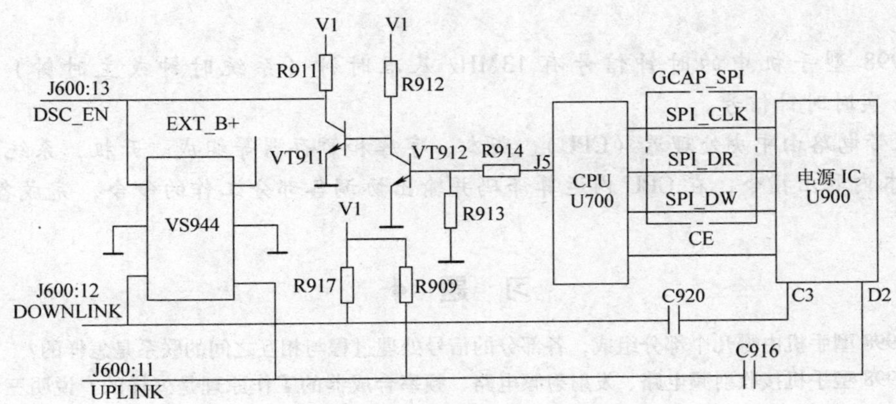


图 4-49　通信接口电路原理图

当手机开机时，手机供电与时钟稳定后，通过 RESET 复位信号使中央处理器 U700 对系统进行自检。U700 的 J5 脚输出高电平使 VT912 导通、VT911 截止、尾插接口 J600 的 13 脚（DCS _ EN）为 5V 高电平，外部设备启动。与此同时，U700 通过 GCAP _ SPI 总线设置复合音频电源模块 U900 的内部原始数据，再从 U900 的 C3 脚经 DOWNLINK 线输出。外部设备收到原始数据后，给出应答信号从 UPLINK 送至 U900 的 D2 脚，经 CPU 确认后建立正常的通信联系。

**12. 32. 768kHz 实时时钟电路**

V998 型手机的 32. 768kHz 晶振与复合音频电源模块 U900 内部电路一起构成 32. 768kHz 的实时时钟振荡电路，用于产生 32. 768kHz 的时钟，为手机提供时间显示功能。

在 V998 型手机中，32. 768kHz 的实时时钟还在手机搜索网络登录成功后，使手机进入睡眠状态，以降低手机能耗。进入睡眠状态时，逻辑电路部分的工作频率不再是 13MHz 而是 32. 768kHz，背景灯熄灭，整机工作电流由 70 ~ 80mA 变为 3 ~ 7mA。当有电话打入时，手机将立即使用 13MHz 基准时钟信号工作。

整机工作电流是指对手机供电的直流稳压电源上电流表所指示的工作电流，如无特别说明，书中所述电流均指整机工作电流。

# 小　结

本章以摩托罗拉 V998 型手机为例，介绍数字手机整机组成、各部分的联系和信号处理过程，以及各功能电路的工作原理与信号控制等。

1）数字手机电路分为射频电路、基带电路（逻辑/音频电路）和电源电路三大部分。射频电路主要由接收电路、发射电路、频率合成电路和功率控制电路构成，用于完成对射频信号的处理；基带电路由逻辑控制系统、时钟电路和逻辑音频电路等组成，用于完成手机整机工作的协调统一，以及声电变换和电声变换等。电源电路用于对手机电池电源进行处理，以得到各电路所需的合适电源。

2）V998 型手机接收电路、发射电路的结构形式分别是超外差一次变频、带偏移锁相环。

3）V998 型手机中的时钟信号有 13MHz 基准时钟（系统时钟或主时钟）信号和 32.768kHz 实时时钟信号。

4）基带电路由中央处理器（CPU）、版本、字库和暂存器等组成。开机，系统复位后，CPU 从版本内取出指令，在 CPU 内运算译码并输出协调各部分工作的命令，完成各自的功能。

# 习　题　4

4.1　V998 型手机由哪几个部分组成，各部分的信号处理过程与相互之间的联系是怎样的？

4.2　V998 型手机接收射频电路、发射射频电路、频率合成器的工作原理是怎样的？说明三者之间的联系。

4.3　V998 型手机时钟信号主要有哪几个？各自的功能是什么？

4.4　电源电路的组成是怎样的？如何实现电源供电的切换？

4.5　升压电路的作用和用途是什么？

4.6　尾插接口开机的条件是什么？参考图 4-8 分析说明尾插接口开机而电池不开机的原因是什么？

4.7　V998 型手机的稳压输出有哪些？各自的功能与手机工作时的状态是怎样的？

4.8　V998 型手机是怎样进行充电的？充电的同时需要进行哪些方面的检测控制？

4.9　V998 型手机怎样实现双频和双工时天线的切换？

4.10　V998 型手机怎样实现功率控制？

4.11　V998 型手机有两个 13MHz 基准时钟信号？二者有什么不同之处？

4.12　V998 型手机接收信号和发射信号的处理流程是怎样的？

4.13　怎样实现电池信息和电池温度的检测？

4.14　开机时，SIM 卡电路的工作过程是怎样的？

4.15　怎样实现休眠控制？

4.16　试结合本章有关电路分析，说明 V998 型手机收不到语音或不能发话的故障原因。

4.17　开机时，手机各部分的工作过程与联系是怎样的？

# 第5章 手机常用元器件与电路图识读

**本章要点：**手机常用元器件的分类、功能、辨识与性能检测，手机电路图的分类与识读。

**学习参考：**要求通过学习了解手机常用元器件的分类及其功能、手机电路图的分类，熟悉手机常用元器件的辨识与手机电路图的识读，掌握手机常用元器件的标称值、引脚的识读与性能检测。

手机是集电子技术、移动通信技术及计算机技术于一体的现代高科技产品，其制造过程广泛采用大规模集成电路、单片微处理器、片状表面安装元器件、多层印制电路板等先进技术和工艺。

手机维修人员必须能够辨识常用元器件、识读电路图，只有这样才能更好地进行手机维修。

## 5.1 手机常用元器件

GSM 手机或 CDMA 手机的整机电路印制板（主板）为多层结构，所用元器件多为无引线的片状表面安装元器件（Surface Mount Device，SMD）。SMD 元器件直接焊在印制电路板正反面。

手机中的 SMD 元器件包括基本元件、半导体器件等。

### 5.1.1 基本元件

基本元件包括电阻、电容、电感等。SMD 电阻、电容和电感外形呈薄片状，没有引线，薄片两端的焊层为引脚，直接焊在印制电路板铜箔上。

**1. 电阻**

手机电路中的常用电阻有碳膜电阻、金属膜电阻和热敏电阻等。碳膜电阻用在一般电路，金属膜电阻用在基准电压（Voltage Reference，VREF）电路、电源电路、锁相环低通滤波器（LPF）中，热敏电阻用于参考时钟和电池充电温度检测等电路中。

图 5-1 SMD 电阻实物图

SMD 电阻（Chip Resistor）两端一般为银白色，中间大部分为黑色，如图 5-1 所示。

体积较大的 SMD 电阻表面一般标注有用于表示电阻值的 3 位数字，其中前两位表示有效数字，第 3 位表示 10 的指数，单位为欧姆（Ω）。例如，100 表示电阻值为 $10\times10^0\Omega=10\Omega$，153 表示电阻值为 $15\times10^3\Omega=15k\Omega$。当阻值小于 10Ω 时，以“×R×”表示，将 R 看做是小数点，如 5R1 表示电阻值为 5.1Ω。

在手机电路中还会见到排电阻、双电阻或零欧姆电阻。排电阻是多个独立电阻的组合，双电阻是两个独立电阻的组合。零欧姆电阻通常起隔离、预留位置以便于以后调节电路的作用。

电阻损坏主要表现为阻值增大或电阻开路，特殊情况下出现阻值变小的故障。

**2. 电容**

手机电路中常见的SMD电容有电解电容、云母电容和瓷介电容。电解电容容量大，多用于电源滤波、交流旁路和隔直耦合；云母电容容量小，频率特性好，介质损耗小，常用于积分电路、有源滤波和高频振荡器；瓷介电容常用于交流旁路和温度补偿等电路。

SMD固定电容两端为银白色，中间一般为黄色或灰色（也有淡蓝色的），如图5-2所示。

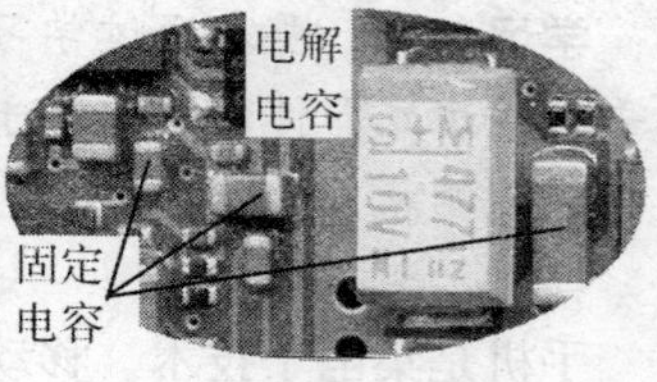

SMD电解电容一般为黄色或黑色的长方体，有一条窄的深黄色色带的一端为电容正极，黑色电解电容的色带通常为白色。图5-2中数字电解电容的电容容量为$47 \times 10^7$pF。

图5-2 SMD固定电容与电解电容实物图

除体积较大的电解电容容量标注法与电阻的相似，以及个别无电容量标示的外，SMD电容表面一般有两个与元件引脚连线成垂直排列的字符，其中前一个字符为英文字母，表示电容量有效数字；后一个字符为数字，表示10的指数，单位为pF；最后边的字符表示误差。SMD电容表面英文字母的含义见表5-1。

**表5-1 SMD电容表面英文字母的含义**

| 英文字母 | A | B | C | D | E | F | G | H | I | K | L | M |
|---|---|---|---|---|---|---|---|---|---|---|---|---|
| 有效数字 | 1.0 | 1.1 | 1.2 | 1.3 | 1.5 | 1.6 | 1.8 | 2.0 | 3.4 | 2.4 | 2.7 | 3.0 |
| 英文字母 | N | P | Q | R | S | T | U | V | W | X | Y | Z |
| 有效数字 | 3.3 | 3.6 | 3.9 | 4.3 | 4.7 | 5.1 | 5.6 | 6.2 | 7.5 | 8.2 | 9.1 | |
| 英文字母 | a | b | c | d | e | f | m | n | t | y | | |
| 有效数字 | 2.5 | 3.5 | 4.0 | 4.5 | 5.0 | 6.0 | 7.0 | 8.0 | 9.0 | 10 | | |
| 英文字母 | F | G | J | K | L | M | | | | | | |
| 允许误差 | ±1% | ±2% | ±5% | ±10% | ±15% | ±20% | | | | | | |

例如，标注为R3的SMD电容容量为$4.3 \times 10^3$pF = 4300pF，标注为104J的SMD电容容量为0.1μF（$10 \times 10^4$pF）、误差为±5%。

除了可以使用电容表检测电容容量外，还可以用万用表电阻档检测电容质量。对于容量较大的电解电容，可以与一优质同容量电容进行比较，根据两只电容的充放电情况判断其容量、是否失效等。如果万用表电阻档指针偏转角度很小、无偏转或偏转后不返回，那么说明电容已经失效。对于瓷介电容和云母电容，因其容量很小，即使将量程拨至R×10k档，也看不到明显的充放电现象，但并不说明电容失效，可以用同型号等容量电容与被测电容并联后检测。用万用表电阻档检测电容质量时，电容阻值应很大，若发现电容阻值很小，则表明电容漏电，阻值越小，漏电越大；若电容阻值为0，则表明电容已被击穿短路。

### 3. 电感

电感有单层线圈和多层线圈之分，前者电感量小，常用于手机高频电路；后者电感量大，一般用于低频电路，如电源滤波和音频输出电路。

手机中常见的电感两端均为银白色，中间是白色或淡蓝色，如图5-3所示。图5-3c所示为手机射频耦合器（白色）。还有一种电源电路的电感，体积较大，一般为黑色圆形或方形，比较容易辨认，如图5-4a所示。

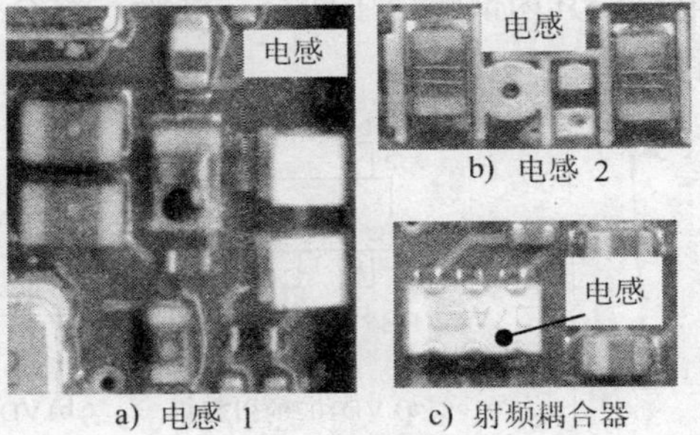


a) 电感 1　b) 电感 2　c) 射频耦合器

图5-3　电感实物图

在部分手机中，还常用一段特殊形状的铜皮来构成电感，称之为印刷电感或微带线（Micro-strip Line），如图5-4b所示。图5-5所示为不同微带线的图形符号。微带线常用于射频电路中，如接收前级和发射末级。

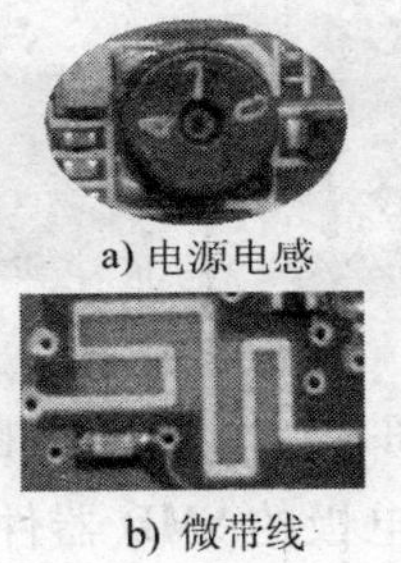

a) 电源电感

b) 微带线

图5-4　电源电感与微带线实物图

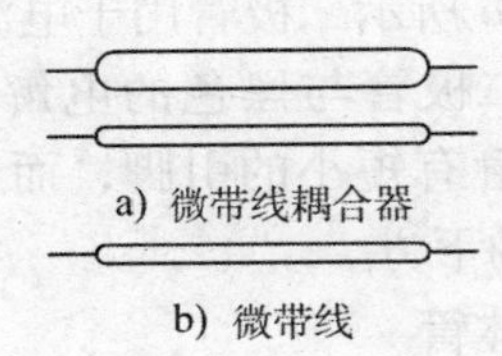

a) 微带线耦合器

b) 微带线

图5-5　微带线耦合器和微带线图形符号

手机中电感的直流电阻一般为0～1Ω，多出现开路故障。

## 5.1.2　半导体器件

### 1. 二极管

二极管包括稳压二极管、发光二极管、变容二极管和组合二极管等。

（1）稳压二极管　稳压二极管利用二极管的反向击穿特性实现稳压。稳压二极管常用于受话器电路、振动器电路和振铃电路中，以稳定电路中电感线圈两端的电压，防止电感线圈反峰电压损坏其他部件。

（2）发光二极管　发光二极管简称为LED（Light Emitting Diode），常被用作背景灯及信号指示灯。LED工作电流一般为几毫安至几十毫安，在电路中一般串接一限流电阻，以防止过大电流损坏LED。LED工作于正向偏压状态下，正偏电压为1.5～3V。

手机中的红外发光二极管通常应用于红外线传输。

（3）变容二极管　变容二极管反向偏置时，两端的电容量会受外加电压的控制。变容二极管常用于振荡电路，与其他元件一起构成压控振荡器（VCO），通过改变变容二极管两端的电压来改变振荡频率。

（4）组合二极管　组合二极管是由几个二极管共同构成的二极管模块电路，如三星

A288 型手机开关机控制电路中的 VD107，共有 5 脚，如图 5-6a 所示，其中 DCIN 为充电检测信号端、BBPWR 为开机维持信号端、ON/OFF 为开机触发信号端。图 5-6b 为 VD107 的等效电路，其内部集成了四个二极管。组合二极管还有三脚、四脚的，图 5-6c 为三脚组合二极管。

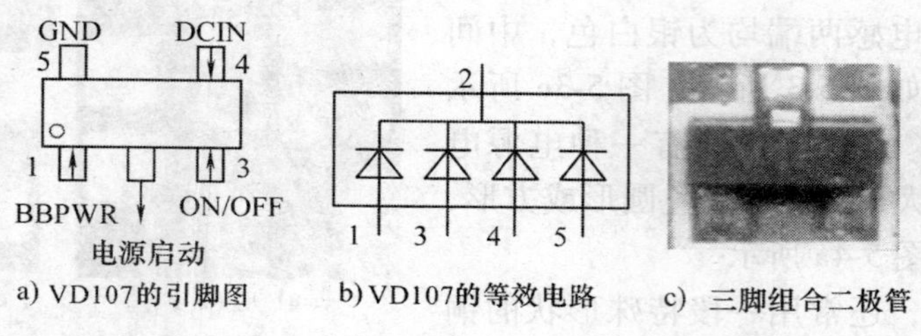

a) VD107的引脚图　b) VD107的等效电路　c) 三脚组合二极管

图 5-6　组合二极管 VD107 及三脚组合二极管实物图

手机电路中，SMD 二极管一端有一条色带（负极），另一端多数为黑色（正极），如图 5-7 所示。图 5-7a 所示二极管一般用于手机射频电路，图 5-7b 所示二极管用于电源电路中。

SMD 二极管与黑色的电解电容的主要区别是 SMD 二极管有短小的引脚，而 SMD 电解电容引脚在电容体的下方。

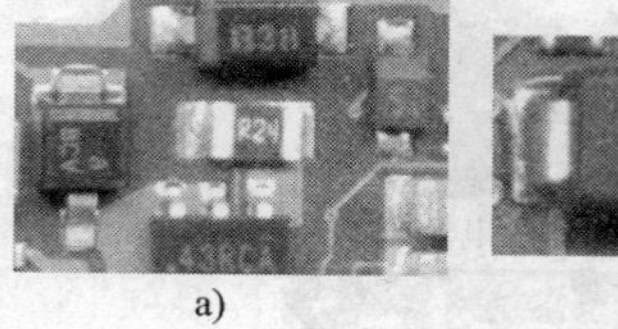

a)　b)

图 5-7　二极管实物图

**2. 晶体管**

手机电路中的晶体管通常是图 5-8 所示的三个电极或四个电极的 SMD 器件，一般情况下，发射极与地相接。三个引脚的晶体管中，一侧只有一个引脚的是晶体管的集电极，如图 5-9a 所示。四个引脚的晶体管中，引脚较大的是集电极或发射极，该引脚与斜对角的引脚为同一个电极（即二者内部短接），如图 5-9b 所示。

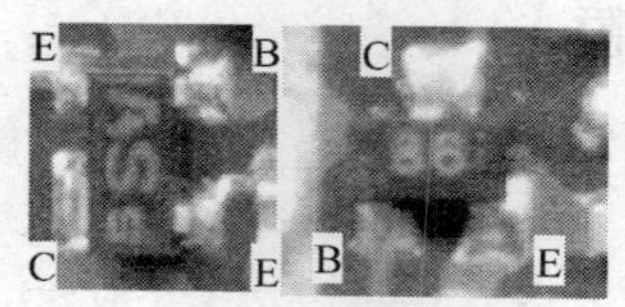

图 5-8　晶体管实物图

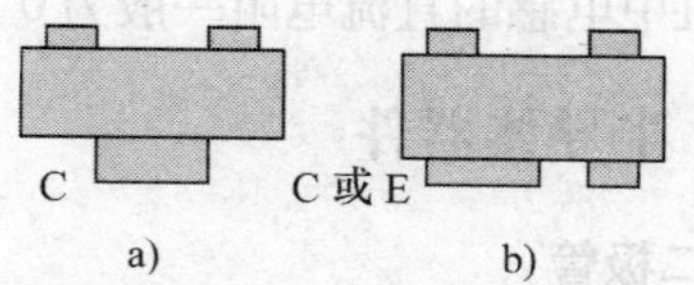

a)　b)

图 5-9　四引脚晶体管外形图

**3. 双晶体管**（复合管）

双晶体管通常由一个 PNP 型晶体管和一个 NPN 型晶体管组成或由两个场效应晶体管组成，常被用作电子开关。双晶体管外形与引脚排列如图 5-10所示，两个管子的极性有同极性的、也有反极性的。在 6 个引脚中，2、5 脚分别为两个晶体管的基极或两个场效应晶体管的栅极（Gate，G）；1、4 脚为两个晶体管的发射极或两个场效应晶体管的源极（Source，S）；3、6 脚为两个晶体管的集电极或两个场效应晶体管的漏极（Drain，D）。

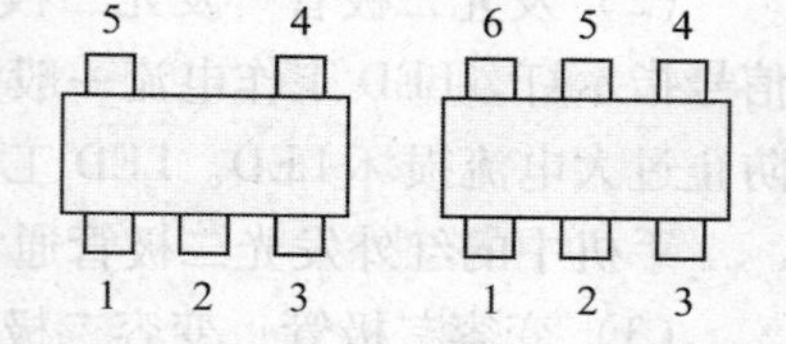

图 5-10　双晶体管外形与引脚排列

SMD 二极管、晶体管性能检测与引脚判别的方法与一般二极管、晶体管的相似。

**4. 场效应晶体管**

场效应晶体管（Field Effect Transistor，FET）具有输入阻抗高（$10^4 \sim 10^8 \mathrm{M\Omega}$）、噪声系数小、开关速度快、功耗低等特点。在射频电路中场效应晶体管用于放大，在数字逻辑电路中用作开关。

场效应晶体管分为结型场效应晶体管（Junction Field Effect Transistor，JFET）和绝缘栅型场效应晶体管（Insulated Gate Field Effect Transistor，IGFET），每种又分为N沟道和P沟道两类。场效应晶体管的分类、图形符号与参数见表5-2。

**表5-2　场效应晶体管的分类图形符号与参数**

| 分类 | | | 放大条件 | 夹断电压 | 图形符号 | 备注 |
|---|---|---|---|---|---|---|
| 结型 | N沟道 | | $u_{GS}<0$，$u_{DS}>0$ | $U_{GS}$（off）$<0$ | G D S | 只有耗尽型 |
| | P沟道 | | $u_{GS}>0$，$u_{DS}<0$ | $U_{GS}$（off）$>0$ | G D S | |
| 绝缘栅型 | N沟道 | 增强型 | $u_{GS}>U_{GS}$（th）$>0$，$u_{DS}>0$ | $U_{GS}$（th）$>0$ | G D S | $U_{GS}=0$ 时有导电沟道 |
| | | 耗尽型 | $u_{GS}>U_{GS}$（off），$u_{DS}>0$ | $U_{GS}$（off）$<0$ | G D S | $U_G>0$ 时有导电沟道 |
| | P沟道 | 增强型 | $u_{GS}<U_{GS}$（th）$<0$，$u_{DS}<0$ | $U_{GS}$（th）$<0$ | G D S | $U_{GS}=0$ 时有导电沟道 |
| | | 耗尽型 | $u_{GS}<U_{GS}$（th），$u_{DS}<0$ | $U_{GS}$（off）$>0$ | G D S | $U_G>0$ 时有导电沟道 |

手机电路中比较常用的是绝缘栅耗尽型N沟道场效应晶体管，个别情况下采用绝缘栅耗尽型P沟道场效应晶体管。在绝缘栅型场效应晶体管中，应用最为广泛的是金属氧化物半导体场效应晶体管（Metal-Oxide-Semiconductor Field-Effect-Transistor，MOSFET）。MOS场效应晶体管极易因感应电荷而被击穿，维修时应注意防止静电。

手机电路中，场效应晶体管的外观形状与晶体管的相似，应注意辨别。

## 5.1.3　集成电路

手机电路中使用的集成电路（IC）有中频模块、频率合成模块、功放模块、数字信号处理模块，以及CPU、存储器、电源模块等。

比较常见的IC封装形式有小外形封装、四边扁平封装和球格阵列封装等。

**1. 小外形封装**

小外形封装（Small Outline Package，SOP）集成电路的两边有脚，脚向外张开（一般称为鸥翼形引脚），引脚数目在28个以下，如图5-11a所示。

图5-11　集成电路封装实物图

SOP 集成电路的一角上圆形标记点正对的是第 1 脚，可由此按逆时针方向数出 IC 剩余引脚，如图 5-11a 所示。若 IC 上无标记点，则将 IC 上的文字方向放正，从位于左下角的第 1 脚开始，按逆时针方向也可以数出其他引脚。

**2. 四边扁平封装**

四边扁平封装（Quad Flat Package，QFP）集成电路的四边有脚，引脚向外张开，引脚数目一般在 20 以上，如图 5-11b 所示。适用于高频电路和引脚较多的模块，如中频、数字信号处理器、音频模块、微处理器、电源模块等。

QFP 集成电路引脚的判别方法与 SOP 集成电路的相同。

**3. 球格阵列封装**

球格阵列封装（Ball Grid Array，BGA）集成电路的四边无引脚，引脚成球格状矩阵形式排列于 IC 底部，引脚数目较多，如图 5-11c 所示。

BGA 集成电路的引脚在集成电路底部，它用行与列的组合表示引脚，其中行用数字表示，列用英文字母表示，如 A1、B2 等。判断引脚时，将 IC 文字标记面置上，文字放正，引脚标记点（一般在左下角）所对的引脚为第 A 列/第 1 行，即 A1 脚，向上依次为 1、2、3、…行，向右则为 A、B、C、…列，如图 5-12 所示。

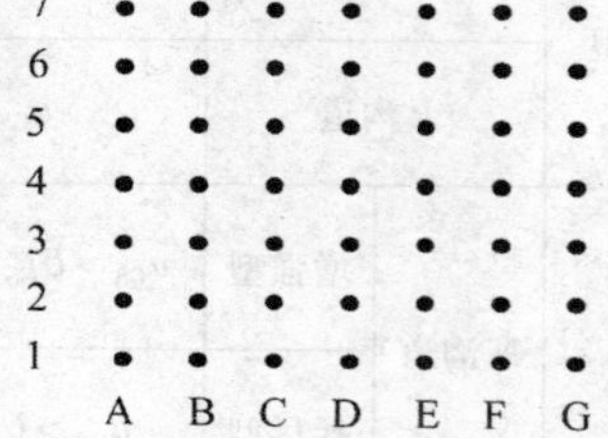


图 5-12 BGA 集成电路引脚排列

## 5.1.4 稳压模块

常见稳压模块有 5 引脚和 6 引脚之分，其外形和引脚排列顺序与双晶体管的相似，见图 5-10。

5 引脚稳压模块的第 1 引脚为电源输入，一般与电源 VBATT 相连；第 2 引脚接地；第 3 引脚为控制端；第 4 引脚为悬空；第 5 引脚为稳压输出。5 引脚稳压模块表面字符代表的参数没有统一标准，例如，西门子 LP2985TMS 的稳压值为 2.8V，爱立信 L21A、L36A 稳压值为 3.2V，而 L31A 稳压值为 3.8V。

6 引脚稳压模块与 5 引脚稳压模块的工作原理相同，但引脚功能不同。第 1 引脚为控制端；第 2、3 引脚悬空；第 4 引脚为稳压输出；第 5 引脚接地；第 6 引脚为电源输入。多数 6 引脚稳压模块表面的标记符号具有一定规律，例如，P3 表示稳压输出为 3.0V，18P 表示稳压输出为 1.8V，无论字母排在前或后，均以中间数字为准，但也有少数 6 引脚稳压模块不是采用此种标记方式。5 引脚稳压模块和 6 引脚稳压模块好坏的鉴别方法简单，只要在其控制端加上 2.0 ~ 2.6V 直流电压测量其输出端有无稳压输出即可确认。

还有 8 引脚稳压模块、10 引脚稳压模块，实际上是多个稳压器的组合，故有多组稳压输出。

## 5.1.5 开关元件与连接器

手机中用来控制线路通断的元件主要有薄膜按键开关、干簧管、霍尔元件和连接器等。干簧管和霍尔元件通过磁信号来控制线路的通断。

**1. 薄膜按键开关**

手机中使用的开关通常是薄膜按键开关，如图 5-13 所示，它由触点和触片组成。按键的两个触点平时不与触片接触，当按下按键时，触片同时与两个触点接触，使两个触点所连接的线路接通。手机电路中，开关通常用字母 S 表示，电源开关键经常用 ON/OFF 或 PWRON 等字母表示。

**2. 干簧管**

干簧管又称为磁控管，是一种利用磁场信号控制的无源开关器件。干簧管外壳一般是一根密封的灌有金属铑气体的玻璃管，在玻璃管中装有两个铁质的弹性簧片，如图 5-14 所示。当有磁性物质靠近玻璃管时，在磁场作用下，两个簧片被磁化而产生动作。

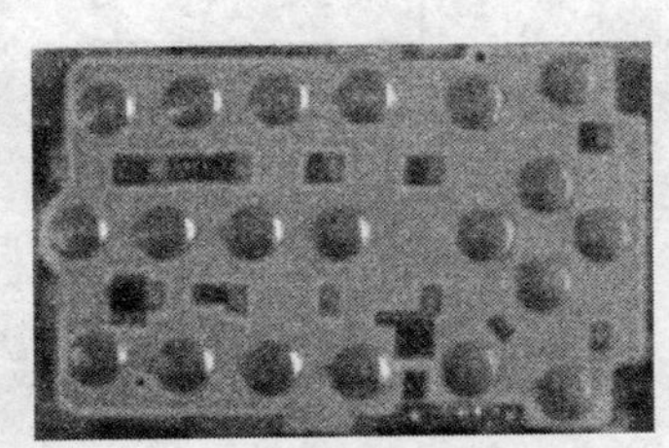

图 5-13　薄膜按键开关实物图

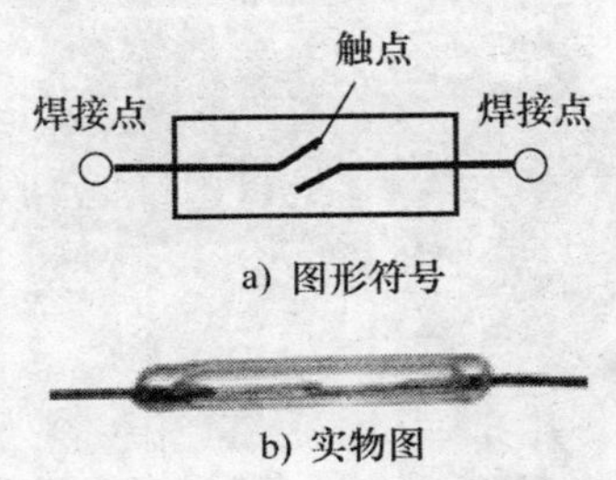


图 5-14　干簧管图形符号与实物图

干簧管分为常开式和常闭式两种。常开式干簧管的两个簧片平时处于断开状态，当有磁场接近时，两个簧片接通；常闭式的则相反。

干簧管在手机中常用于手机翻盖电路中，利用翻盖上的磁铁控制干簧管簧片的通断来接听或者挂断电话。

**3. 霍尔元件**

霍尔（Hall）元件由霍尔传感器、放大器、施密特电路以及集电极开路的输出晶体管组成，它的外形封装与晶体管的相似。霍尔元件的引脚排列与内部结构图如图 5-15 所示。霍尔传感器的工作原理与干簧管的相似，当磁场作用于霍尔元件时产生一个微小的电压，经放大器放大后触发施密特电路，使晶体管导通，输出低电平；当无磁场作用时，晶体管截止，输出为高电平。

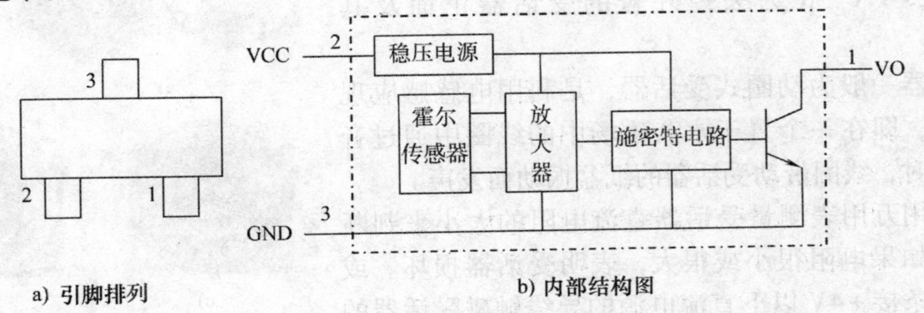


图 5-15　霍尔元件的引脚排列与内部结构图

与干簧管相比，霍尔元件不仅使用寿命长、不容易损坏、开关速度快，而且对振动、加速度不太敏感。目前，折叠式或翻盖式手机已普遍使用霍尔元件。

**4. 连接器**

手机中有许多连接器，例如，用于连接 SIM 卡的 SIM 卡卡座，用于连接外接天线的机械开关接口，用于连接内接天线的接口（弹簧片或螺钉口），用于连接按键板、LCD 模组、翻盖电路等的内部电路连接器，用于连接耳机的耳机插座，用于连接数据线的手机系统连接器，用于连接电池的电池连接器、电池接口等，如图 5-16 所示。

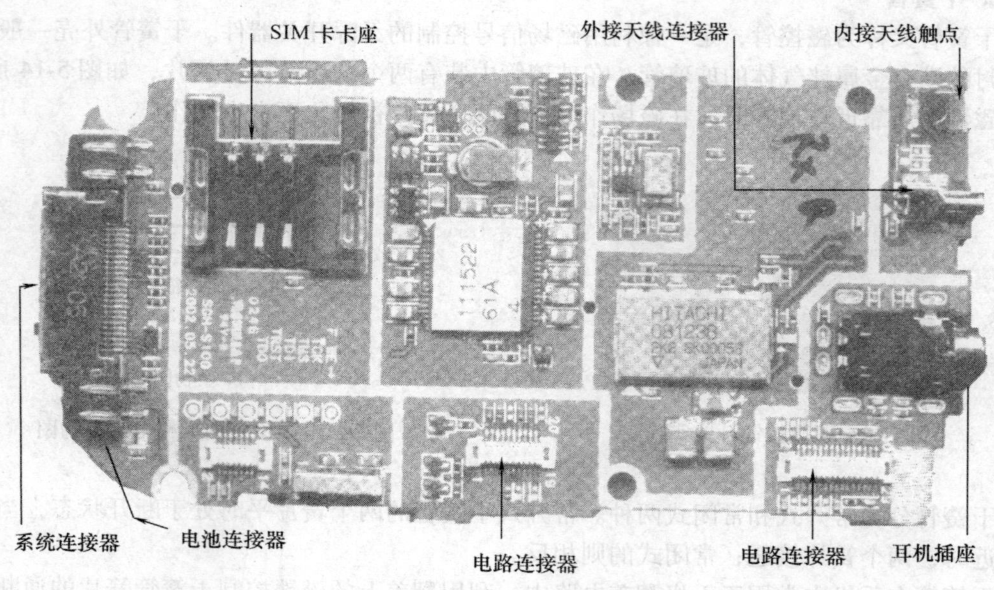


图 5-16　手机连接器实例

## 5.1.6　电声和电动元件

### 1. 受话器

受话器是电声变换元件，它将模拟音频电信号变换为声波。受话器又称为喇叭或扬声器，常用 SPK、SPEAKER、EAR 或 EARPHONE 等表示。图 5-17a 为受话器实物图，图 5-17b 为受话器电路符号，图 5-17c、d 为去掉外盖的受话器正面及其背面。

受话器一般为动圈式受话器，是利用电感感应现象工作的，即在一个置于永久磁场中的线圈中通过音频电信号时，线圈带动受话器的纸盆振动而发声。

可以用万用表测量受话器直流电阻的大小来判断其好坏，如果电阻很小或很大，表明受话器损坏。或者手拿两条接 +4V 以下直流电源的导线触碰受话器的两个触点，如果受话器能够发出声音，表明受话器正常，否则，受话器损坏。交换触碰的方向，受话器发出的声音有大有小，声音大时，接电源正极的触点为受话器正极，另一触点为负极。

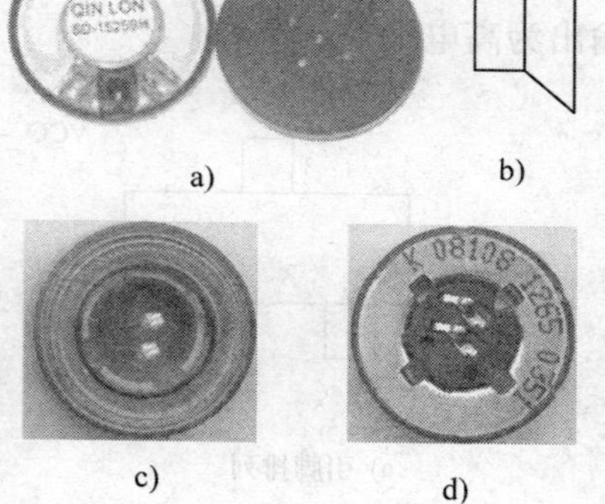


图 5-17　受话器实物图与电路符号

### 2. 振铃

振铃又称为蜂鸣器，常用 BUZZ（Buzzer Phone）表示。蜂鸣器有电磁式和压电式两种。

电磁式振铃是一个动圈式小喇叭，通过改变线圈中的电流大小及方向，使铁片振动，带动纸盆振动而发声。振铃的电路负载特性为感性，阻值在十几欧姆至几十欧姆之间，如图5-18所示。

压电式一般为两面镀银的压电陶瓷，靠脉冲电流作用于压电陶瓷使其发生形变（振动）而发声。通常声音较小，常在一面加装助声腔。压电式振铃的电路负载特性为容性，电抗很大。

图5-18　电磁式振铃实物图

手机按键音一般由振铃发出。

**3. 耳机**

耳机是缩小了的扬声器，它的体积和功率都比扬声器要小。目前，多数耳机为动圈式耳机，其结构、工作原理与扬声器的基本相似。

手机使用的耳机主要分为有线耳机和无线耳机两种。蓝牙（Bluetooth）耳机是一种常见的应用蓝牙技术的免持式无线耳机，它可以在10m之内与支持蓝牙技术的手机进行传输。蓝牙技术实际上是一种短距离无线传输技术。

蓝牙耳机目前有V1.1、V1.2两种传输方式。V1.2技术不仅支持立体声音效，具有较好的稳定度和声音效果，还可以兼容V1.1技术。

有线耳机一般有耳机插头和送话器插头。有线耳机经常出现的故障包括连线断开、插头损坏等。维修时，用万用表电阻档测量耳机插头的公共端和左声道间的阻抗应为30～700Ω，且随着音量电位器的调整而变化。当音量开到最大时，阻抗应为30Ω左右。用数字式万用表电阻档检测送话器插头时，将红表笔接地、黑表笔接信号端（用模拟式万用表时的接法与此相反），两端的电阻应为500～800Ω。

有线耳机一般有红色、蓝色和绿色（或杂色、黄色）三条线，蓝色一般为左声道，红色一般为右声道，绿色、杂色和黄色一般为公共端。

**4. 送话器**

送话器又称为话筒、微音器、拾音器，用于将话音信号变换为模拟音频电信号，如图5-19所示。手机电路中，送话器一般用MIC或Microphone表示。

a) 实物图　b) 端口平面图　c) 图形符号

图5-19　送话器实物图、端口平面图与图形符号

根据工作原理的不同，送话器分为动圈式、电容式和驻极体式等，常用驻极体式送话器。驻极体式送话器实际上是由驻有永久电荷的一个薄膜（驻极体）和一块金属片构成的一个电容器。当薄膜感受到声音而振动时，电容器容量会随着声音的变化而改变。由于驻极体上的电荷量不能改变，而使电容两端产生随声音变化的信号电压。驻极体式送话器的阻抗很高，可达100MΩ。

送话器有正负极之分，若极性接反，则送话器不能输出信号。而且送话器在工作时需要提供偏置电压，否则，也会出现不能送话的故障。

检验送话器时，选择万用表电阻档，将数字万用表红表笔和黑表笔分别与送话器正极和负极相接，然后对着送话器讲话，万用表读数应随着变化。用模拟式万用表检验时，红表笔、黑表笔分别接送话器的负极和正极。

送话器通常用带屏蔽的导线与插头连接，其中屏蔽线为接地线，芯线为信号线。目前，多数送话器做在耳机线上，无单独的送话器线，所以一般不需要焊接送话器线头。

**5. 振动器**

振动器即电动机，又称为马达或振子，在手机电路中，振动器用于来电提示。图5-20为振动器实物图。振动器一般用VIB、MOTOR或Vibrator表示。

图5-20　振动器实物图

## 5.1.7　液晶显示屏

数字手机一般用液晶显示屏（LCD）进行信息显示，分为并口型和串口型两种。多数手机采用并口型方式。

**1. 并口型LCD**

图5-21a为并口型LCD的典型电路结构图，图中C1～C3为振荡电容，C4～Cn为滤波电容，VDD为供电电源。并口型LCD采用8位或16位数据线并行传送显示数据或指令，具有显示速度快、控制灵活的优点。

并口型LCD的连接线一般包括8位或6位数据线（D0～D7）、地址线（A0）、显示启动线（LCDEN）、复位线（RST），这些信号线大都来自CPU，且都可用示波器在接口处观测。

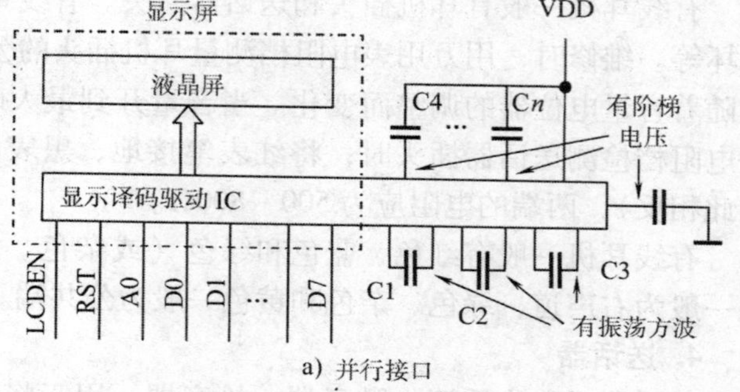


a) 并行接口

显示信息通过8位数据线（D0～D7）同时传送到显示译码驱动模块译码，驱动LCD显示各种信息等。

A0线的电平高低决定8位数据线的传送内容。当A0线为高电平时，数据线传送显示信息数据；当A0线为低电平时，传送显示指令数据。

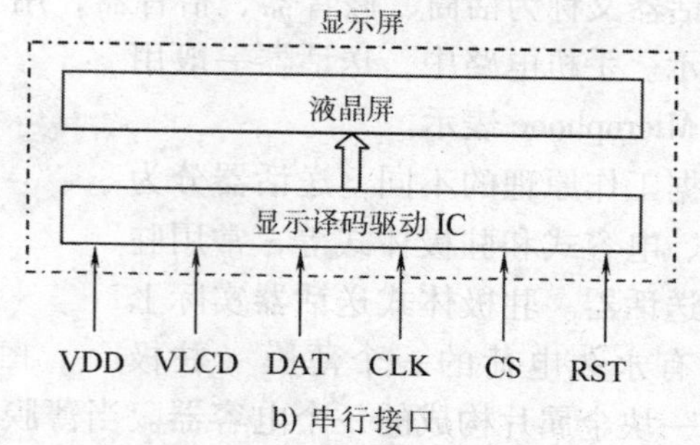


b) 串行接口

图5-21　LCD接口电路

LCD驱动模块被启动后，由其内部电路与外围振荡电容构成的振荡电路开始工作，产生3V(p-p)的振荡方波，经内部整流及外围电容滤波后，产生高低不等的阶梯电压（-5～12V），送回LCD驱动模块。

并口型LCD与主板接口的连接一般采用排线方式，也有的采用触片或导电橡胶进行连接。

**2. 串口型LCD**

图5-21b为串口型LCD的典型电路结构图，连接线一般包括数据线（DAT）、时钟

（CLK）、片选（CS）、复位（RST）等，它们来自于CPU的信号线。DAT及CLK信号为2.8V左右的方波。VLCD用于控制显示对比度，可以是正电压，也可以是负电压。VDD用于为显示屏供电，一般为2.8～3.2V。显示控制电路根据CPU发过来的显示指令和数据，经分析判断、存储，再按一定的时钟速度将显示的点阵信息输出至行和列驱动器进行扫描，以高于75Hz/帧的速率刷新屏幕。

串口型LCD与主板的连接大都采用导电橡胶，也有的采用金属簧片触点式连接或插针内联等方式，具有结构简单、成本低、便于维修等优点，但显示速度较慢。

**3. 背景灯**

因为LCD本身不能发光，故需依靠外部光源才能显示有关信息，其显示方式分为反射式和照明式两种。反射式LCD的背后是一块反射膜，不设照明灯，利用透进去又反射出来的环境光线进行信息显示。反射式LCD无额外耗电，但不能在阴暗环境中使用。照明式LCD需要外加照明灯，称之为背景灯或背光灯。常见的背景灯元器件有发光二极管（LED）、LED平面发光模块和场致（Electro Luminescent，EL）背景灯。场致背景灯是一种面光源发光的有机冷光源，具有发光均匀、高效省电、稳定长寿等特点，但价格较高。图5-22为LED平面发光模块和场致背景灯实物图。

a) LED平面发光模块

b) 场致背景灯实物图

图5-22　LED平面发光模块和场致背景灯实物图

## 5.1.8　内置数码相机

内置数码相机采用数码相机的工业标准，如传感器、有效像素等。

内置数码相机一般利用手机显示屏显示影像、利用手机内存保存数据。

## 5.1.9　码片、字库与暂存器

**1. 码片**

码片即EEPROM（或$E^2$PROM）。根据数据传输方式的不同，码片分为两大类：一类为并行数据传送码片（如28C64、28LV64等）；另一类为串行数据传送码片（如24C64等）。根据引脚数目的不同，码片分为28脚、8脚两大类，如28C64、28LV64为28脚的码片，24C64、24C16为8脚的码片。在8脚码片中又有大8脚和小8脚之分，即引脚间距有大小之分。

码片出现的故障现象一般是内部存储数据丢失，出现“手机被锁”、显示“联系服务商”或出现低电压告警、显示黑屏等。当出现数据丢失时，可以重新写入。

**2. 字库**

字库即版本、Flash ROM。字库封装形式一般为四边扁平封装（QFP）或BGA封装（如字库28F004为四边扁平封装），以及TSOP48、UBGA48等封装形式。TSOP（Thin Small Outline Package）即薄型小尺寸封装，UBGA（Micro Ball Grid Array）即微型球格阵列封装。按引脚数目的不同，字库主要分为40脚字库和48脚字库，例如，28F004、28F008为40脚字库，28F800、28F160为48脚字库。按工作电压不同，字库分为5V、3.3V、1.8V、0.9V等几种。

字库故障一般为软件故障，表现为手机不能开机、显示字符错乱等现象。可用编程器重新写入数据。

**3. 暂存器**

暂存器即RAM。由于现代手机的集成度越来越高，有很多手机暂存器也开始向集成化发展。如摩托罗拉T190型手机中CPU自带2MB暂存，三星手机则把暂存器集成在字库中，与字库封装在一起。部分手机的字库则是暂存器、码片和字库的复合体。

对手机而言，暂存器只要不虚焊、不损坏即可。

## 5.2 手机电路图的识读

### 5.2.1 手机电路图的分类

手机电路图有框图（含集成电路内部框图）、电路原理图、元器件分布图和印制电路板图等多种。手机维修人员应熟悉框图、电路原理图和元件分布图。

**1. 框图**

框图是一种用各种方框和连线表示电路工作原理与构成概况的电路图。框图按照电路功能将电路划分为几个部分，每个部分用方框表示，在方框中标注有简单的文字说明，在方框之间用连线说明各方框之间的联系。

框图可以清晰直观地说明电路的组成，并通过连线的箭头方向形象地反映出信号的传输方向或集成电路等的输入引脚或输出引脚。

**2. 电路原理图**

电路原理图是用于体现电路工作原理的一种电路图。电路原理图能够完整表达某一级或整机电路的结构与工作原理，有时图中还全部标出电路各元器件的参数，为电路维修和元器件替换提供了方便。

**3. 元器件分布图**

元器件分布图又称为装配图，用于表明各个元器件在印制板中的实际位置。由于分布图中一般标注有各个元器件的标号，在手机维修中，通过对照原理图和元器件分布图，可以方便地查找到手机各个元器件在印制板中的具体位置。

### 5.2.2 手机电路组成特征

手机中多数电路具有很典型的特征，熟悉其特征，可以快速识读手机电路图。

**1. 射频电路**

射频电路主要以射频集成电路为核心，而且收发电路有接收一本振（RXVCO1）、二本振（RXVCO2）和发射本振（TXVCO）。发射电路末级则以功放电路、天线（ANT）、滤波器等为标志。

注意：射频集成电路有时又分为前端混频 IC 和中频 IC 两个模块。

**2. 基带电路**

基带电路主要以大规模集成电路，且多以 BGA 芯片形式出现。基带电路原理图中，常用 U××××表示集成电路，而集成电路引脚标注为 A0、A1、E12 等。常见的基带电路有微处理器（CPU）、字库（或版本，Flash ROM）、暂存器（SRAM）、码片（EEPROM）和音频 IC 等。

**3. 电源电路**

电源电路由电池（主电源 VBATT）、集成电源 IC 或分散式稳压供电管等组成。升压电路、充电电路是电源电路的重要组成部分，它们用 VCC、VDD、VREF、VVCO、AVCC、V1、V2、V3 等表示供电电源，用 BOOTST _ VDD、VBOOT 等表示升压。用 V _ EXIT、EXTB + 等表示外接电源，用 CHARGC 等表示充电控制，三者合起来构成充电电路。

**4. 人机界面电路**

人机界面电路主要由输入接口（I 口）、输出接口（O 口）电路组成。输入接口电路包括送话器（MIC）、底部连接器（J×××）、SIM 卡卡座（J×××）、键盘输入等，输出接口电路包括键盘背景灯、振铃器和 LCD 显示屏等。

### 5.2.3 电路识别

**1. 射频电路**

射频电路包括接收射频电路、发射射频电路和频率合成器共三部分。在进行电路识别时，应注意电路中的英文缩写及电路中的各种标注。

根据天线（ANT）开关电路引脚所标信号频率与移动通信下行频率一致或标注有 RX _ GSM、RX _ DCS，可判定所在电路是接收射频电路及其信号的传输方向。相反，若所标信号频率与移动通信上行频率一致或标注有 TX _ GSM、TX _ DCS，则可判定发射射频电路及其信号的传输方向。

**2. 基带电路**

基带电路按功能不同分为逻辑电路和音频电路。

逻辑电路以微处理器为核心，由此可判定逻辑电路。微处理器又称为中央处理器，通常标注为 CPU 或 MCU 等。

受话器或耳机常用 SPK、EAR、EARPHONE、SPEAKER 等进行标注。通过查找受话器和耳机的图形符号或英文缩写可以确定是否是接收音频电路。送话器一般用 MIC 或 MICROPHONE 等进行标注。通过查找送话器图形符号或英文缩写可以确定是否是发射音频电路。

**3. 电源电路**

电池电源用 VBATT、VBAT 或 VB、B + 等标注。有的手机电池电路还有用于对手机电池信息进行检测的电池信号线路，如诺基亚手机的 BSI、摩托罗拉手机的 BATT _ SER _ D 等，该信号线与手机开机电路有一定联系。

手机的开机信号线上通常标有开关按键的图形符号和 ON/OFF、PWRON、PWRKEY 等英文标识。

手机电源的供电包括逻辑电路的供电与射频电路的供电，逻辑电路的供电主要供给 CPU、Flash ROM、DSP、SRAM 电路；射频电路的供电主要供给手机接收、发射射频电路。

手机电源通常用英文缩写作标记，但各厂家的电源标记各有特点。

(1) 诺基亚手机　诺基亚手机电源一般来自电源 IC，常用 VCORE 表示 CPU 供电，VSYN 表示频率合成器供电，VIO 表示 CPU、字库等供电，VANA 表示音频电路供电，VFLASH 表示字库供电，VXO 表示基准时钟电路供电等。

(2) 摩托罗拉手机　摩托罗拉 V998 型以后的手机电路中有 V1、V2、V3 等。V1 通常对 5V 系统总线和负电压调节器供电；V2 为 2.75V，负责对 CPU、Flash ROM 等逻辑器件供电；V3 为 1.8V，负责对 CPU 供电。在摩托罗拉手机中有一个 5.6V 的 V_BOOT 升压电源；在中频电路中有两个受中频 IC 控制的 2.75V 电压调节器，它们对频率合成器和其他射频电路供电，通常用 RF_V1、RF_V2 表示。

(3) 三星手机　三星手机中的电源电路多以低压差输出（Low Drop Output，LDO）器件和 DC/DC 转换器为主，并辅以 5~6 个电源稳压管，其中逻辑供电有 VCC、AVCC 等。VCC 主要对 CPU、字库、码片供电，AVCC 主要对数字处理器、音频电路等供电。射频供电有 TXEN1、TXEN2、XVCC、3VRF、SYNTH 等，其中 TXEN1、TXEN2 对发射电路供电，XVCC 对基准时钟电路供电，SYNTH 主要对本振 IC 供电、3VRF 主要对中频电路供电。

LDO 电源即低压差输出稳压器，它是一种降压型 DC/DC 转换器。LDO 电源通过负反馈调节输出电流使输出电压保持不变，具有功耗低、体积小、输出电压纹波小的特点。降压型 DC/DC 转换器是一种将输入电压变换为比输入电压低的、输出固定电压的电压转换器。

**4. 人机界面电路**

J×××或 J××××表示底部连接器、SIM 卡连接器、免提连接器、显示接口、键盘接口、送话器触点和振铃器触点等，有时还用 CN×××或 X×××表示。

手机电路中涉及的英文缩写较多，记忆英文缩写、英文字母和数字时，应注意总结规律。

## 5.2.4 部分功能电路的查找

面对市场上不断推陈出新、令人眼花缭乱的手机，除了注意电路特征、能够识别电路原理外，还应该通过天线、受话器、送话器、振动器等熟悉的基本器件入手，查找有关的功能电路。

**1. 开机触发电路及电源电路**

(1) 从电源开关键入手　在手机电路中，电源开关键一般有两种：一种是直接做在按键板上，同其他普通按键一样，根据按键胶片是否按下决定电源开关键的通断，如摩托罗拉手机和三星手机；另一种是短程薄膜开关，此种开关通常用作电源开关键与音量键等功能，如诺基亚手机。

摩托罗拉手机和诺基亚手机一般为低电平触发开机，三星手机大多为高电平触发开机。对于低电平触发开机的手机，找到电源开关键后，用万用表查找到与电源开关键相接的接地端，即可确定与电源开关键另一端相接的是开机触发电路。对于高电平触发开机的手机，则用万用表查找电池正极。

摩托罗拉和诺基亚手机的电源开关键通常经一个电阻连接到电源模块的开机触发端，诺基亚 DCT3 系列手机还会经一个二极管连接至微处理器。摩托罗拉手机底部连接器中的一个 ON/OFF 端也经一个电阻连接到开机触发端。

三星手机的电源开关键经一个二极管组件到电源模块的触发端。三星手机的电源通常由几个稳压器组成，所以经二极管的信号输出可能有好几个。

开机触发电路一般要接到电源电路，从电源开关键入手可以找到开机触发信号电路，从而找到电源电路。

（2）从电池连接器入手　电池经电池连接器对电源电路、功率放大器等供电，所以用万用表检查电池正极连线，可以找到电源电路。

（3）根据电路特点入手　对不同款型相同品牌的手机，可以通过该品牌手机的一些特点快速查找电路。例如，摩托罗拉手机电源电路中，有一个5.6V升压电路，它由一个升压电感和一个二极管、电容及电源模块构成，且升压电感通常都很大，只要找到上述元器件就可找到电源电路。另外，摩托罗拉手机中的受话器都与电源模块相连。诺基亚手机的电源模块还提供SIM卡接口，其中DCT3系列手机SIM卡卡座与电源模块直接相连。DCT4系列的SIM卡卡座一般经一个保护电阻与电源模块相连，DCT4系列手机的电源模块附近一般有一个体积很大的充电检测电阻。

三星手机电源主要由多个稳压管和多个大的滤波电容组成，较易查找电源电路。

**2. 其他功能电路**

（1）从天线入手　手机天线既是接收天线，也是发射天线，手机天线与印制板上的天线触点相连，从天线触点入手可以查找天线电路。从天线电路出发可以查找接收前级电路和发射末级电路。

（2）从滤波器入手　手机中的滤波器有射频滤波器和中频滤波器等。

射频滤波器通常在手机的低噪声放大器、天线电路及发射输出电路附近。接收电路中的射频滤波器通常比发射电路中的多，摩托罗拉手机的发射电路中一般没有射频滤波器，由此可区分接收电路和发射电路。

中频滤波器中，第一中频滤波器一般比第二中频滤波器的体积大。找到中频滤波器，即可找到混频器。

（3）从功率放大器入手　功率放大器在发射电路末级，从功放入手可以查找发射电路。早期的手机功放多由分立元器件组成，现在的手机功放多采用放大器组件，有的已采用BGA封装。查找BGA封装的功放时需要借助于外围元器件和某些电路特点去判断。摩托罗拉手机功放旁边大多有微带线，三星手机功放旁边一般有一个大的滤波电容。

（4）从VCO组件入手　组成VCO电路的元器件包括电阻、电容、晶体管、变容二极管等，它们大多封装在一个屏蔽罩内，VCO组件一般有四个端口。

不同VCO组件的端口功能可能不一样，标注方法也可能不同，但一般都有规律可循。对于RXVCO或TXVCO，接地端对地电阻为0Ω；电源端的电压为手机射频电压；控制端有电阻或电感，在待机或启动发射时，该端口有脉冲控制信号输入；剩余端口为输出端，可用频谱分析仪在输出端测到有信号输出。

对于某些VCO组件，还增加了频段切换控制脚、输出脚、输入脚等。

根据VCO组件可以查找相应电路，例如，从VCO的控制端入手，经过电阻或电感所找到的芯片端口为频率合成器的鉴相器输出。若为TXVCO，则控制端所接的是发射变换电路，其输出端一般连接到功放或发射驱动电路。若为RXVCO，则从其输出端入手，可以找到接收混频电路；从电源端入手，可以找到频率合成器电源。

(5) 从基准时钟入手　GSM 手机的基准时钟频率大多为 13MHz，且大多采用 VCO 组件。若 VCO 组件上标注有“13”，则为 13MHz 晶振；若标注有“26”，则为 26MHz 晶振。摩托罗拉手机的基准时钟电路一般由晶振和中频模块内的部分电路构成，13MHz 基准时钟信号通常经中频模块处理后才送到频率合成器和逻辑电路。诺基亚手机和部分三星手机的基准时钟电路通常由 VCO 组件构成，13MHz 基准时钟信号经缓冲放大后直接送到频率合成电路和逻辑电路。所以从基准时钟入手，可查找到频率合成器和基带电路。

**注意**：部分三星手机也采用 19.5MHz 晶振和音频 IC 构成基准时钟电路，如 A388、A188、A408 型等。

(6) 从实时时钟入手　实时时钟信号通常由 32.768kHz 晶振产生，该晶振一般为长条形，表面有的标注“32.768R”。诺基亚手机和摩托罗拉 V998 型以后手机的实时时钟电路通常在电源模块中，三星手机的实时时钟电路一般在微处理器单元中，所以从实时时钟晶振入手，可以查找到电源模块和微处理器单元。

(7) 从送话器、受话器入手　送话器一般位于手机底部，受话器一般位于手机顶部或翻盖内。送话器和受话器连接的均为手机音频电路。

从送话器正极出来，经过一个直流通路（电阻或电感），可以查找到送话器的偏压电源。经过一个交流通路（RC 电路）可以查找到发射音频电路。

受话器所连接的是接收音频电路，从受话器端口出发可以找到接收音频电路。

摩托罗拉手机的音频电路在电源模块中，所以从受话器、送话器入手，可以查找到电源模块。诺基亚 DCT3 系列手机的音频驱动放大器在一个专门的音频模块中，DCT4 系列手机的音频驱动放大器在电源管理模块中。

(8) 从背景灯入手　从背景灯入手可以找到背景灯控制电路，背景灯控制信号通常由逻辑电路中的微处理器提供。如果采用场致背景灯（EL），那么驱动电路多由场致背景灯驱动 IC 完成，如图 5-23 所示；如果采用发光二极管作背景灯，那么控制电路一般为电子开关电路。

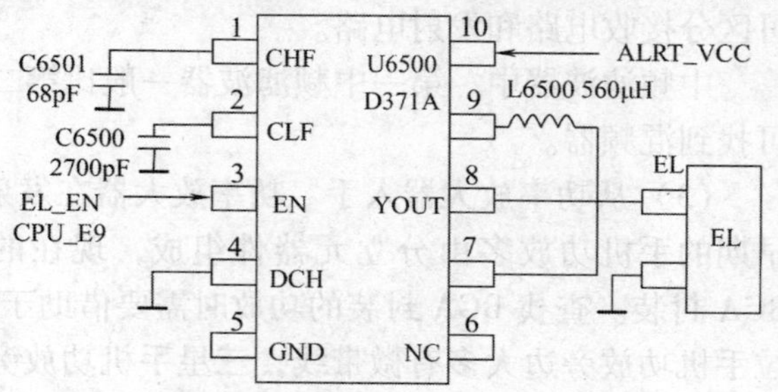

图 5-23　摩托罗拉 V70 手机的场致背景灯驱动电路

(9) 从显示器入手　从显示器接口入手可以找到显示驱动电路。显示器的数据、复位、时钟等信号通常由逻辑电路中的 CPU 提供。

(10) 从振动器入手　从振动器端口入手可以找到振动器驱动电路。振动器控制信号一般由逻辑电路输出，经驱动电路放大后驱动振动器工作，该驱动电路多为由分立元器件构成的电子开关电路。

(11) 从 SIM 卡卡座入手　摩托罗拉手机与诺基亚 DCT3 系列手机的 SIM 卡卡座一般直接与电源模块相接。诺基亚 DCT4 系列手机的 SIM 卡卡座一般经过一个保护电阻与电源模块相连。三星 VP 等系列手机（如 N628、T108、T508 型等）的 SIM 卡卡座一般与 CPU 相连。所以找到了 SIM 卡卡座即可找到相应的电路。

找到电源电路和上述功能电路后，即可很快查找到与之相关的其他电路。

面对手机，应从全局出发、从细微处入手，注意观察分析，切忌盲目急躁。平时应重视各种手机资料的收集整理，加强学习，不断提高维修技能。

## 小　结

本章重点介绍手机常用元器件的分类、功能及其检测，以及手机电路识别与查找的基本常识。

1）手机常用元器件有电阻、电容、电感等基本元件，二极管、晶体管、场效应晶体管等器件，以及集成电路、开关元件、电声和电动元件、液晶显示屏、码片和字库等部件。

2）常见的IC封装形式有小外形封装（SOP）、四边扁平封装（QFP）和球格阵列封装（BGA）等。

3）翻盖手机多用霍尔元件检测翻盖动作。霍尔元件由霍尔传感器、放大器、施密特电路以及集电极开路的输出晶体管组成。

4）数字手机一般采用液晶显示屏（LCD）显示，LCD分为并行和串行两种接口方式，大多采用并行接口方式。

5）存储器主要有码片、字库和暂存器，它们的外形相似，但作用不同。

6）手机电路图有框图、电路原理图、元件分布图和印制电路板图等。

## 习　题　5

5.1　数字手机的常用元器件有哪些？在电路中的基本功能是什么？

5.2　标有472和3R3的片状电阻的阻值各是多少？

5.3　数字手机中的片状电容有哪几类？怎样正确识读其电容值大小？

5.4　标有字符H4和204K的片状电容的电容值大小是多少？

5.5　数字手机中的电感有哪几类？各自的显著特征是怎样的？

5.6　怎样正确使用万用表判断片状电阻、电容、电感的好坏？

5.7　数字手机中的二极管有哪几种？怎样判断片状二极管的引脚与好坏？

5.8　数字手机中常见的晶体管有哪几类？怎样判断晶体管的引脚与好坏？

5.9　常见的片状集成电路的封装形式有哪几种？怎样判别各自的引脚号？

5.10　检测手机翻盖动作的器件有哪些？查阅有关资料简要说明霍尔元件的工作原理。

5.11　数字手机中的电声和电动元件有哪些？怎样判断各自的好坏？

5.12　数字手机液晶显示屏的种类有哪些？

5.13　码片和字库的常见故障有哪些？

5.14　手机电路图有哪些？各有什么用途？

5.15　根据所学内容，简要总结不同电路的显著特征有哪些？

# 第 6 章　手机维修器具与有关信号的测试

**本章要点**：常用维修工具与维修仪表的分类与使用，手机软件维修仪的分类与使用，手机常见供电电压、信号波形与频率的测量。

**学习参考**：要求通过学习了解手机常用硬件、软件维修器具的种类与用途，学会使用热风枪、示波器、频谱分析仪、软件维修仪，掌握手机常见供电电压、信号波形与频率的测量。

## 6.1　手机维修工具及其使用

### 6.1.1　手机维修常用工具

手机维修常用工具包括热风枪、电烙铁、超声波清洗器、放大镜、防静电腕带、螺钉旋具、镊子等必备工具，硬毛刷、注射器、手术刀、吸锡线、植锡板、吹气球等备选工具，以及焊锡丝、锡膏（锡浆）、焊宝（焊油、助焊膏）、酒精等焊接辅料，见表 6-1，部分手机维修工具与焊接辅料如图 6-1 所示。

表 6-1　手机维修常用工具与焊接辅料

| 名　　称 | 使用说明 |
| --- | --- |
| 热风枪 | 用于拆卸或焊接集成电路、屏蔽罩、排线和 SMD 元器件等 |
| 电烙铁 | 用于加焊、连接漆包线（飞线）、拆卸或焊接元器件、处理焊点。一般选用 20W 左右的防静电恒温电烙铁 |
| 显微镜或放大镜 | 一般选用 10 倍或 40 倍双筒显微镜，或选用 8 倍、直径为 10cm 的台灯式放大镜 |
| 超声波清洗器 | 用于清洗手机印制电路板或部分元器件。选用蒸馏水或无水酒精作清洗剂 |
| 稳压电源 | 用于提供手机维修所需的直流电压或电流，通常具有短路限流保护功能。通过电源接口线为手机提供直流电源 |
| 植锡工具 | 植锡工具包括植锡板、锡膏、刮刀等，用于对 BGA 集成电路引脚植锡 |
| 拆机工具 | 用于拆装机壳、屏蔽罩、元器件等。一般选用一套基本拆机工具，再配一些特殊机型的专用工具 |
| 镊子 | 用于夹取小元器件或挑起元器件引脚。一般选用无磁性不锈钢弯头镊子或直头镊子 |
| 电热镊子 | 相当于由两个电烙铁组成的镊子，以方便拆装电阻、电容等两个焊点的小元件 |
| 刀片 | 用于集成电路引脚的整形、显示器与后背双面胶带粘结的分离、防拆防伪标签的不损坏剥离等 |
| 小划针 | 用于在印制电路板上刻画 BGA 集成电路定位标记，拨动 IC 引脚检验是否脱焊，划开 IC 引脚间的少量连锡，刮除焊点周围污物 |
| 手术刀或小刻刀 | 用于刮除漆包线绝缘漆、剥离屏蔽罩、修理机壳、刮除焊点上的氧化物等 |

（续）

| 名　　称 | 使 用 说 明 |
|---|---|
| 锥子 | 拆装机壳时拨动销轴或卡钩 |
| 防静电腕带 | 用于防止静电危害。操作时一端戴在手腕上，另一端夹在地线上，内有一个 1MΩ 的防触电安全电阻 |
| 什锦锉 | 用于加工处理弹簧接触片等 |
| 斜口钳和尖嘴钳 | 用于剪断电线，加工处理屏蔽罩、弹簧接触片等 |
| 元件盒 | 用于存放螺钉、电阻、电容等小元件 |
| 焊锡丝 | 一般选用直径为 0.5mm 的低温无铅松香芯焊锡丝 |
| 焊宝（焊油） | 焊宝能起到焊接时去除氧化层、增加焊锡流动性的作用。一般选择中性、无漏电的松香焊宝。使用时，用针或牙签挑尽量少的焊宝涂抹在焊接部位，以保证焊接完毕后焊宝能挥发干净而无残留 |
| 松香 | 涂抹松香时，一般先用镊子夹取松香小颗粒放到印制电路板焊接位置上，再用热风枪或电烙铁加热涂匀，或用无水酒精溶解松香。可做成松香水装瓶，平时密封好，使用时用毛笔或划针蘸取 |
| 无水酒精 | 用于擦除键盘触点、电池触点、SIM 卡触点等的污物，或对印制电路板和元器件进行清洗除潮 |
| 蒸馏水 | 用于清洗印制电路板盐分 |
| 氯仿（三氯甲烷） | 用于清洗污物，也可以用于粘结手机外壳、电池壳等 |
| 香蕉水（天那水）、丙酮 | 用于清洗污物。清洗效果较好，但时间过长会溶解某些塑料、阻焊剂等 |
| 溶胶水 | 用于溶解 GBA 集成电路底部及周围封胶。不同封胶所用的溶胶水不同 |
| 吸锡线 | 用于吸除焊点上多余的焊锡 |
| 细漆包线 | 用作印制电路板上维修或改装时的接线，称之为飞线。一般选用直径为 0.1～0.2mm 的高强度漆包线 |
| 细电线 | 用于焊接电源连线等 |

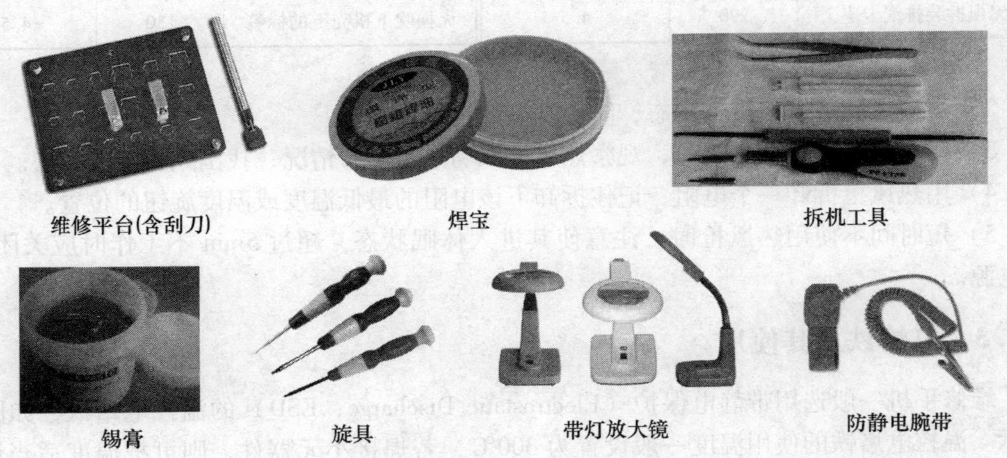


图 6-1　部分手机维修工具与焊接辅料

## 6.1.2　热风枪及其使用

热风枪由气泵、内置电路、外壳、手柄等部件组成，如图6-2所示。热风枪利用吹出的热风同时加热锡料与被焊件，当达到焊接、拆卸所需的温度时，即可焊接或拆卸元器件。在手工焊接中，热风枪主要用于拆卸或焊接集成电路、屏蔽罩、排线，以及SMD电阻等元器件。

图6-2　高迪850型热风枪与风嘴

热风枪虽然种类繁多，但使用方法相似。使用方法如下：

1）打开热风枪，把风量、温度调到适当位置，如中间档、300℃左右，并用手感觉风筒风量与温度，以确定风筒有无风量、温度是否稳定。热风枪风量、温度的调整因拆焊对象不同而异，热风枪拆焊元器件的经验数据见表6-2。

表6-2　热风枪拆焊元器件的经验数据

| 拆 焊 操 作 | 温度/℃ | 风量级档位 | 拆 焊 操 作 | 温度/℃ | 风量级档位 |
|---|---|---|---|---|---|
| 拆卸普通SMD分立元器件 | 310 | 4.0 | 无损拆装尾插 | 290 | 5.0 |
| 焊接普通SMD分立元器件 | 310 | 3.0 | 无损拆装SIM卡卡座 | 290 | 4.5 |
| 拆卸普通小IC | 300 | 4.5 | 无损拆装LED | 290 | 3.5 |
| 焊接普通小IC | 300 | 3.0 | 无损拆封胶BGA IC | 300 | 5.0 |
| 拆卸普通大IC | 300 | 5.0 | 拆装屏蔽罩 | 310 | 5.0 |
| 焊接普通大IC | 300 | 3.5 | 拆装金属封装功放 | 310 | 4.5 |
| 无损拆装振铃器 | 290 | 4.5 | 拆装塑封功放 | 300 | 5.0 |
| 无损拆装排线卡座 | 290 | 4.5 | 无损吹下机壳上的标签 | 130 | 4.5 |

2）观察风筒内部呈微红状态，防止风筒内过热。

3）用热风枪对着纸张加热，观察热风枪风嘴热量分布情况，找出风嘴温度中心。

4）用热风枪拆卸一个电阻，记住拆卸下该电阻的最低温度或温度旋钮的位置。

5）短时间不使用热风枪时，注意使其进入休眠状态，超过5min不工作时应关闭热风枪电源。

## 6.1.3　电烙铁及其使用

维修手机一般选用带静电保护（Electrostatic Discharge，ESD）的温控电烙铁，如图6-3所示。温控电烙铁的使用温度一般设置为300℃，若焊接小元器件，则可把温度适当调低；若焊接较大元器件或在大面积金属铜箔上焊接，则可适当调高温度。

焊接集成电路（IC）时，将IC引脚与印制电路板焊接端对准，先用尖头烙铁将IC对角的引脚焊好，再焊接其他引脚，最后用棉球蘸取少量酒精将印制电路板上残留的焊宝擦除掉，防止焊宝腐蚀印制电路板。

**注意**：焊接时不能对焊点用力下压，否则会损坏印制电路板和烙铁头；长时间不用，应关闭电烙铁电源，避免空烧；若烙铁头呈现灰色，则应用专用海绵处理。处理方法如下：

1）打开电烙铁电源，调低电烙铁温度。

2）待电烙铁达到一定温度后，在烙铁头上加焊宝，并用焊锡丝镀锡。

图6-3　防静电温控电烙铁与专用海绵

3）用潮湿的海绵反复擦拭烙铁头，直至发亮为止。

## 6.1.4　植锡板及其使用

植锡板是带孔的金属板，如图6-4所示，用于在焊接BGA IC前为IC引脚植锡。使用方法如下：

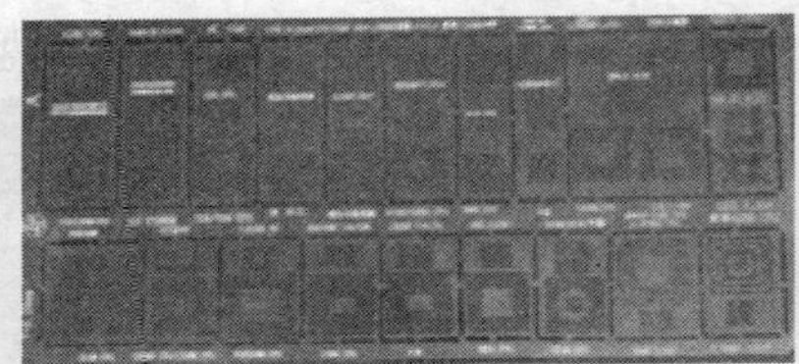

图6-4　部分BGA IC植锡板

### 1. 植锡

1）首先在BGA IC表面加适量焊宝，用电烙铁尖轻触引脚，并带动由此产生的锡球在引脚上滚动以清除焊锡。然后将IC置于清洗剂（酒精或三氯甲烷）内清洗。最后用放大镜检查引脚清理情况，晾干待用。

2）首先找出与BGA IC对应的植锡板。然后将BGA IC引脚向上，用双面胶固定BGA IC于手机维修平台上。最后将植锡板与BGA IC引脚对齐，并用铁夹固定。

3）用刮刀将适量锡膏用力刮压到植锡板上，使之均匀地填充于植锡板小孔中，并用卫生纸或棉球将植锡板上残留的锡膏擦掉。**注意**：在植锡过程中，应用镊子伸进植锡板长孔中固定IC和植锡板；若锡膏较稀，则可先用刮刀挑出，用卫生纸吸干水分。

4）将热风枪风嘴去掉，把风量调至稍小，调节温度至330～340℃。开始时，将风嘴斜对着BGA IC，由远到近，并逐渐改变方向，最终使风嘴正对IC并保持1～2cm距离。在对IC加热过程中，应注意用镊子固定植锡板和IC防止错位，且风嘴应不断移动保证均匀加热。出现均匀的锡珠后稍停，取下植锡板。

5）首先在IC有引脚的一面涂上适量焊宝，用热风枪稍微均匀加热，使锡珠均匀分布。然后用清洗剂清洗。最后用放大镜检查植锡情况，若植锡不均匀，则需用电烙铁补植。

如果植锡板与BGA IC不完全配套，但植锡孔能与BGA IC引脚配套，那么可以分成几部分植锡。

**2. 焊接**

首先去掉热风枪风嘴、通电，调节热风枪至合适的风量和温度；再在焊盘上加少许焊宝加热；然后将 BGA IC 定好位，用风枪对准 IC 缓慢均匀加热。当看到 IC 稍微下沉时，说明 BGA IC 已经焊接好。**注意**：*在焊接前，要检查印制电路板焊盘，焊盘缺失的，应用漆包线（飞线）连接。*

从印制电路板上拆卸 BGA IC 前，若有必要，则可用划针或油性笔在印制电路板上标记好 IC 的位置，以备后续焊接用。拆卸 BGA IC 的过程如下：

1）选用较大的风嘴，将热风枪温度、风量稍微调高，并将 BGA IC 周围的元器件用屏蔽罩或潮湿的布头遮盖起来。

2）在 BGA IC 正面加少许焊宝，然后用热风枪由远到近、沿 IC 四周均匀加热，当用镊子能够轻轻推动 IC 时，即可取下 IC。

3）取下 IC 后，有时要处理印制电路板上的焊盘，处理方法与 IC 引脚的处理方法相似，但在开始时应首先用热风枪稍微加热，然后除锡、清洗、检查。

### 6.1.5 超声波清洗器及其使用

超声波清洗器利用在清洗剂内产生的超声波清洗各种污垢，如图 6-5 所示，清洗剂盛放在它的容器内，一般为蒸馏水、无水酒精、丙酮或三氯甲烷。无水酒精无腐蚀性，清洗效果稍差；三氯甲烷清洗效果较好，但具有腐蚀性，易损坏手机外壳、受话器、按键、排线与显示屏等部件。丙酮的特性介于无水酒精和三氯甲烷之间。

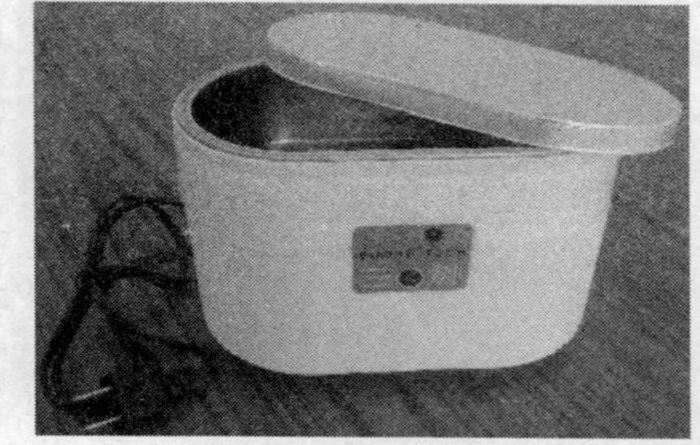

图 6-5 超声波清洗器

在手机维修中，一般不直接用超声波清洗器清洗受话器、排线、显示屏等部件。若要清洗印制电路板，则一般将上述器件拆下来。

### 6.1.6 直流稳压电源及其使用

直流稳压电源用于对手机供电，一般为 20V/2A 的可调直流稳压电源，如图 6-6 所示。直流稳压电源通常具有电压数字显示、工作电流指示功能。

直流稳压电源一般通过图 6-7 所示的多用手机维修电源接口线与手机连接。电源接口线与直流稳压电源连接的端口通常为香蕉插头，与手机连接端一般有三种以上接头：一对红黑色鳄鱼夹，红、黑、黄、绿四种颜色的接线钩子以及摩托罗拉等系列机型的外部连接器专用供电插头。其中红、黑、黄、绿四种颜色接线钩子分别与电源正极、电源负极、电池温度和电池信息检测端对应，红黑色鳄鱼夹与电源正极、负极对应。

直流稳压电源调整好的电压一般要比手机电池电压略高，如对于使用 3.6V 电池的手机，直流稳压电源可以调到 3.8V。与手机连接时，应注意连接插头的适用情况，且不能将手机电池正负极接反。一般情况下，使用鳄鱼夹或接线钩子供电的手机只要与电源正极、负极相接即可开机。若不能开机，则试着先将黄色接线钩子与剩余的触点连接；若仍不能开机，则将电池温度、电池信息检测触点分别与黄色、绿色接线钩子连接。

图6-6　直流稳压电源

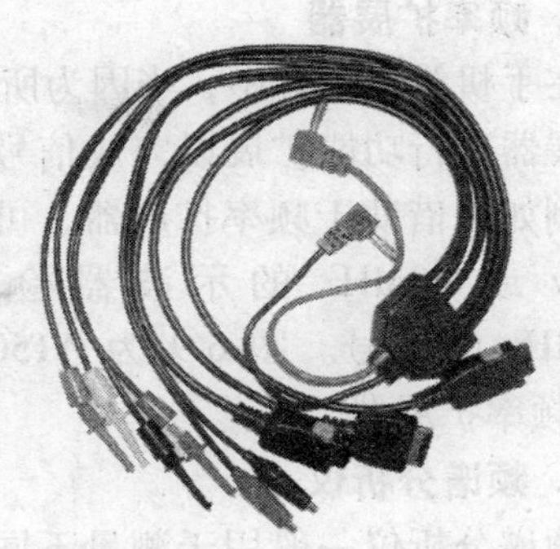

图6-7　多用手机维修电源接口线

## 6.2　手机维修仪表及其使用

### 6.2.1　常用维修仪表简介

万用表、示波器、射频信号源、频率计、频率扩展器、频谱分析仪、移动通信综合测试仪等是常用的手机维修仪表，不同仪表的用途不同。

**1. 示波器**

示波器可以显示一定频率范围内、1mV以上交直流信号的波形，测量信号电压和频率。在手机维修中，示波器用于检测手机电路中的供电、时钟、片选、读写、音频、数据、射频控制等信号。因示波器无法观测高频弱信号，故不能测量手机第一中频信号、部分手机的第二中频信号等。对于手机发射信号、本振信号，虽然信号较强，但因频率太高而无法测量。

**2. 射频信号源**

利用射频信号源为接收电路提供相应频段内的射频信号，以配合频谱分析仪检查接收射频信号、中频信号等。射频信号的频率范围一般为935～960MHz，利用射频信号源可以避免因为基站发出的手机接收信号弱、不稳定等给手机维修带来的不便。

**3. 频率计**

频率计用于精确测量较强的高频信号的频率和信号的有无，如逻辑时钟信号和测试状态（见7.1.2节）下接收电路中的VCO信号，但不能用于检测待机状态下的射频电路信号和测试状态下的发射射频信号。一般选用1000MHz的频率计。图6-8为HC—F1000LP型频率计。

图6-8　HC—F1000LP型频率计

**4. 频率扩展器**

在手机维修过程中，当因为所用仪器频率范围的限制而不能正确检测信号时，可以用频率扩展器进行功能扩展以完成信号的检测。例如，借助于频率扩展器，可以用 20MHz 或 40MHz 的示波器检测到 1500MHz 的信号。图 6-9 为 AT5000—F1 型频率扩展器。

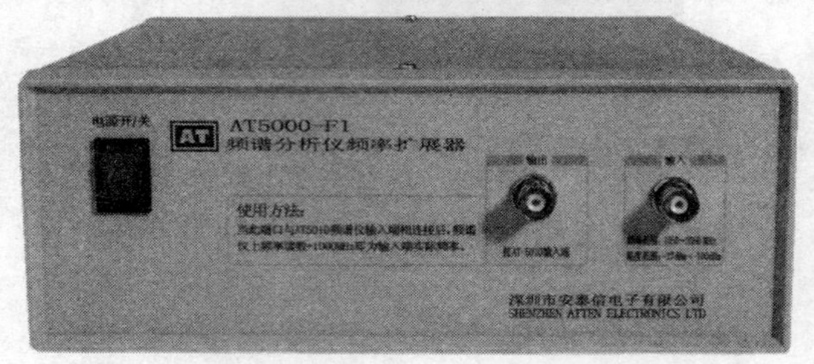


图 6-9　AT5000—F1 型频率扩展器

**5. 频谱分析仪**

频谱分析仪一般用于测量不同频率分量的电压或功率，这样可以快速正确地判定射频电路故障。频谱分析仪可以方便地测量接收中频信号、本振信号及发射高频信号的频率、强度及有无。

**6. 移动通信综合测试仪**

移动通信综合测试仪可以模拟符合标准的基站收发信号，还可以检测手机发射功率的大小、射频信号的相位误差与频率误差、接收误码率和接收灵敏度等性能指标，尤其是在对那些似乎接收发射都正常，而上网或拨打电话困难等故障的维修时，更加快捷方便。但该仪器价格昂贵，较少配置。图 6-10 为马克尼 2966A 型无线电综合测试仪。

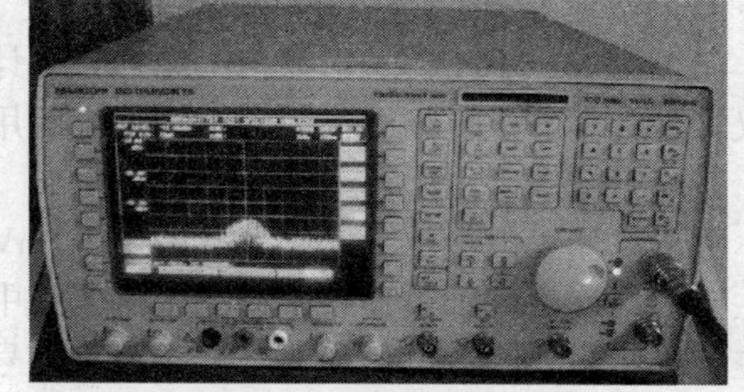

图 6-10　马克尼 2966A 型无线电综合测试仪

下面两节主要介绍频谱分析仪和射频信号源的使用。

## 6.2.2　频谱分析仪

频谱分析仪在手机维修中有着不可替代的作用，它不仅可以检查信号的有无、判断信号频率与幅度是否正常，还可以判断构成信号的频率成分。

AT6011 型频谱分析仪具有测量幅度范围大、频率范围宽、灵敏度高、使用方便、操作灵活的特点，它可同时测量多种频率及幅度，能直观地对信号的组成进行频率幅度和信号比较，并具备跟踪信号发生器。

**1. AT6011 型频谱分析仪的前面板结构**

AT6011 型频谱分析仪的前面板结构图如图 6-11 所示，各开关旋钮的作用如下：

①显示屏为阴极射线示波管（Cathode Ray Tube，CRT）显示器，宽、高尺寸分别为 10DIV、8DIV，用于显示频谱图。

②FOCUS（聚焦旋钮）用于聚焦调节。

③INTENS（Intensity，亮度旋钮）用于亮度调节。

④POWER 为电源开关键，被按下后频谱分析仪开始工作。

⑤LCD 数码显示为 2 行 16 个字 LCD 显示，用于显示单位为 MHz 的中心频率和扫频宽度，以及顶格参考电平的 dBmV 值。**注意：**0dBmV 的基准参考电平为 1mV。

⑥CENTER FREQ.（中心频率粗调）和 TUNING（中心频率细调）用于调整中心频率

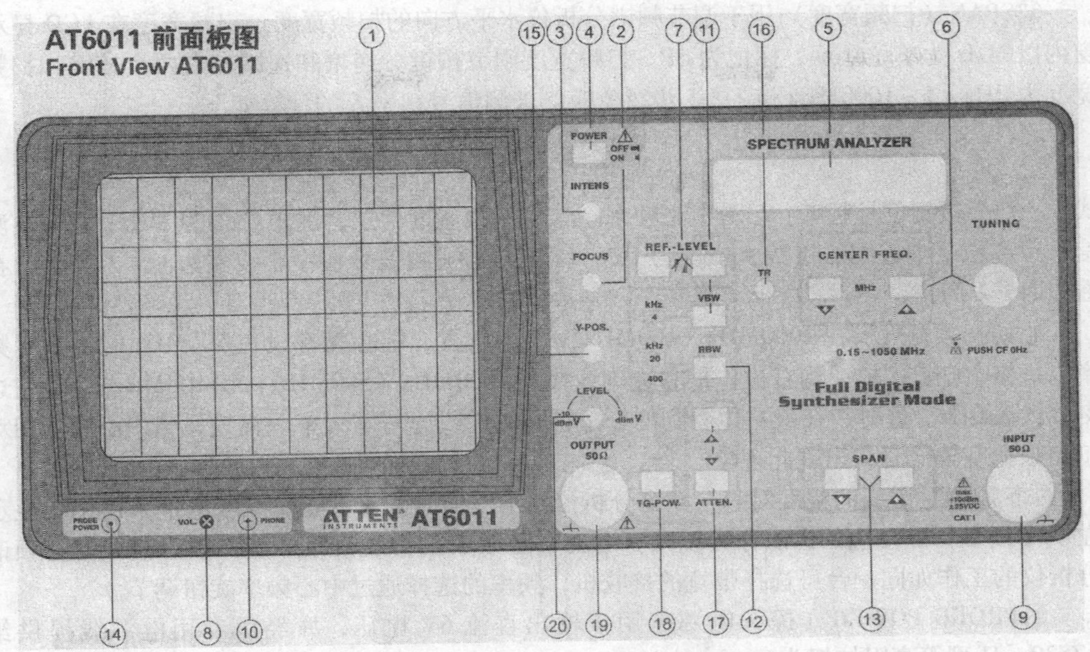


图6-11 AT6011型频谱分析仪的前面板结构图

(0.15~1050MHz)。中心频率是指显示在显示屏水平中心处的频率。调整中心频率的按键有频率递增和频率递减两个按键(CENTER FREQ),以及右边的频率调节旋钮(TUNING)。CENTER FREQ按键用于按50MHz频率递增或递减,TUNING旋钮用于根据扫频宽度连续改变中心频率,当中心频率调节旋钮按压后,中心频率变为0Hz。中心频率调节旋钮的频率调节值依据扫频宽度的不同而不同。

⑦REF.-LEVEL(参考电平调节)用于改变顶格参考电平,共有-27dBmV、-17dBmV、-7dBmV、3dBmV、13dBmV五种可供选择。按动左边的按键,参考电平变大;按动右边按键,变小。显示频谱顶端每下降一大格减10dBmV,即

频谱幅度(dBmV)=顶格参考电平(dBmV)-10dBmV/格×自顶格开始的下降格数

**注意:** 输入电压不能超过频谱分析仪允许输入的最大电平,该频谱分析仪最大交流输入电平为10dBmV、最大直流输入电压为±25V。

⑧VOL.(Volume,音量)用于调节耳机输出的音量大小。

⑨INPUT(输入端)为最大DC±25V或+10dBmV高频信号输入,输入阻抗为50Ω。如果衰减器设置为40dBmV,那么最大的输入高频信号为50dBmV。

⑩PHONE(耳机插孔)用于连接阻抗大于16Ω的、直径为3.5mm的耳机或扬声器。当频谱分析仪对某一个谱线调谐好时,有的音频会被解调出来。

⑪VBW(视频滤波器带宽)用于降低显示屏上的噪声使平均噪声的电平刚好低于信号(小信号)谱线,以便于观察。视频滤波器带宽为4kHz。

⑫RBW(Resolution Bandwidth,分辨率带宽)共有400kHz、20kHz两种选择。选择20kHz带宽时,噪声电平降低,选择性提高,能分隔开频率更近的谱线。但扫频宽度过宽时,由于需要更长的扫描时间,所以造成信号过渡过程中信号幅度降低而使测量不正确。

⑬SPAN（扫频宽度）用于调节频谱分析仪水平方向的扫频宽度。扫频宽度在 LCD 显示窗内以 MHz 为单位显示，标记为 SP。扫频宽度调节按键分递增和递减左右两个按键，扫频宽度为 0Hz、1～1000MHz 按 1-2-5 步级变换。被测信号频率 $f_i$ 的计算如下：

$$f_i = f_c + \frac{f_{SP}}{10}L$$

式中，$f_i$ 为被测信号频率，$f_c$ 为中心频率，$f_{SP}$ 为扫频宽度，三者的单位均为 MHz；$L$ 为被测信号距离水平中心线的格数，单位为 DIV（格），当被测信号在中心线左边时，$L$ 为负，在右边时，$L$ 为正。

假如扫频宽度设在 1000MHz（100MHz/DIV）位置，中心频率设在 500MHz 时，显示频率以每格 100MHz 扩展到右边，最右边刻线代表 1000MHz（500MHz + 5 × 100MHz），最左边刻线代表 0Hz。这时，在最左边看到的一条特别的谱线为“零频率”谱线，当中心频率相对于扫频宽度较低时，出现此现象。

“零频率”谱线的幅度对每台频谱分析仪是不一样的，它不能作参考电平来使用。显示在“零频率”点左边的谱线称为镜频。出现“零频率”谱线，即“零扫频”模式时，频谱分析仪的工作如同一台可选择带宽的接收机，频率的选择通过中心频率旋钮调节。

⑭PROBE POWER（探头电源）用于输出直流 6V 电压，并经由专用电源线提供给 AZ530—H 型等高阻抗探头。

⑮Y-POS.（Y 轴移位旋钮）用于调节频谱波形在垂直方向的移动。在测量信号幅度时，应顺时针调节 Y-POS 旋钮到底使频谱基准线处于锁定位置。

⑯TR（Trace Rotation）为光迹旋钮或轴线校正电位器。由于安装或地球磁场的影响，水平扫描线会与显示屏内的水平刻度线产生倾斜。调节光迹旋钮（TR）可以使水平扫描线与水平刻度线基本对齐。

⑰ATTN.（输出衰减旋钮）由 10dBmV 衰减器组成。输出衰减旋钮用于改变跟踪信号发生器输出信号的大小，分上下两个按键，分别使输出信号增大、减小。

⑱TG-POW. 为跟踪信号发生器工作电源开关键。按下电源开关键（上部指示灯点亮）时跟踪信号发生器工作，从输出插座（OUTPUT）输出正弦信号，正弦信号频率取决于频谱分析仪。在“零扫频”模式时的输出信号频率即为中心频率。

⑲OUTPUT 为跟踪信号发生器的输出端，输出阻抗为 50Ω。跟踪信号发生器可以输出在 0～－50dBmV 范围内可调节的频率范围为 0.15～1050MHz 的正弦信号，其大小由输出衰减旋钮和输出电平调节旋钮进行调节。

⑳LEVEL（输出电平调节）用于连续调节跟踪发生器输出电平的大小，输出衰减器衰减为 0 时的调节范围为 0～－10dBmV。

**2. 频谱分析仪的设备连接及使用**

（1）频谱分析仪的设备连接　用频谱分析仪测量手机信号时，一般用高频电缆将信号测试点与频谱分析仪直接连接而无需接地线。但有的测试点因为存在阻抗匹配问题，不能直接测量，此时可选用安泰 AZ530—H 型高阻抗探头。AZ530—H 型高阻抗探头的输入电容为 2pF，可以直接定量测量手机上任何射频信号而不会对被测电路有丝毫影响。AZ530—H 型高阻抗探头本身有 20dBmV（典型值）的衰减，因此用其作定量测量时，要在直接读数上加 20dBmV。

（2）频谱分析仪的使用 用频谱分析仪可以比较方便地测量手机射频信号，例如，测量诺基亚1100型手机第二中频信号（6MHz），使用方法如下：

1）打开频谱分析仪，调节亮度和聚焦旋钮，使显示屏上显示图形清晰。

2）调节SPAN（扫频宽度选择按键），使LCD显示窗内的SP显示为10MHz，表示每格所占频率为1MHz。

3）调节中心频率粗调/细调调节旋钮，使LCD显示窗显示中心频率为6MHz。

4）将频谱分析仪探头外壳与电路主板接地点相连，探针插到第二中频滤波器的输出端，在直流稳压电源中的电流表指针摆动时，观察频谱分析仪显示屏上是否有脉冲式图像。正常情况下，当电流表指针摆动时，有脉冲图像出现在水平中心线位置。

再如，用频谱分析仪测量诺基亚1100型手机功放输出信号的频谱，可按以下步骤进行测量：

1）打开频谱分析仪，调节亮度和聚焦旋钮，使显示屏上显示清晰的图像。

2）调节扫频宽度选择（SPAN）按键，使LCD显示窗中SP显示为100MHz，表示每格所占频率为10MHz。

3）调节中心频率粗调/细调调节旋钮，使显示屏显示频率值为900MHz。

4）将频谱分析仪外壳与诺基亚1100型手机主板接地点相连，探针插到功放IC的输出端，并拨打紧急号码“112”，在直流稳压电源中的电流表指针摆动的同时，观察频谱分析仪显示屏上有无脉冲图像。正常情况下，在水平中心线附近会出现脉冲图像，但幅度会超出显示屏范围，可以调节“REF. -LEVEL”按键使图像最高点在显示屏范围内。

**注意**：频谱分析仪测量的是高频信号，被测信号的幅度范围为2.24μV～1V，超出范围，需另加衰减器，以免损坏高频探头。

### 6.2.3 射频信号源

AT808型射频信号源可以输出935～960MHz之间可调的射频信号，还可输出50信道的945MHz、75信道的950MHz、100信道的955MHz共三个固定点频。固定点频输出具有精确度高、稳定性好的优点，更有利于接收中频及后级电路的检测。

AT808型射频信号源的信号输出幅度范围为－85～－20dBmV，调节衰减按键可设置不同幅度的信号输出。在维修无接收故障时，一般设置射频信号源的输出幅度为－20dBmV左右（－20dBmV输出时，无需按下AT808型射频信号源的任何衰减按键）。在维修接收差故障时，通常设置信号输出幅度为－70dBmV左右。

图6-12为AT808型射频信号源的前面板结构图，使用方法如下：

**1. 设备连接与信道选择**

射频信号源与手机连接时，用射频信号测试线将射频信号源的输出端与故障机的天线触点相接。

维修手机时，需将故障机设置为测试状态，并针对不同手机设置合适的接收工作信道。射频信号源工作信道的选择应与手机接收信道对应，如维修摩托罗拉手机或诺基亚手机时，通常选择手机的接收工作信道为75信道（950MHz），则AT808型射频信号源也应选择75信道。对于其他手机，可将射频信号源和手机接收信道一同设置在任何一个信道上。

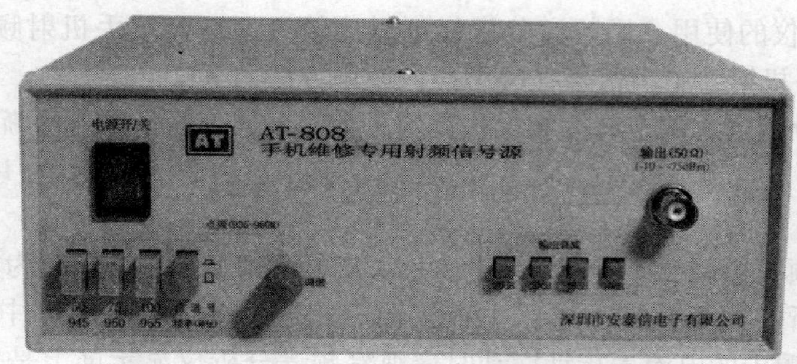


图 6-12 AT808 型射频信号源的前面板结构图

**2. 射频信号源的使用**

针对不同厂家的手机，射频信号源的使用方法略有不同。使用方法如下：

（1）摩托罗拉手机　将射频信号源调节到 950MHz、-20dBmV。用测试卡设置故障机工作在 GSM 的 75 信道。

（2）诺基亚手机　将射频信号源调节到 950MHz、-20dBmV。启动诺基亚维修软件 WINTESLA，将 CHANNEL（信道）中的 60 改为 75，按回车键，点击“CONTINUOUS”。

（3）其他手机　将射频信号源设置在任意一个频点、-20dBmV。

设置好手机和射频信号源工作频道后，还可利用频谱分析仪对接收射频信号、中频信号等进行检修。

# 6.3 手机软件维修器具及其应用

## 6.3.1 概述

手机软件维修器具包括编程器和免拆机软件维修仪，以及测试卡、转移卡、覆盖卡和多合一卡等。

**1. 编程器**

编程器可以用于码片或字库软件资料的写入、擦除和短路检测等。使用编程器前，应将正确码片或字库的数据资料读出并存于电脑。当写入码片或字库软件资料时，首先将故障机的码片或字库拆下，然后放入编程器重新写入软件资料，最后重新焊回码片或字库。

由于编程器在使用过程中，需要拆下集成块，而且为了保密，有的字库一旦拆下即报废，所以编程器现已被逐步淘汰。

**2. 免拆机软件维修仪**

免拆机软件维修仪分为免电脑免拆机软件维修仪和带电脑免拆机软件维修仪两种。

（1）免电脑免拆机软件维修仪　免电脑免拆机软件维修仪在维修手机时无需拆机，操作简单，主要用于维修由于码片软件资料错误等造成的软件故障，而对于字库资料错误造成的软件故障维修则无能为力。因为免电脑免拆机软件维修仪自带的单片机功能欠缺，且存储器容量有限，而字库的数据容量比码片的要大很多，所以只能处理码片等一些数据容量不大，像“手机被锁”等软件错乱方面的简单故障。

（2）带电脑免拆机软件维修仪 带电脑免拆机软件维修仪可用于维修由于字库资料错误等造成的软件故障。带电脑免拆机软件维修仪可以在不拆下字库的情况下，通过手机外部数据接口直接将软件资料从电脑传输到手机，实现对手机软件的修复。

带电脑免拆机软件维修仪一般将手机软件资料存放于电脑，然后通过电脑串口输出，再经过 RS232 接口与手机进行通信。

摩托罗拉手机的数据接口与其他手机不一样，数据从软件维修仪串口输出后要经过一个专用接口电路才能写入手机，该电路有时被称为“EMMIBOX”（爱咪盒）。

**3. 测试卡、转移卡、覆盖卡和多合一卡**

测试卡、转移卡、覆盖卡和多合一卡均是一种与 SIM 卡相似的软件维修卡，主要用于维修摩托罗拉等系列手机，具有使用简单方便的优点，但只能处理部分码片内的软件故障，不能处理导致不开机等的软件故障。

测试卡用于使手机进入测试状态而进行多种测试和解锁等；转移卡用于将正常软件转移至故障手机而实现软件维修；覆盖卡本身带有多种正常软件，可以将其直接插入故障机从而转入正常软件；多合一卡是把几种卡组合到一起的软件维修卡。转移卡转移软件时，首先从正常手机内提取软件，然后取出转移卡插入故障机实现正常软件的转移。

## 6.3.2 UFS—4 型带电脑免拆机软件维修仪

**1. UFS—4 型带电脑免拆机软件维修仪的功能**

UFS—4 型带电脑免拆机软件维修仪（简称为 UFS—4）是针对诺基亚、索爱、三星、夏普等手机的，用于对手机软件升级（刷机）、修复软件故障、更改语言、解锁（话机锁和网络锁）、去除 RSA 保护、修复 IMEI（电子串号）等的带电脑免拆机软件维修仪，如图 6-13 所示。

图 6-13 UFS—4 型带电脑免拆机软件维修仪实物图

（1）话机锁 话机锁（Phone Lock）即存于手机中的话机锁密码，用于锁闭手机，防止手机被非法使用。每次开机只有输入正确的话机锁密码，才能开机。解除话机锁可以使用户无需输入密码即可开机。

（2）网络锁 手机网络锁是手机网络提供商对于低价的、与充值卡一起捆绑销售的手机在软件上做的一个限制，这种手机只能使用运营商提供的 SIM 卡。解除网络锁可使用户在手机使用上得到更多的自由。

**注意：**解网络锁的方法也可修复手机出现的“插入正确 SIM 卡”故障、更改手机 IMEI。但一般不对索爱手机更改 IMEI，以免引起其他的软件故障。

（3）RSA 保护 用 UFS—4 检查手机信息（引导）时，如果窗口下端的引导进度条（Secure Boot）完成过多次，仍不能正常显示手机信息，那么通常说明手机采用了 RSA 保护。采用 RSA 保护的手机不能进行解锁、写字库等的操作，只有去除 RSA 保护才能进行有关操作。RSA 算法是一种广泛应用的加密算法，RSA 是 Rivest、Shamir 和 Allemand 三个算法发明人名字的英文缩写。

UFS—4 针对诺基亚、摩托罗拉系列手机的每个系列各有一个总界面，针对三星系列手机有一个总界面，针对索爱系列手机有两个界面。UFS—4 针对诺基亚 DCT4 系列手机的界面如图 6-14 所示，由图 6-14 左窗口也可以体会出 UFS—4 针对不同手机系列的界面数量。

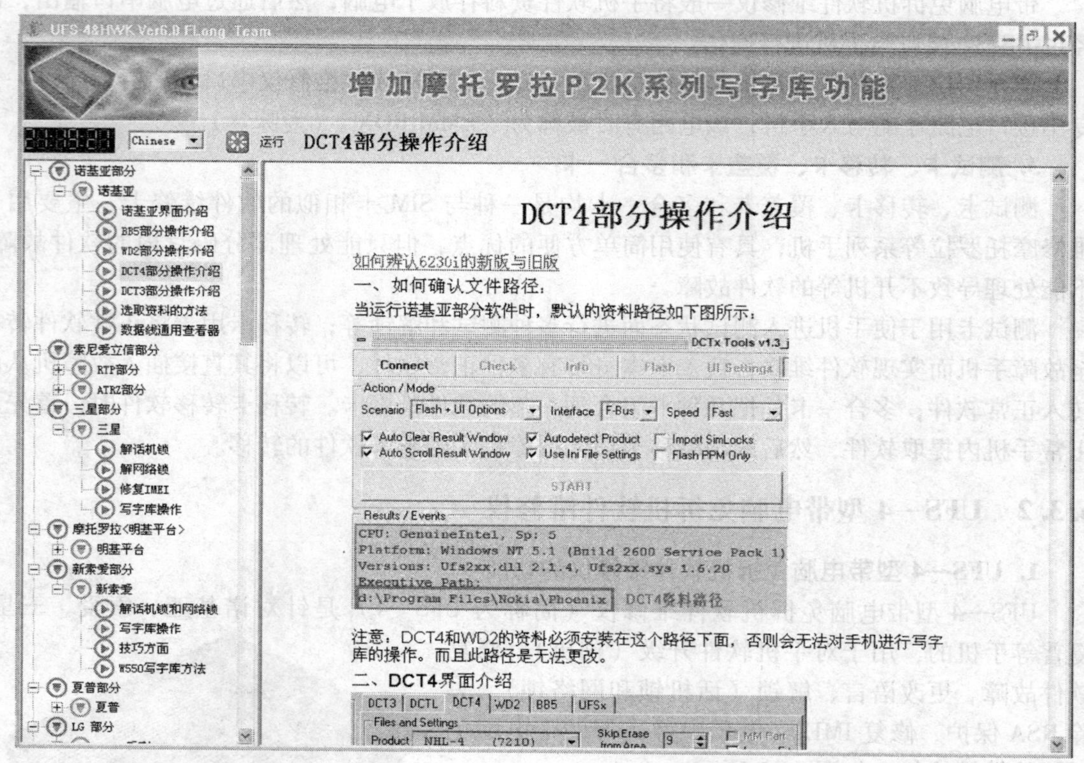


图 6-14　UFS—4 针对诺基亚 DCT4 系列手机的界面

**2. UFS—4 的安装**

首先点击随机附带光盘中的“Twister Suite Setup”安装“DCTX Tools”文件。然后用附带的 USB 线将 UFS—4 连接到电脑的 USB 接口，此时系统会提示找到硬件，将驱动搜索指引到“DCTX Tools”安装目录里的“USB Driver”文件夹（DCTX Tools 默认安装文件夹为 C：\ program files \ nokia \ phoenix），点击“下一步”安装驱动。

**3. UFS—4 的连接**

首先用数据线将 UFS—4 手机端接口和手机编程接口或手机尾插连接起来。手机的编程接口一般在锂电池底下靠近 SIM 卡卡座处，如图 6-15 所示。UFS—4 手机端接口中，前端铜片与手机电池电源端相接，用于为手机提供电源；后端的弹簧钢针为数据接口。

与手机编程接口连接时，注意取出手机电池、SIM 卡、MMC 卡，选用与手机配套的数据线，并连接可靠。

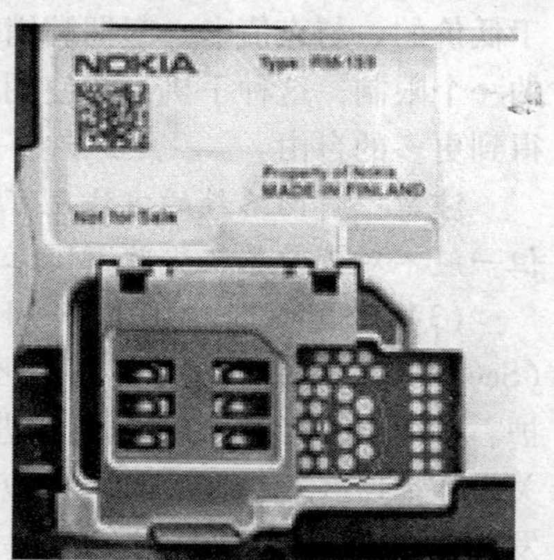


图 6-15　编程接口实物图

若在刷机过程中接口松动，则将造成严重后果。UFS—4 与电脑连接好后，将数据线水晶头接入 UFS—4。

MMC（Multimedia Card）卡即多媒体存储卡，与传统的移动存储卡相比，具有体积小、工作电压低、应用领域广的特点，如图 6-16 所示。

图 6-16 MMC 卡实物图

**4. UFS—4 的刷机操作**

（1）工作主界面 不同系列手机的 UFS—4 工作主界面基本相似。点击图 6-14 中的“运行”按钮后得到图 6-17 所示的 UFS—4 针对诺基亚 DCT4 系列手机的工作主界面，各主要按钮的功能与操作如下：

①Connect/Disconnect（连接/不连接）用于连接电脑与 UFS—4。使用 UFS—4 前必须点击该按钮连接电脑，如果与电脑连接正常，就可以读出 UFS—4 的 Sn 号码。否则，应检查 UFS—4 与电脑连接是否良好。

②Check（检测联机）用于检测手机属于 DCT3、DCT4、DCTL、WD2、BB5 中的哪个系列。**注意：**“Check”按钮只适用于能正常开机的手机。

③Info（Information，读取信息）用于测试手机与 UFS—4 的通信、数据线是否正常，如果都正常，就可以读出手机的软件版本、串号等信息。**注意：**“Info”只适用于能正常开机的手机。

④Flash（Flash Rom，写字库）用于对手机进行刷写字库操作。如果手机已不能开机，那么可以在手动选择机型、对应的 MCU（此处指主程序）和 PPM（语言包）后，点击“Flash”按钮进行写字库的操作。

⑤UI Settings（User Interface Settings，用户界面设置）用于执行 UI Options（用户设置）中的有关操作。UI Options 中的操作包括 Init SIM-Lock（初始化 SIM 卡锁）、Set Faid（设置 Faid）和 Full Factory Defaults（恢复出厂设置）共三项。设置好 UI Options 的某项操作后，双击该操作项执行该项操作。

Set Faid 即设置字库设计 ID 码。写 MCU 或 PPM 后，必须做这项操作。如果设置 Faid 失败，手机就将无法注册入网，或搜索网络后自动关机重起。

⑥Phone Mode（电话模式）用于变换手机模式，共有 Local Mode（本地模式）、Test Mode（测试模式）和 Normal Mode（标准模式）三种模式。**注意：**选择 Normal Mode 模式时，手机必须插入 SIM 卡，且只适用于能正常开机的手机；否则，提示变换模式失败。

⑦Restart（重新启动）用于重新启动手机。**注意：**“Restart”只适用于能正常开机的手机。

⑧Scenario（方案）用于选择将要执行的任务。可以执行的任务有 Manual（手动）、Flash（刷写字库）、UI Options（用户设置）、Flash + UI Options（写字库 + 用户设置）。“Scenario”需要和“START”按钮配合使用。

⑨Interface（接口）用于选择与手机的通信方式。与手机的通信方式有 Mbus 和 Fbus 共两种。“Fbus”方式适用于 DCT4 和 WD2 系列手机；“Mbus”方式适用于 DCT3 和 DCTL 系列手机。

“Speed（速度）”用于选择与手机的信息传输速度，共有 Fast（快速）、Norma（正常速度）和 Slow（慢速）三种，一般选择“Norma”或“Slow”。

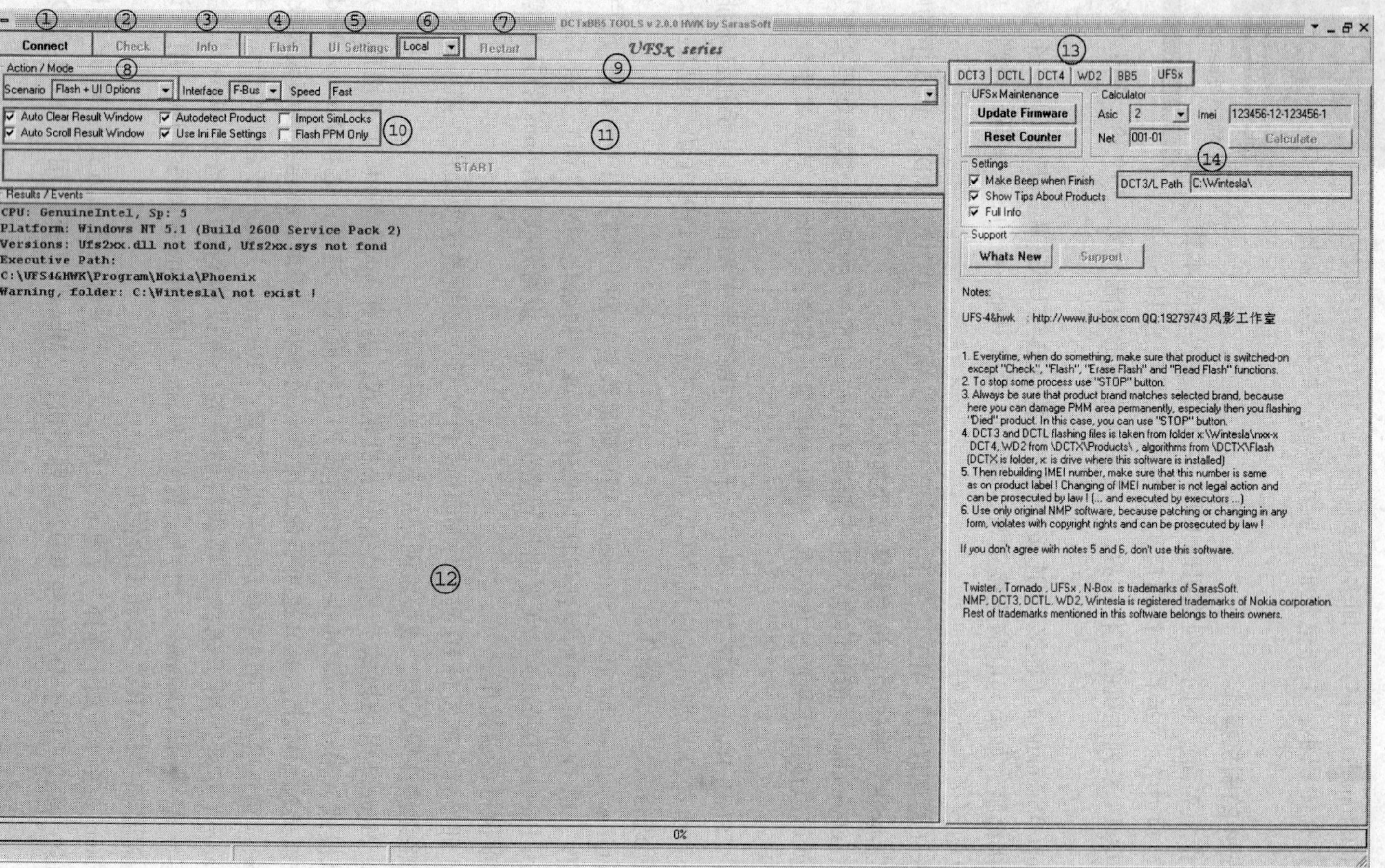


图 6-17　UFS—4 针对诺基亚 DCT4 系列手机的工作主界面

⑩特殊设置，用于手动刷写或语言升级等，一般无需操作。

⑪START/STOP（开始/停止）用于启动或停止 UFS—4 的工作。

⑫Results/Events（结果/过程）用于提示仪器工作状态、手机信息及各种操作信息。

⑬机型系列选择，用于选择手机系列，如 DCT3、DCT4、DCTL、WD2、BB5 等。

⑭文件存放路径，用于显示文件存放的路径。

（2）刷机操作　对手机刷机指的是升级手机软件，以修补手机老版本中存在的漏洞，或在不改变手机硬件情况下提升手机功能。

刷机时，首先打开 UFS—4 软件平台，出现图 6-17 所示的界面，并通过数据线将手机（如 NOKIA6020 型手机）和 UFS—4 连接起来，然后再进行刷机操作。UFS—4 对 NOKIA6020型手机的刷机操作如下：

1）打开 DCTX Tools 软件，点击“Connect”按钮联机。联机成功后，在信息窗内会显示 UFS—4 硬件版本等信息。“Licence：True”表示联机成功，如图 6-18 所示。

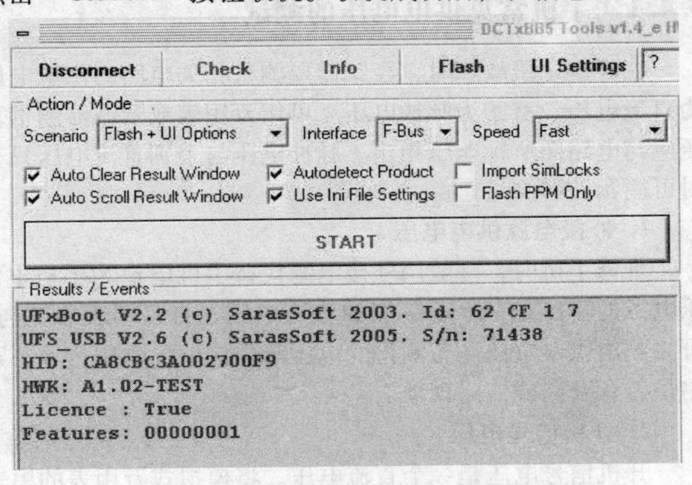


图 6-18　UFS—4 与电脑连接正常的信息显示

2）选择要刷机的手机平台，诺基亚的 NG、QD、6600 型等手机应选择 WD2 手机平台。对于 NOKIA6020 型手机，应点击“DCT4”选择 DCT4 手机平台。

3）选择手机型号，并在“MCU”一栏点击“…”按钮选择升级文件，PPM（语言包）、CNT（Content Pack，多媒体文件）升级文件的选择也是点击“…”。**注意**：对于不同手机，升级文件必须放在“C：\ Program Files \ Nokia \ Products \ Nokia \ Products”文件夹里相应产品号的文件夹内。否则，升级软件将不被识别。例如，NOKIA6020 型手机的产品号为 RM-30，则它的升级软件必须放在“C：\ Program Files \ Nokia \ Products \ Nokia \ Products \ RM-30”文件夹内。“Speed”应选择“Norma”或“Slow”模式而不是“Fast”模式。另外，还要选择“PPM 文件”。**注意**：PPM 也要放在和升级软件同一文件夹内。

4）刷机前，必须点击“Check”按钮检查手机与 UFS—4 的连接是否正常。如果连接正确，信息窗口内就将显示“1st Boot OK”。

5）点击“Info”按钮再次检查手机与电脑连接是否正常，如果连接正常，信息窗内就将显示手机的硬件、软件版本等信息。

6）一切正常后，点击“START”或“Flash”按钮开始刷机，刷机进度条将缓慢移动，约 10min 后刷机结束。

7）在“UI Options”的“Full Factory Defaults”选项处打勾，点击“UI Setup”按钮。在弹出的“Contact Service”窗口点击“OK”按钮，再次等待一段时间。

8）点击“Format User Area”按钮开始格式化用户区，等待一段时间后结束。

9）重复步骤4）、5）并进行检查，如果刷机正确，就可以看到新的版本号。

10）断开连接，取下数据线，装好手机完成刷机。

诺基亚NG系列手机白屏故障大多因为系统文件紊乱造成，一般按照步骤1）、2）、8）对白屏手机进行刷机即可消除故障。

**注意**：如果购买的是UFS—4复制品，就不能使用软件里的升级功能（Updata）。否则，CPU很可能被锁死。

有关UFS—4的其他应用可以根据技术说明书或操作向导进行，此处不再赘述。

## 6.4 手机常见供电电压、信号与电路的测试

### 6.4.1 手机常见供电电压的测试

在维修手机故障时，经常需要测量相关电路的供电电压以确定故障部位。供电电压有的为直流电压、有的为脉冲电压。可用万用表或示波器测量直流电压，正常情况下，测得的电压应与电路图所标电压相当。脉冲电压与个别直流电压只有在启动相关电路时才有输出，此时可用示波器测量。

**1. 外接电源供电电压**

维修手机时，一般用外接电源代替手机电池为手机电源IC或电源稳压块供电。外接稳压电源的输出是一个不受控的直流电压，将万用表表笔与电源IC或稳压块有关引脚相接，可以测出供电电压。若测得的电压与外接电源电压相等，则正常。否则，应检查手机供电电路是否有开路或短路现象。

**2. 开机信号电压**

开机信号电压是一个直流电压。将模拟式万用表的黑表笔接地、红表笔接开机触发信号端，按下电源开关键后，万用表的测量值即为开机信号电压，开机信号电压的变化情况应与开机方式相对应。否则，说明电源开关键或开机线路不正常。如果采用高电平开机方式，那么按下电源开关键后，开机信号电压应由低电平变为高电平；而采用低电平开机方式，应由高电平变为低电平。

**3. 基带电路供电电压**

基带电路供电电压一般为稳定的直流电压，只要按下电源开关键就可以用万用表进行测量。

**4. 射频电路供电电压**

手机射频电路供电电压比较复杂，既有直流供电电压，又有脉冲供电电压，且大都是受控电压。所以有的射频供电电压不能在待机状态下测量，只有在发射状态下才可以测量。

射频电路的受控电压一般受CPU输出的接收使能（RXON、RXEN）、发射使能（TXON、TXEN）信号的控制。由于RXON、TXON信号为脉冲信号，所以射频电路的受控电压也为脉冲电压。一般用示波器测量射频电路的受控电压。如果用万用表测量，那么测量值要小于标称值。

**5. SIM卡电路供电电压**

因为有3V和5V两种不同工作电压的SIM卡，所以手机内部有3V SIM卡电路和5V SIM

卡电路。在手机插卡开机后，当 SIM 卡检测脉冲送到 SIM 卡卡座得到响应并进行识别后，才启动相应的 SIM 卡电路。

一般选在开机瞬间用示波器测量 SIM 卡电压（SIMVCC 或 VCC）。如果用万用表测量，那么测量值要远小于标称值。

### 6.4.2　手机常见信号的测试

对于手机中的很多关键信号测试点，例如，手机中的脉冲供电信号、时钟信号、数据信号、系统控制信号，RXI/Q、TXI/Q 以及部分射频电路的信号等，需借助示波器显示的波形才能确定是否正常。如果显示波形与电路图中的标准波形（或正常手机波形）一致，那么说明信号正常；否则，说明信号不正常。

**1. 基准时钟信号和实时时钟信号**

（1）基准时钟信号　13MHz 基准时钟信号由基准时钟振荡电路产生。手机开机后，用示波器显示的 13MHz 基准时钟信号波形应为正弦波，如图 6-19 所示。

CDMA 手机通常使用 19.68MHz 的信号作为基准时钟信号，也有的使用 19.2MHz 或 19.8MHz。

（2）实时时钟信号　32.768kHz 信号由实时时钟电路产生。用示波器测试实时时钟电路的输出可以判断实时时钟信号是否正常，波形与基准时钟信号的相似，也为正弦波。

**2. TXVCO 控制信号**

以摩托罗拉 T2688 型手机为例，正常情况下，TXVCO 控制信号的波形是一幅度为 1.8V 左右、周期为 4.6ms 的脉冲信号，如图 6-20 所示。测试 TXVCO 控制信号时，需拨打“112”启动发射电路。

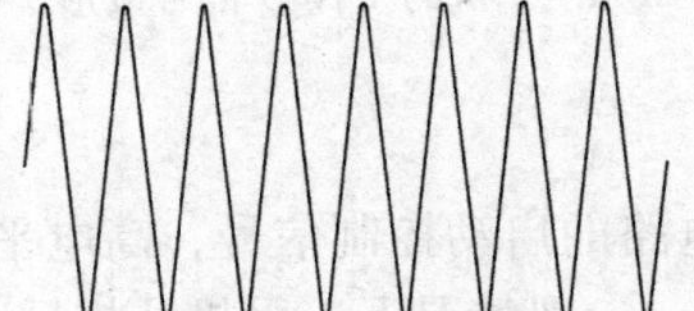

图 6-19　13MHz 基准时钟信号波形

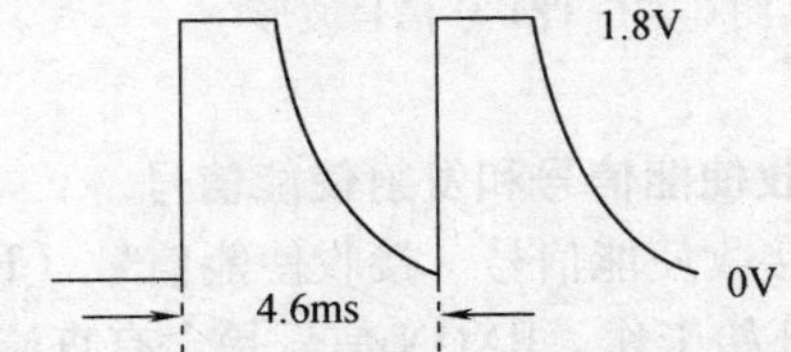


图 6-20　摩托罗拉 T2688 型手机的 TXVCO 控制信号波形

**3. RXI/Q、TXI/Q 信号**

维修不入网故障时，通过测量 RXI/Q 信号可快速确定故障产生部位。不同手机的 RXI/Q 信号波形可能不同，图 6-21 为四种手机的 RXI/Q 信号波形，真正的 RXI/Q 信号在脉冲波顶部。若能看到 RXI/Q 信号，则说明 I/Q 解调电路之前的电路基本正常。

图 6-21d 为复合 I/Q 信号波形，其中内含 RXI/Q、TXI/Q 信号，二者共用一个信号传输通道，信号幅度大的为 TXI/Q 信号。

CDMA 手机的 RXI/Q 信号频率为 615kHz，图 6-22 为 CDMA 手机的 RXI/Q 信号波形。

TXI/Q 信号波形与 RXI/Q 的相似，如图 6-23 所示。用示波器测量 TXI/Q 信号时，应将示波器时基因数旋钮旋至最大 s/DIV 档。拨打“112”时，可以看到一个光点从左至右移动。若不能拨打“112”，则波形将一闪而过。

CDMA 手机的 TXI/Q 信号波形如图 6-24 所示。

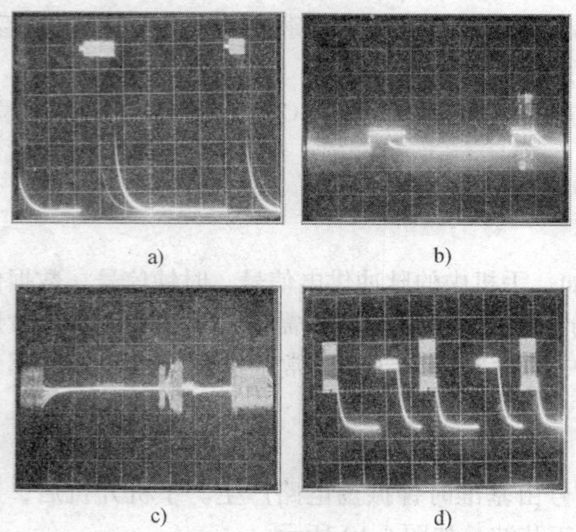

a) b) c) d)

图 6-21 四种手机的 RXI/Q 信号波形

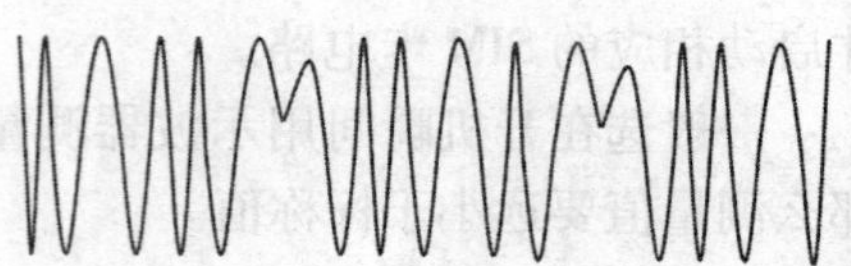

a) 正常语速

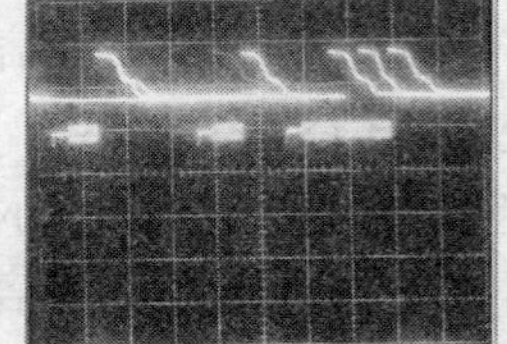

b)语速很慢或不说话

图 6-22 CDMA 手机的 RXI/Q 信号波形

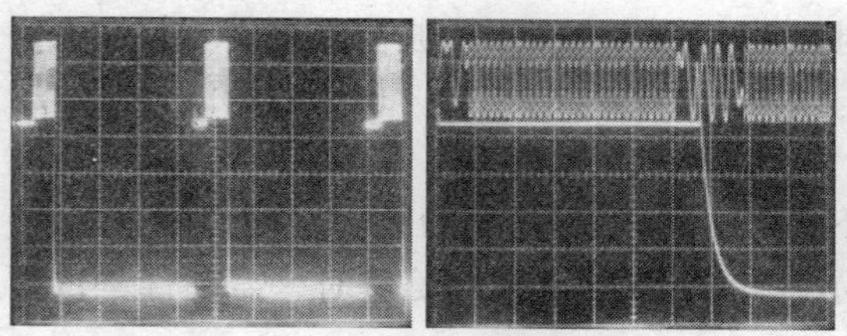

图 6-23 TXI/Q 信号波形

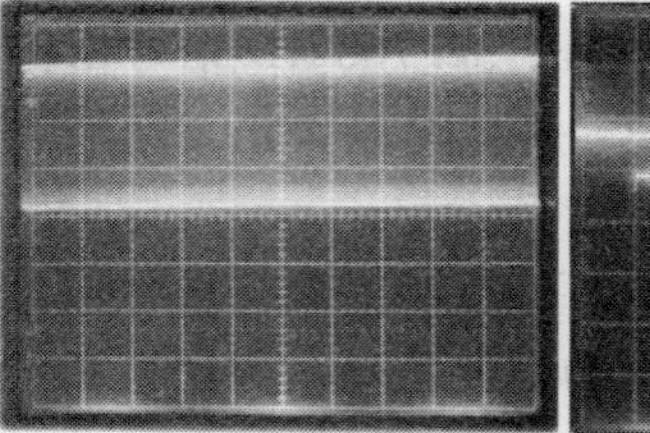

图 6-24 CDMA 手机的 TXI/Q 信号波形

**4. 接收使能信号和发射使能信号**

（1）接收使能信号 接收使能信号（RXON）是接收电路的启动控制信号，高电平时，接收电路开始工作。RXON 信号是含有直流成分的脉冲信号，一般情况下，手机开机后，基带电路即输出 RXON 信号。

在待机状态下，RXON 信号是一个逻辑电路控制下的随机脉冲信号。在测试状态或通话状态下，RXON 信号是一个周期固定的脉冲信号。图 6-25a 为通话状态中的 RXON 信号波形，图 6-25b 为摩托罗拉 T2688 型手机的 RXON 信号波形。

RXON 信号可用于间接判断手机硬件是否正常，若硬件有问题，则开机后 RXON 出现的次数较多，且持续时间长。RXON 信号还可以用于间接判断接收部分是否能够将射频信号变为基带信号，若不能，则接收部分工作不正常。

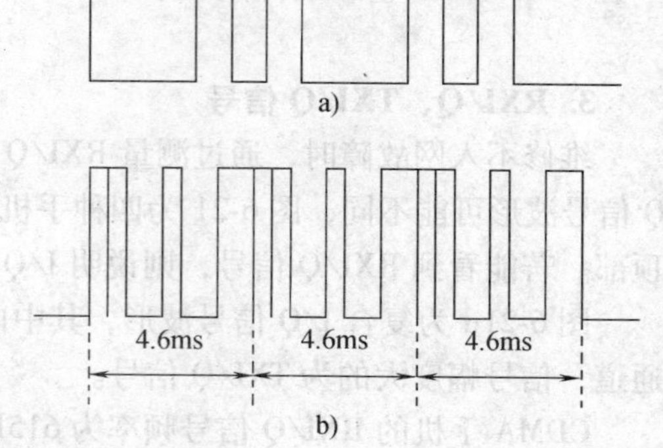


图 6-25 RXON 信号波形

一般在待机状态下检测 RXON。观测该信号时，无需注意其脉冲周期，主要看其有无、幅度大小，幅度一般为 2.8V(p-p)。

（2）发射使能信号　发射使能信号（TXON）是发射电路的启动控制信号。TXON 信号是一个幅度一般为 2.8V(p-p)的脉冲信号，如图 6-26 所示。

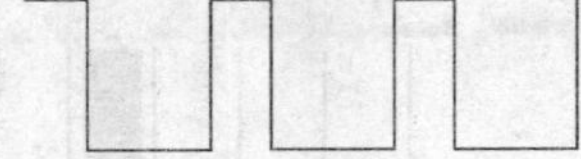

图 6-26　TXON 信号波形

TXON 信号在开机 30s 内只出现一次，直到建立呼叫时才由逻辑电路再次输出 TXON 信号。需要由基带电路启动整个发射电路才能检测到 TXON 信号，所以 TXON 信号的测量比较困难。测量 TXON 或发射信号时，可将 SIM 卡（或 CDMA 手机的 UIM 卡）插入到故障机，开机后故障机在 30s 内会自动启动发射电路一次。若测不到 TXON 信号，则说明手机软件或 CPU 有问题；若 TXON 信号能够瞬间出现，但仍不能拨打电话，则说明发射电路部分出现故障。

用示波器测量 RXON、TXON 信号时，需要拨打“112”启动接收和发射电路，并将示波器时基因数旋钮拨至最大 s/DIV 档。

**5. CPU 输出的频率合成使能信号、频率合成数据信号和频率合成时钟信号**

CPU 输出的用于控制频率合成电路的控制信号通常有频率合成使能信号（SYNEN 或 SYNON）、频率合成数据信号（SYNDAT）、频率合成时钟信号（SYNCLK）。

频率合成使能信号控制频率合成电路的启动。频率合成数据信号控制频率合成器中分频器的分频次数，以改变频率合成器输出信号的频率完成信道变换。频率合成时钟信号是频率合成器频率合成时的基准时钟信号。图 6-27 为摩托罗拉 T2688 型手机频率合成控制信号波形。

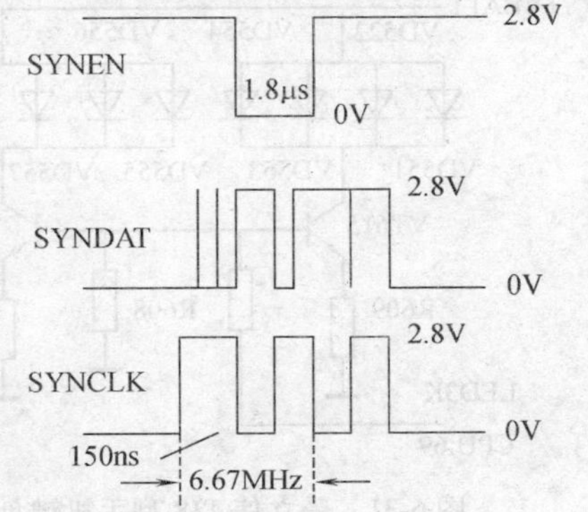


图 6-27　摩托罗拉 T2688 型手机频率合成控制信号波形

**6. SIM 卡数据信号、SIM 卡时钟信号和 SIM 卡复位信号**

通过测量 SIM 卡数据信号（SIMDAT）、SIM 卡时钟信号（SIMCLK）、SIM 卡复位信号（SIMRST）可以快速确定不识卡等故障原因。SIMDAT、SIMCLK 和 SIMRST 的信号波形类似，均为脉冲信号，前两者的波形如图 6-28 所示。

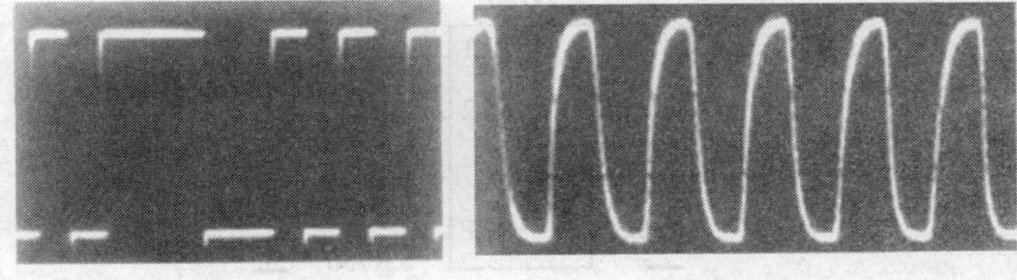

a) SIMDAT信号波形　　b) SIMCLK信号波形

图 6-28　SIMDAT 和 SIMCLK 信号波形

**7. 显示数据和显示时钟信号**

显示数据（SDATA）、显示时钟（SCLK）信号用于手机显示屏的显示，手机开机后即可测到 SDATA、SCLK 信号。摩托罗拉 T2688 型手机的 SDATA 信号波形如图 6-29 所示，SCLK 信号应为脉冲波形。

**8. 受话器两端的信号**

手机处于受话状态时，可用示波器检测到受话器两端的音频信号，如图 6-30 所示。

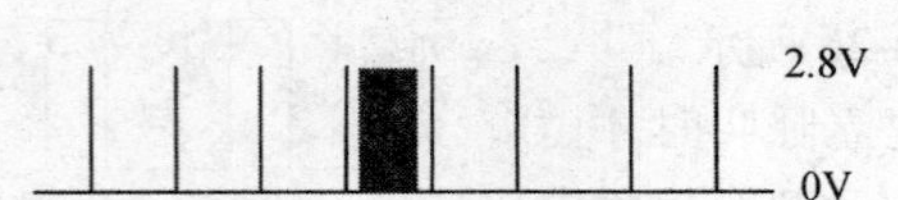


图 6-29　摩托罗拉 T2688 型手机的 SDATA 信号波形

图 6-30　受话器两端的音频信号波形

**9. 振铃两端的信号**

如果将手机设置在铃声状态，在收到电话时，振铃两端应出现类似图 6-30 的音频信号波形，幅度一般为 3V(p-p)左右。

**10. 背景灯驱动信号**

图 6-31 为爱立信 T18 型手机键盘灯电路。图 6-32 为微处理器（CPU）69 脚的键盘灯驱动信号 LED3K 的波形，幅度为 3V(p-p)左右，周期为 16.4μs。

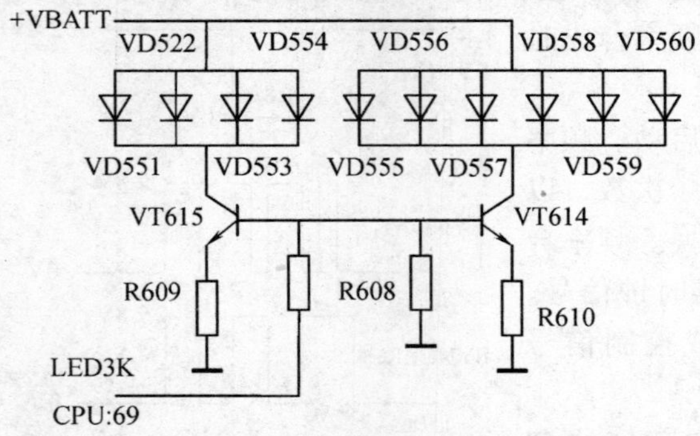


图 6-31　爱立信 T18 型手机键盘灯电路

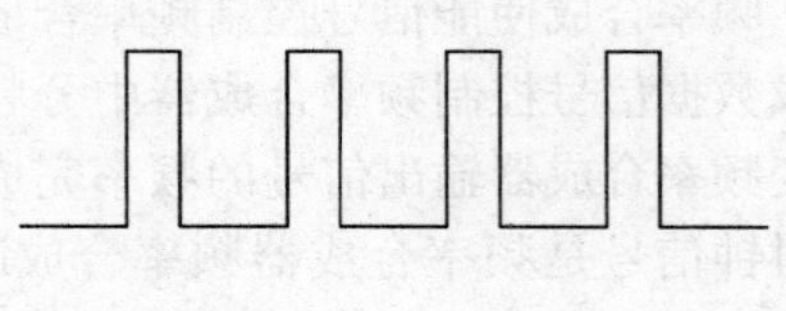

图 6-32　键盘灯驱动信号 LED3K 的波形

图 6-33 为爱立信 T28 型手机电致发光驱动电路与驱动电压波形，电致发光驱动信号（LIGHT _ EN）由 N750 的 6 脚和 8 脚提供，幅度为 17V（p-p），周期为 4ms。

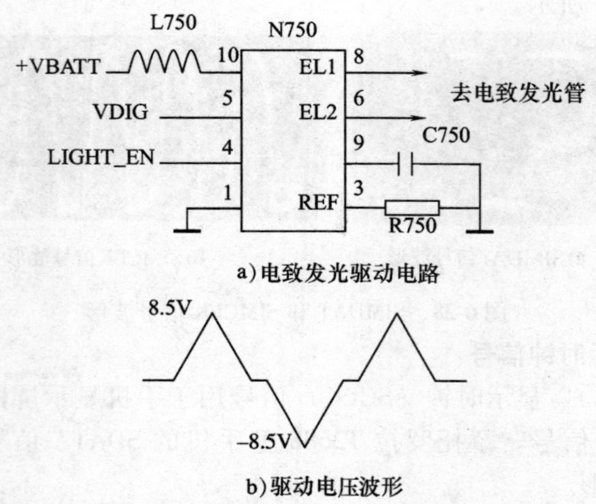


图 6-33　爱立信 T28 型手机电致发光驱动电路与驱动电压波形

**11. 脉宽调制（PWM）信号**

图6-34为爱立信T28型手机显示对比度控制电路的脉宽调制信号波形，幅度为3V(p-p)左右。脉宽调制信号PWM是一种具有固定周期，占空比可调，即脉宽可调的数字信号，一般为矩形波。PWM通过调整占空比来改变显示对比度控制电路有关部分工作时间的长短，从而实现显示对比度的控制。

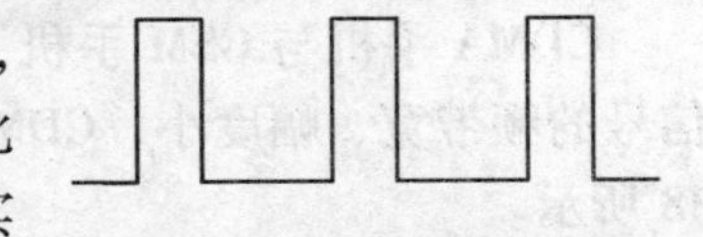

图6-34 爱立信T28型手机显示对比度控制电路的脉宽调制信号波形

## 6.4.3 手机常见电路的测试

维修手机电路故障时，经常需要对低噪声放大器、混频器、本振电路、接收中频放大电路、发射本振电路、功率放大电路、基准时钟电路等进行测试。测试时，首先要用万用表或示波器测试电路工作电源或偏压控制信号是否正常。为了快速判断电路工作是否正常，可在射频信号源的配合下，用频谱分析仪对电路的输入、输出信号进行测试。

**1. 低噪声放大器的测试**

低噪声放大器（LNA）在手机电路中的连接如图6-35所示。如果天线输入端信号强度为-80dBmV，用频谱分析仪测量图6-35中各电路的输入、输出信号的大小应与图中所标数值接近。

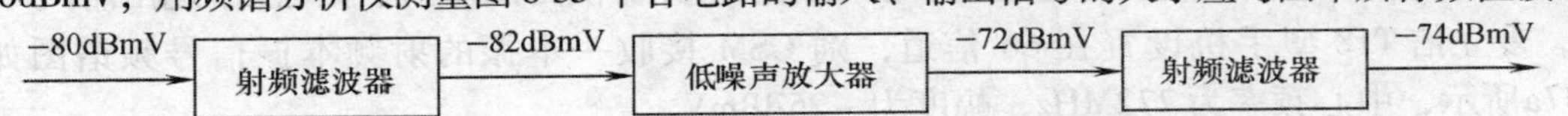


图6-35 低噪声放大器在电路中的连接

如果手机接收信号低于-70dBmV（或-90dBmV）或不稳定，为了快速判断LNA是否工作正常，那么可用射频信号源为手机提供射频信号。在射频信号源的配合下，一般在加电开机后30s内即可确定LNA是否工作正常。测试时，首先调节射频信号源的输出在手机接收频段的某一频点上，幅度为-20dBmV，然后用频谱分析仪测量图6-35中各电路输入、输出信号的大小。三星SGH600型手机的LNA输入、输出信号频谱图如图6-36所示。如果所测信号的变化相差不大，那么说明各电路工作正常；否则，说明电路有故障。

**2. 混频器的测试**

用频谱分析仪测试混频器时，主要测试混频器的射频输入信号、本振信号和中频输出信号。本振信号幅度一般在0dBmV左右。中频信号通常随输入射频信号的大小而变，假如天线输入的射频信号是-80dBmV，则中频信号幅度一般也是-80dBmV左右。图6-37为混频器的本振信号、一中频信号频谱图。二中频信号频谱图与一中频信号的相似。

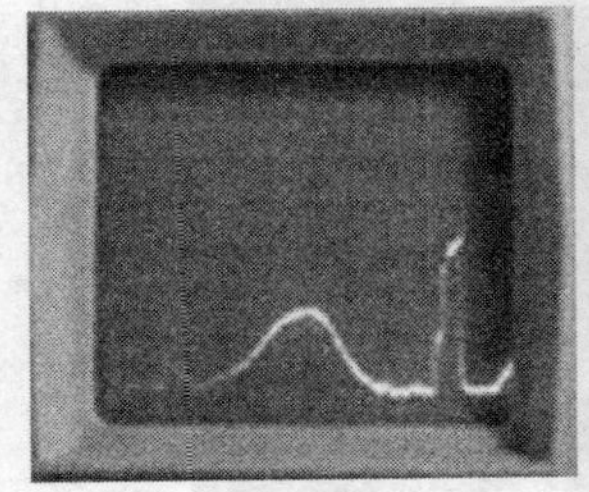

a)输入信号

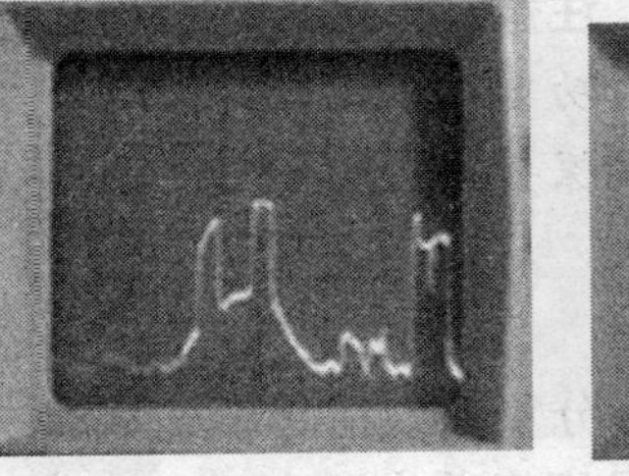

b)输出信号

图6-36 三星SGH600型手机的LNA输入、输出信号频谱图

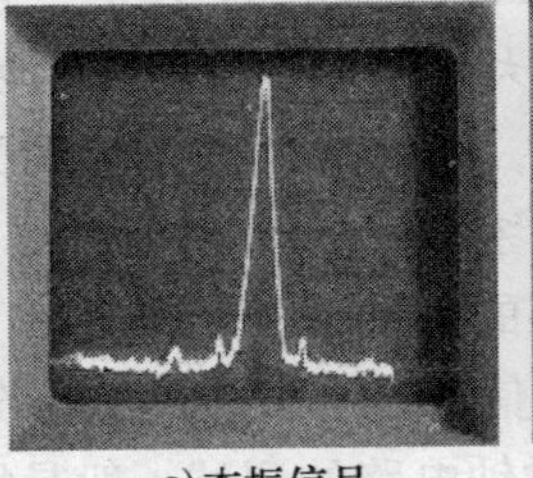

a)本振信号

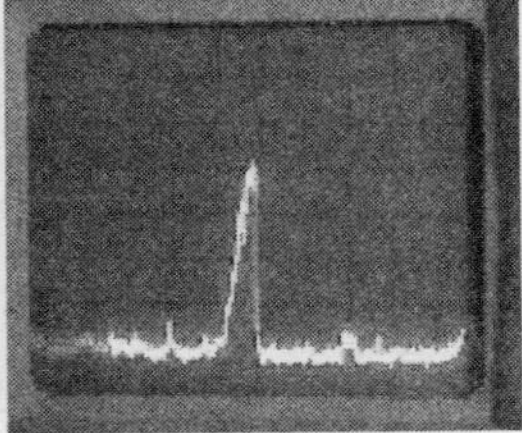

b) 一中频信号

图6-37 混频器的本振信号、一中频信号频谱图

为了便于检测，一般需要射频信号源配合，射频信号源一般调整在手机接收频段的某一频点上，大小为 -20dBmV。

CDMA 手机与 GSM 手机手机混频电路的区别是前者中频信号的频带宽、幅度小，CDMA 手机的中频信号频谱图如图 6-38 所示。

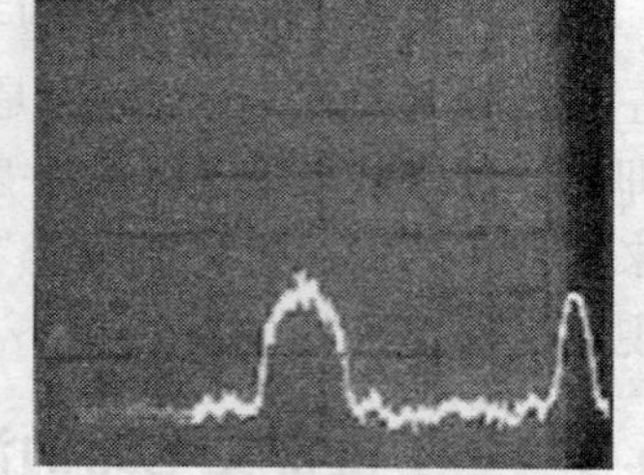

图 6-38　CDMA 手机的中频信号频谱图

**3. 本振电路的测试**

对本振电路的测试主要是对射频本振电路（一本振）、中频本振电路（二本振）和用于接收解调的本振电路的测试。因为后两种电路的本振信号通常是固定的，所以它们的测试比较简单。射频本振信号频率随信道的变化而变化，故当手机在开机时，因为手机不停地扫描信道，射频本振信号将不断改变，所以射频本振电路的测试比较困难。只有当手机处于测试状态或固定在一个地方建立通话时，射频本振信号频率才固定不变。

测试射频本振电路时，首先将频谱分析仪中心频率设置在本振信号范围的中心点上，并调节频谱分析仪扫描宽度在合适位置；然后用频谱分析仪测试射频本振电路的输出信号。例如，爱立信 T18 型手机设置在 60 信道，则 GSM 接收一本振的射频本振信号频谱图如图 6-37a所示，中心频率为 772MHz，幅度为 -25dBmV。

**4. 接收中频放大电路的测试**

通常利用频谱分析仪测试中频放大电路输入、输出信号幅度来确定接收中频放大电路是否工作正常。如果接收中频放大电路输出信号（接收中频信号）的频谱正确，且幅度合适，那么说明电路工作正常。接收中频信号的频谱图与图 6-37b 相似。

**5. 发射本振电路的测试**

发射本振电路即 TXVCO，其输出信号送至功率放大器和发射变换电路。在逻辑电路控制下，TXVCO 信号可在发射频段内的信道间变换。双频手机中的 TXVCO 工作在 GSM、DCS 两种模式下。

一般用频谱分析仪测试 TXVCO 输出信号来确定 TXVCO 电路是否工作正常。测试时，键入“112”后，按发射键启动发射电路。TXVCO 信号的频谱图与图 6-37a 相似。

**6. 功率放大电路的测试**

功率放大电路的测试主要是对功放输入、输出信号的测试，功率放大电路的输入信号、输出信号一般为 0dBmV、10dBmV 左右。**注意：** *用频谱分析仪测试功率放大电路时，应将发射功率级别设置在比较小的级别上，并使用频谱分析仪探头感应测试。否则，有可能损坏频谱分析仪。*

**7. 基准时钟电路的测试**

13MHz 基准时钟信号是手机电路中十分重要的信号。对 13MHz 基准时钟电路的测试一般是用频谱分析仪测试基准时钟电路的基准时钟输出信号，13MHz 基准时钟信号频谱图如图6-39所示。

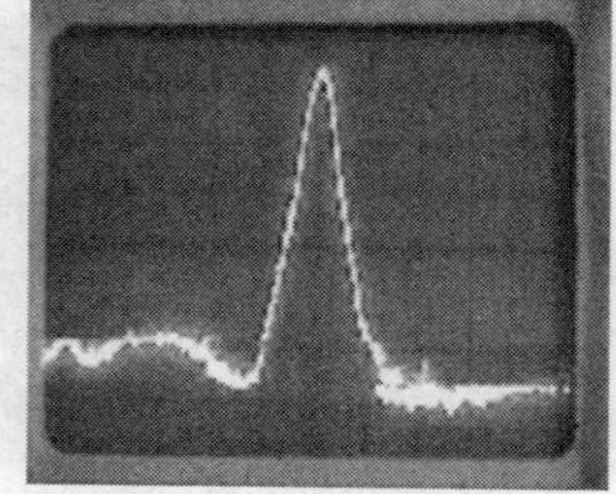

图 6-39　13MHz 基准时钟信号频谱图

# 小　结

本章主要介绍手机维修常用工具、仪表、手机软件维修仪的分类与使用，以及常见信号与电路的测试方法。具体内容如下：

1）常用手机维修工具包括热风枪、电烙铁、焊锡丝、焊宝、酒精等必备工具与焊接辅料，以及吸锡线、植锡板等备选工具；手机常用维修仪表有万用表、示波器、频谱分析仪、信号源、频率计等；常用手机软件维修器具包括编程器、免折机软件维修仪、测试卡、转移卡等。

2）电烙铁和热风枪用于拆卸、焊接元器件。使用时应有针对性地调节二者的温度，以及热风枪的风量。烙铁头应用潮湿的专用海绵擦拭。

3）直流稳压电源调整好的电压一般要比电池电压略高。与手机连接时，应注意连接插头的适用情况，且不可将电源正负极接反。

4）UFS—4带电脑免拆机软件维修仪用于对手机进行软件升级、修复软件故障、更改语言、解锁（话机锁和网络锁）及修复IMEI等。

5）话机锁用于锁闭手机，防止手机被非法使用。手机网络锁用于限制手机用户在手机上使用非手机网络提供商提供的充值卡。

6）测试供电电压时，主要对外接电源供电电压、开机信号电压、基带电路供电电压、射频电路供电电压、SIM卡电路供电电压进行测试。

7）测试手机信号时，主要对基准时钟信号、实时时钟信号、TXVCO控制信号、I/Q信号、RXON和TXON信号进行测试。

8）测试手机电路时，一般要先用万用表或示波器测试电路的工作电源或偏压控制信号是否正常；为了快速判断电路工作是否正常，可在射频信号源的配合下，用频谱分析仪对电路的输入、输出信号进行测试。

# 习　题　6

6.1　常用手机维修器具有哪些？各有什么用途？

6.2　热风枪由哪几个部分组成？怎样正确使用热风枪？

6.3　怎样正确使用电烙铁？

6.4　植锡板的用途是什么？怎样正确使用植锡板？从印制电路板上拆卸BGA IC时，应注意什么问题？

6.5　使用超声波清洗器时应注意什么问题？

6.6　如何调整直流稳压电源？怎样正确使用电源接口线？

6.7　常用手机维修仪表有哪些？各自的用途是什么？

6.8　结合图6-11简要说明如何正确使用频谱分析仪？

6.9　简要说明如何正确使用射频信号源？

6.10　手机软件维修器具包括哪些？各有什么用途？

6.11　如何正确使用UFS—4刷机？

6.12　什么是解话机锁、网络锁？

6.13　常见手机供电电压的测试有哪些？简要说明各供电电压的特点是怎样的？

6.14　常见手机信号波形的测试有哪些？简要说明不同信号波形的特点是怎样的？

6.15　常见手机电路的测试有哪些？简要说明各电路的测试要点是什么？

# 第 7 章　手机维修基本知识与典型故障的分析排除

**本章要点：** 手机维修的基本原则与维修流程，手机工作状态，手机故障的产生原因、分类，维修方法与维修技巧，手机芯片，V998 型手机部分故障维修实例。

**学习参考：** 要求通过学习熟悉手机的工作状态与设置，掌握手机故障维修的基本原则、维修流程、维修方法与维修技巧，了解手机芯片的类型与特征。

## 7.1　手机维修的基本常识

### 7.1.1　手机维修的基本原则与维修流程

手机维修人员除具备一定的维修理论，掌握手机电路的分析方法和常见信号的识别检测方法外，平时应留心收集手机维修资料、常用备件，还应注意以下事项：

**1. 手机维修的基本原则**

（1）先清洁后维修　很多手机故障是由于工作环境差或潮湿、进水引起，所以在检修时，可以先把印制电路板清洁干净，排除由于环境污染或进水引起的故障后，再进行检测维修。

（2）先机外后机内　维修手机时，首先检查菜单是否被人为调乱，电池、显示器、卡座、电源触片、按键、天线等有无问题。在确认一切正常无误后，再分析判断故障原因。在确认某部分电路存在故障的情况下，开机对故障部位进行有针对性的检测。

（3）先静态后动态　静态即静态检查，是指在手机不通电的情况下，对接口插座、簧片是否接触良好，机内有无断线及焊接不良，元器件有无烧黑及变色等进行检查。动态即动态检查，是指在手机通电情况下，对手机信号进行检测。动态检查必须经过必要的静态检查及测量后才能进行，切不可盲目通电，以免扩大故障。

（4）先补焊后检测　虚焊是手机常见故障原因之一。应根据手机故障现象，首先对故障部位进行补焊，然后对手机进行检测维修。

（5）先电源后其他　多数手机故障是由于电源电路供电错误所致。维修手机时，应首先检查电源电路，确认供电正常后，再检查各功能电路。

（6）先简单后复杂　维修手机时，应首先排除可能引起故障的最直接、最简单的原因。排除上述原因后，如果故障依旧，那么再对其他原因进行分析排除。否则，将简单故障复杂化，不仅不能排除故障，甚至使手机主板报废。

**2. 手机维修流程**

1）问询观察，仔细分析。维修手机时，应首先对手机故障的产生原因和故障现象进行问询观察。然后根据观察到的现象或不拆机信号的测试情况，对手机故障的产生原因进行分析定位。

2）查看菜单，正确设置。手机菜单操作错误也会导致手机使用“故障”。维修手机时，应根据故障现象查看菜单设置是否有误，并予以改正。因为菜单设置错误而出现的故障，通常涉及到手机振铃声音种类、大小、受话器音量大小、来电提示方式、限制呼入或呼出、背景灯点亮与熄灭等。

3）测试电流，确定故障部位。接上直流稳压电源，按电源开关键开机时，正常手机整机工作电流变化具有一定的规律性。如诺基亚8210型手机，在按下电源开关键时，整机工作电流开始时的指示为50mA左右，然后升至100mA，再升至150mA左右，最后突然上升到250mA处来回摆动，这时手机找寻网络。当找到网络后，整机工作电流指示回到150～180mA处摆动。当背景灯熄灭后，再回到10mA处摆动。在上述电流变化过程中，50mA左右的电流说明电源部分在工作，100mA电流说明时钟电路和基带电路已工作，150mA电流说明接收电路已开始工作，250mA电流说明接收电路和发射电路在工作并寻找网络，150～180mA电流说明已找到网络并已处于背景灯亮的待机状态，10mA电流说明已处于背景灯熄灭后的待机状态。通过观察上述电流变化情况，可以大致确定故障部位。**注意：**不同手机电源开关键开机初期的电流变化数值可能不同。

如果有电流显示，且电流接近正常或基本正常，那么可先对软件进行处理。若软件处理后故障依旧，则按后续流程进行。

4）小心拆机，整齐摆放配件。维修手机前，切不可盲目拆机，应注意观察、小心拆卸，并将拆下的各种螺钉、配件摆好放齐，切忌随意放置。

5）拨动元器件，排除接触故障。仔细观察印制电路板上各元器件，用镊子拨动一些易出现虚焊的地方，观察是否有元器件脱落、虚焊或损坏。

6）补焊、替换。在排除上述故障原因的情况下，根据故障分析结果，对有关元器件进行补焊或替换以排除故障。

7）通电试机，不断重复。

### 7.1.2 手机工作状态

手机工作状态不同，电路中的信号特点也不同。只有熟悉不同状态下的信号特点，才能快速准确地对手机故障进行分析判断。

**1. 开机30s内**

若无测试软件或测试卡，则在开机30s内检查手机接收电路是最佳时机。

在开机30s内，手机接收电路进行信道扫描。接收使能信号RXON（RXEN）一直为高电平。接收射频电路中的各种信号一直存在，此时，可用示波器、频谱分析仪对接收电路有关信号进行检测。

如果接收电路工作正常，且SIM卡连接到手机上，那么在开机20～30s内，基带电路会启动发射电路工作一次，向基站发送有关信息。维修人员可借此机会检查发射电路，但因发射电路启动的时间很短，若无经验，则难于捕捉到信号。

**2. 待机状态**

无论接收电路工作正常与否，在开机30s后，手机会进入一个相对稳定的工作状态——待机状态。如果接收电路工作正常，那么进入待机状态后，接收电路会锁定工作信道；如果接收电路工作不正常，那么进入待机状态后，接收电路工作在任意信道。

**注意**：在待机状态下，只是接收电路在工作，且接收射频电路是时断时续地工作，所以接收射频电路中的信号时有时无。

**3. 接收测试状态**

如果利用测试软件或测试指令控制手机使之只有接收电路工作，那么此时手机处于接收测试状态。手机的接收测试状态分为连续工作模式和脉冲工作模式。

1）连续工作模式时，电路中的交流信号均可用频率计检测，电路中的直流信号可用万用表检测。

2）脉冲工作模式时，虽然接收电路也是在一直工作，信号频率也稳定，但它们工作在脉冲模式下，需要用频谱分析仪才能准确地检测到电路中的射频信号，电路中的直流信号也需要用示波器才能准确地检测。

**注意**：连续工作模式和脉冲工作模式下接收电路中的射频信号的频谱图外观可能会不同。

在接收测试状态下，接收射频电路中的所有信号均稳定存在。射频振荡电路（VCO电路）所产生的信号频率就是所设定信道的频率。

**4. 发射测试状态**

如果利用测试软件或测试指令控制手机使之只有发射电路工作，那么手机此时处于发射测试状态。

在发射测试状态下，发射工作信道固定，发射射频电路一直工作，但它们工作在脉冲模式下，其中的射频信号需要用频谱分析仪检测，而直流信号则需要用示波器检测。

**5. 拨打“112”**

检修发射电路故障时需要启动发射电路。因为没有或不熟悉射频维修软件，所以通常需要通过拨打“112”启动发射电路。

**注意**：手机能拨打“112”的前提条件是接收电路能正常工作。

手机拨打“112”时，发射电路启动，发射工作信道与基站信道相对应。如果所在地的蜂窝小区有10个信道，那么拨打“112”启动发射电路后，发射电路工作在10个信道中的一个信道上。

## 7.1.3 手机测试指令

为了测试手机各个功能是否正常或进行相关测试，在维修手机时，有时需要输入键盘指令使手机进入测试模式。键盘指令即手机测试指令，注意不同型号手机的测试指令不同。

以摩托罗拉GSM手机为例，使用手机测试指令时，首先要在手机内插入测试卡，然后打开手机电源，当手机内部自动叫醒功能顺利完成时，再按“#”键3s使手机显示表明手机此时已进入测试状态（TEST）。手机进入测试状态后，即可按表7-1进行部分功能测试。

**表7-1 摩托罗拉GSM手机部分测试指令**

| 测试指令 | 功能 | 测试指令 | 功能 |
|---|---|---|---|
| 01# | 退出测试状态 | 09# | 关闭Tx Audio通道 |
| 07# | 关闭Rx Audio通道 | 10# | 打开Tx Audio通道 |
| 08# | 打开Rx Audio通道 | 19# | 显示呼叫处理器软件版本 |

（续）

| 测试指令 | 功　　能 | 测试指令 | 功　　能 |
|---|---|---|---|
| 20# | 显示调制解调器软件版本 | 47A# | 设置音量，A=0～7 |
| 22# | 显示语音编解码器软件版本 | 7100# | 手机自检。03、04 为 Modem IC 错误，05、06 为 Speech Code（语音编码）IC 错误，07 为软件错误，08 为手机正常，00、01 为 CPU 错误 |
| 36# | 打开音频环路 | 12AB# | 设置功率级电平，AB=00～15 |
| 37# | 中止测试 | 11ABC# | 设置信道，ABC=000～124 |
| 38# | 激活 SIM 卡 | 25ABC# | 将连续的 AGC 置为 ABC，ABC=0～255 |
| 39# | 使 SIM 卡失效 | 33ABC# | 单步捕捉 ABC 信道 |
| 40# | 发射全“1”信息 | 45ABC# | 读取信道 ABC 上的信号强度，ABC=0～124 |
| 41# | 发射全“0”信息 | 26ABCD# | 将连续的 AFC 置为 ABCD，ABCD=0～4095 |
| 46# | 显示当前 AFC DAC 的值 | 59ABCD# | 显示/改变解锁码 |
| 57# | 清除内存 | 58ABCDEF# | 设置保密码为 ABCDEF |
| 60# | 显示 IMEI（国际移动设备识别码） | | |
| 65# | 显示 IMSI（国际移动用户识别码） | | |
| 490# | 读锂电池信息 | | |
| 24A# | 设置 AGC 步进，A=0 或 1 | | |
| 31A# | 设定时隙为 A，A=0～7 | | |
| 43A# | 改变 Audio 通道至 A | | |

## 7.2　手机故障的产生原因、分类、判断与定位

### 7.2.1　手机故障的产生原因

手机故障的产生原因主要包括以下几个方面：

**1. 菜单设置错误**

菜单设置错误会造成使用上的“故障”，例如，来电无反应可能是因为设置了呼叫转移的功能；打不出电话可能是因为设置了呼出限制功能；打电话听不到声音可能是因为把音量调到了最小，等等。

**2. 使用不当**

由于手机操作不当或错误调整也会产生故障，例如：

（1）机械性破坏　手机操作用力过猛或操作方法错误会造成手机组件破裂、变形、集成电路引脚变形虚焊，以及天线折断、机壳摔裂、浸水、显示屏破裂等。

（2）使用不当　手机使用不当，例如，用指甲尖操作键盘会造成键盘磨秃或脱落；用劣质充电器充电会损坏手机内部充电电路，甚至引发事故；对手机菜单进行不当操作，使某些功能处于关闭状态会导致手机不能正常使用；错误输入密码会导致 SIM 卡被锁，盲目解锁会造成 SIM 卡被锁，甚至烧卡，等等。

（3）保养不当　手机是精密的高科技电子产品，温度、湿度、污染等均会使手机产生故障。

**3. 质量故障**

由于手机硬件设计不符合标准、软件本身存在缺陷，或经过拼装、改换，均会使手机产生故障。

### 7.2.2 手机故障的分类、判断与定位

常见手机故障包括不开机、自动开机、自动关机（自动断电）、不入网、发射弱电、发射掉信号、不识卡、不显示、软件故障、漏电及其他故障，故障判断技巧如下：

**1. 不开机**

开机的必要条件是：供电、13MHz（或26MHz）基准时钟信号、复位信号和开机维持信号正常。若硬件、软件不正常，则均会引起不开机。

1）如果按电源开关键开机时，无任何电流指示，那么说明开机信号线或电源有问题。例如，低电平开机方式时，如果电池电压（VBATT）未加到电源模块、无升压或开机信号线上无3V左右的高电平，那么说明电源模块虚焊或损坏。

2）如果按电源开关键开机有10mA左右电流，说明基准时钟信号有问题。首先检查基准时钟电路供电、AFC电压，如果供电和AFC电压（1.5V左右）正常，那么更换13MHz（或26MHz）晶振。**注意：**检查基准时钟电路时，应保证32.768kHz实时时钟和基带电路正常。

3）如果按电源开关键开机有50mA左右电流并返回，那么说明软件有问题，可重写软件。此处的返回特指直流稳压电源上电流表指针所指的电流由高变低。有些机型如摩托罗拉手机，按电源开关键开机后，电流在50mA处停留4s左右返回零，由此判断应是32.768kHz实时时钟不正常。

4）如果按电源开关键开机有100mA左右电流并返回，那么说明逻辑芯片虚焊或损坏。可用按压芯片的方法判断逻辑芯片是否虚焊，并予以补焊。如果芯片损坏，那么应予更换。

5）如果按电源开关键开机可以开机，随后关机，那么说明开机维持信号或软件有问题。若长时间按电源开关键开机能寻找网络，但松开手后关机，则说明开机维持信号有问题；若按电源开关键开机寻到网络后自动关机，则说明软件有问题。

6）如果按下电源开关键开机就有500mA左右大电流，那么说明存在电源、CPU、功放击穿等短路现象。如果功放采用VBATT供电，取下供电电阻或功放后无大电流，那么说明功放损坏。如果CPU主供电（一般1.8V）滤波电容两端电阻很小或为零，那么通常说明CPU击穿损坏。如果去掉CPU、断开功放供电后，仍有大电流，那么说明电源模块或直接与VBATT连接的电路有问题。

如果按下电源开关键开机就有大电流，那么还可以利用大电流法查找有故障的元器件，即降低供电电压使电流在200mA左右（不至于扩大故障），通电一段时间后，用手触摸印制电路板上的元器件，温度很高的元器件一般存在故障。

**2. 自动开机**

加电后，不按电源开关键开机就自动开机，通常是由于电源开关键对地（或电池电源）短路，或开机信号线上其他元器件对地（或电池电源）短路造成。取下手机印制电路板，用酒精清洗，一般可以解决此类故障。

**3. 自动关机（自动断电）**

自动关机（自动断电）故障主要有以下几种情况：

（1）振动时自动关机　通常是由于电池与其触片间接触不良引起。

（2）按键关机　不按键盘时手机不会关机，而按键盘时手机自动关机。此类故障通常是由于CPU和存储器虚焊所致，可对CPU及存储器进行补焊。

（3）发射关机　手机一按发射键就自动关机，通常是由于功放（或功控）部分故障引起，如功放损坏、开路等。若功放正常，则可能是由于电源IC带负载能力差所致，更换即可。

**4. 不入网**

不入网故障分为有信号不入网、无信号不入网两种情况。

目前，索爱系列、三星系列手机只要接收通道正常就有信号强度值显示，与发射电路无关；其他系列手机需要等到手机进入网络后才能显示信号强度值。

在判断其他系列手机不入网故障原因时，将SIM卡插入手机，可利用手动调整菜单搜寻网络的方法确定故障部位。若能找到网络，则说明接收通道正常、发射通道存在故障；若找不到网络，则说明接收通道有故障。

接收通道故障原因一般有13MHz（或26MHz）基准时钟信号频偏过大（可用示波器和频率计测量）、本振停振（可测量有无锁相电平）、高放或滤波器损坏（可用假天线实验）。除摩托罗拉手机外，可以通过测量RXI/Q信号确定射频电路还是基带电路有问题。

**5. 发射弱电、发射掉信号**

（1）发射弱电　手机在待机状态时电池电量显示正常，一打电话或打几个电话后马上显示弱电，出现低电压告警的现象。这种现象可能是由于电池与其触片间有污物或接触不良所致，也可能是电池触片与手机印制电路板间接口或功放本身损坏引起。

（2）发射掉信号　手机在待机状态时信号正常，手机一发射马上掉信号，这种现象一般是由于手机功放虚焊或损坏引起。

**6. 不识卡**

如果SIM卡检测电路、CPU与电源之间的卡接口电路正常，在手机开机识卡瞬间均可在卡供电、卡时钟、卡复位和卡数据引脚上测到3～5V的脉冲电压。若出现不识卡故障，则不能测到上述脉冲电压。

不识卡故障一般是由于手机软件不正常，卡检测（或卡激励）电路不正常，SIM卡卡座断线、虚焊、接触不良，或CPU、电源模块虚焊、接触不良、断线或局部损坏等原因引起。

**7. 不显示**

手机正常显示的条件是供电、显示使能、时钟、复位、数据和液晶显示屏正常。不能正常显示除由液晶显示屏损坏、软件不正常引起外，还有以下原因：

1）供电、显示使能、时钟、复位、数据信号线开路，CPU虚焊或损坏。在正常情况下，供电和复位通常是2.8V电压，显示使能、时钟、数据（采用并行接口的地址线、读写线、片选）均为2.8V脉冲。

2）显示接口或排线虚焊、接触不良，或排线连接断裂。

**8. 软件故障**

手机软件故障现象主要有以下几种情况：

1）手机屏幕上显示联系服务商、返厂维修等信息均为软件故障，重写码片资料即可。

2）用户自行锁机，但所有的原厂密码均被改动，重写码片资料即可。

3）手机能打出电话，但设置信息无记忆、显示黑屏、背景灯不熄灭、电池正常却出现低电压告警等故障。在相关的硬件电路正常情况下，软件也能引起这些故障，需要重写码片资料。

**9. 漏电**

手机漏电是较难维修的故障。首先判断电源部分、电源开关管是否烧坏短路，然后判断功放是否损坏。或者在漏电流不太大的情况，给手机加上电源 1 ~ 2min 后用手背感觉元器件的温度，发热严重的元器件一般已损坏，应予更换。若仍不能排除故障，则应查找电路中是否有电阻、电容或线路铜箔损坏。

**10. 其他故障**

按键失灵或错乱，背景灯不亮或常亮，振铃、振子不正常，不送话，受话器无声，寻网关机，发射关机，信号时有时无等手机其他故障，均可由元器件虚焊、氧化、接触不良、断线或损坏等硬件不正常，或手机软件不正常引起。出现背景灯、振铃、振子等功能不正常故障时，还应注意菜单的功能设置状态如何。

## 7.3 手机故障维修方法与维修技巧

### 7.3.1 手机故障维修方法

手机故障维修方法主要有以下几种：

**1. 补焊法**

补焊法指的是对通过分析判断而确定的、可能产生故障的区域内的每个焊接点用热风枪或尖头防静电烙铁进行大面积补焊。

**2. 电压法**

电压法指的是在维修手机时，通过测试加电电路中几个关键点的电压来快速确定故障部位。电压法主要用万用表测试以下几个方面：

（1）电源输出电压是否正常　手机一般采用专用电源芯片产生包括射频部分、逻辑/音频部分在内的整机供电电压，而电路各部分还要对整机供电电压进行再分配。

（2）接收电路供电是否正常　如低噪声放大器、混频器、中频放大器的偏置电压是否正常，射频本振（接收本振）电路的供电是否正常等。

（3）发射电路供电是否正常　如发射本振电路、功放、功控电路等的供电是否正常。

（4）集成电路的供电是否正常　手机中采用的集成电路具有不同的功能，需要外部提供的工作电压也不同，所以要全面检查芯片的供电。

**注意：**手机射频电路的很多电压是受控的。有的受波段选择信号的控制，有的受 RXON（RXEN）或 TXON（TXEN）信号的控制，有的同时受几个控制信号的控制，它们有时能测到，有时测不到。另外，若控制信号（如 RXON、TXON 等）是脉冲信号，则输出电压也是脉冲电压，用万用表测得的这些电压值要远小于标称值。

**3. 电流法**

电流法是手机维修中最为常用的方法之一，通过观察不同工作状态下的工作电流，可确定故障大致部位。

**4. 电阻法**

电阻法在手机维修中较为常用，具有简单方便、安全可靠的特点。当用电流法判断出手机存在短路故障时，可用电阻法确定短路、开路等故障点，还可以用电阻法检查电阻、晶体管是否正常，以及电路之间是否存在开路故障等。

**5. 信号追踪法**

信号追踪法主要用于查找射频电路或音频电路故障。信号追踪法一般需要用到射频信号发生器（1~2GHz）、频谱仪（1GHz 以上）、示波器（20MHz 以上）等仪器。

（1）接收电路的检修　对于信号弱或无信号等接收电路的故障，可按以下步骤进行测试：

1）用信号发生器产生某一信道的收信射频信号，如 62 信道的收信频率为 947.4MHz，电平值一般设定在 -50dBmV。

2）使手机进入接收测试状态并锁定在与信号发生器设定的相同信道上。摩托罗拉手机使用测试卡即可进入测试状态并锁定信道，诺基亚手机则需用原厂提供的专用电脑软件才能进入测试状态并锁定信道。

3）将信号发生器的射频信号加到手机的天线接口，然后用频谱仪观测手机整个射频部分的接收信号流程，观察频谱波形与电平值（低频部分用示波器观察），并与标准值比较，从而找出故障点。

（2）发射电路的检修　对无发射、发射关机等发射电路的故障，可按以下步骤进行测试：

1）使手机处于发射测试状态并锁定在某一发射信道，如 62 信道（发射频率为 902.4MHz）。

2）用频谱仪观察手机发射通路的频谱及电平值，并与标准值进行比较找出故障点。

（3）音频电路的检修　音频电路故障有振铃器、受话器无声，对方听不到声音等。用示波器查找音频电路故障十分简便直观，但因为手机音频电路集成化程度很高，所以维修时一般只需更换几个相关元器件即可确定故障部位。

**6. 清洗法**

手机极易因进水受潮而使接口触点、簧片等产生接触不良的故障，清洗法可快速有效地对此类故障进行处理。清洗时，受话器、送话器、LCD、蜂鸣器、后备电池等不适合用超声波清洗器清洗的器件，需要从印制电路板上拆下来单独用棉球蘸取酒精擦拭。拆下受话器、LCD 等的印制电路板则可放在超声波清洗器内用无水酒精进行清洗。

**注意：** 擦洗完毕的元器件和印制电路板被晾干、吹干后方可使用。

**7. 重新加载软件法**

手机软件极易因数据出错、部分程序或数据丢失而产生软件故障，所以重新对手机加载软件对维修手机极其实用可行。

**8. 跨接法**

在手机维修中，跨接法主要用于对因腐蚀严重、人为原因造成的开路故障的维修。跨接法指的是用高强度漆包线（飞线，$\phi$0.1mm）跨接于 0Ω 电阻两端或某电路的输入、输出端；或者在检修手机不入网故障时，用 100pF 的电容跨接于滤波器的输入、输出端作应急维修。

**注意：** 不能用漆包线跨接于微带线的两端，否则，会产生严重故障。

**9. 人工干预法**

人工干预法指的是通过人为地对电路施加信号来检测电路各部分的工作情况。例如，在维修无发射故障时，为了测量功放电路和 TXVCO 电路等的有关电压和信号，既要加电开机，又要按发射键，且要用到示波器，操作十分困难且极易出现错误。如果采用人工干预法对电路施加高电平的 TXON 信号，就可使功放电路、TXVCO 电路处于连续工作状态，对判断故障十分方便有利。

**注意**：功放等发射电路的连续工作时间不宜过长，否则，会因发射电路出现大电流而损坏元器件。

**10. 压紧法**

手机中的集成电路等极易因为手机被摔、热膨胀等原因引起虚焊，使手机产生不开机、不入网等故障。判断此类故障的原因时，首先采用压紧法用手按压或用橡皮筋扎紧存在虚焊的可疑元器件，然后开机查看手机状态有无改善。若有改善，则说明可疑元器件存在虚焊，对其进行补焊处理即可。

## 7.3.2 手机故障维修技巧

手机故障类型不同，维修技巧也不同。部分手机故障的维修技巧如下：

**1. 进水手机的维修技巧**

手机进水或受潮后，会因印制电路板受到污损而引起电路故障或使手机性能指标下降。维修进水手机时，首先从印制电路板上拆下 LCD、受话器等不宜用超声波清洗器清洗的元器件，并用无水酒精单独擦拭。然后把印制电路板放在超声波清洗器内进行清洗，清洗后的元器件或印制电路板必须晾干或吹干后方可使用。对于浸水时间长的手机，首先应将印制电路板长时间（一般 24 ~ 36h）浸泡在无水酒精里，然后用温度控制在 60°C 左右的干燥箱进行干燥处理以彻底排除印制电路板内层水分。

**2. 被摔过手机的维修技巧**

被摔过的手机易出现以下故障：

(1) 天线折断　维修时更换相应的天线即可。

(2) 外壳损伤　更换外壳即可。**注意**：被摔过手机的外壳极易变形，拆卸时应小心从事，不可用力硬撬，以免扩大故障。

(3) 13MHz（或 26MHz）晶振损坏　晶振损坏会因不起振或振荡频率不准而使手机产生不开机、无信号等故障，维修时更换晶振即可。

(4) 滤波器损坏　滤波器损坏会使手机产生不入网、无发射、信号弱等故障，维修时更换滤波器即可。

(5) 集成电路等虚焊　集成电路等的虚焊会使手机产生各种类型的故障，可有针对性地进行补焊处理。

**3. 印制电路板铜箔脱落的维修技巧**

在手机维修过程中，对印制电路板铜箔脱落的维修技巧如下：

(1) 对照资料查找连接点　对照有关资料或在万用表的配合下，查找并确定与脱落铜箔处的管脚相通的连接点后，用合适的漆包线将二者相连即可。

(2) 用万用表查找连接点　在无维修资料或不对照维修资料的情况下，首先将数字万用表置于短路检测档（短路时会出现蜂鸣声），然后用一只表笔与铜箔脱落处的管脚相连，用另一只表笔在印制电路板上其余管脚处划动。若听到蜂鸣声，则产生蜂鸣声的管脚与铜箔脱落处的管脚相通，用漆包线将两管脚相连即可。

（3）重新补焊　如果采用上述两种方法均未找到相通的连接点，那么说明此脚有可能是空脚。如果不是空脚却又找不出相通的连接点时，那么可用刀片轻刮印制电路板铜箔脱落处，刮出新铜箔后，用烙铁加锡将管脚引出并与脱焊管脚相连即可。

（4）与同类型手机印制电路板对照　如果有条件，那么可以找一块同类型正常手机的印制电路板进行比对，找出正常手机对应的连接点后，用漆包线连接故障机上对应的两个管脚即可。

**注意：**在基带电路连线时一般不会对电路产生影响，而在射频电路连线时通常会对电路产生影响。所以不轻易在射频电路连线，若要连线，则也应尽量短。

### 7.3.3　手机芯片

随着科学技术的发展，数字手机越来越多地使用集成电路（即手机芯片），手机芯片处理或更换是手机维修中的重要内容。目前，常见的手机芯片生产商有美国的模拟器件公司、中国联发公司、中国展讯公司等。除诺基亚、摩托罗拉手机基本采用自己的专用复合射频处理器、数字基带信号处理器、复合电源管理器外，其他手机生产厂家基本以有限的几个手机芯片生产商的手机芯片组来构建手机电路。

部分常见手机芯片系列说明如下：

**1. 美国模拟器件公司的 AD 系列芯片**

AD 系列芯片由美国模拟器件公司（Analog Devices Inc，ADI）开发生产，常见的芯片组合有以下两组：

（1）AD6426（CPU）、AD6421（音频）　本套芯片组用在三星 SGH2200、波导 8180、托普 6860、中兴 ZTE289、TCL6898 型等手机中。AD6426 包括 16 位控制处理器、串并显示接口、键盘接口、存储器接口、SIM 卡接口、与 AD6421 的接口、与收发信机的接口和其他一些接口等，并完成数字信号的信道编解码、话音编解码、交织去交织，加密解密等。AD6421 用于完成对收发基带信号的 A/D、D/A 转换和处理，音频输入输出信号的处理，收发信机的启闭控制，功率控制、振铃控制、自动频率控制等。

（2）AD6522（CPU）、AD6521（音频）、ADP3408（电源）　本套芯片组用在松下 GD55、LG5200、TCL618 型等手机中。AD6522、AD6521 的功能与 AD6426、AD6421 的相同。ADP3408 用于分多路向手机整机电路供电，并提供 SIM 卡启动、电池充电检测及控制等功能，以及向 CPU 提供 RESET（复位）信号。

与 ADP3408 的功能大致相同的 ADP 系列电源模块还包括 ADP3401、ADP3402、ADP3403、ADP3522 等型号。ADP3401 用在科健 K3900、TCL6898 型等手机中，ADP3402 用在 TCL2188 型等手机中，ADP3403 用在波导 8180、摩托罗拉 T2988 型等手机中，ADP3522 用在波导 V28 型等手机中。电源模块与 CPU 和音频模块的组合不固定。

采用 AD 系列芯片的手机，音频及电源模块出现故障的概率较高，主要表现为不开机、无信号、不发射、低电压告警、送受话不正常等。对于没有摔过或进水的手机，若发生故障，则对音频模块重新植锡可解决一部分故障。

**2. 美国科胜讯系统公司的 Conexant 系列芯片**

Conexant 系列芯片是美国科胜讯系统公司（Conexant Systems Inc）的产品，常见的芯片组合有以下两组：

（1）M4641（CPU）、20420（音频）、20436（电源） 本套芯片组在三星 A408 型等手机中采用。

（2）CX805（CPU）、CX20505（音频）、CX20460（电源）、CX74017（射频） 本套芯片组在三星 T208 型手机中采用。

Conexant 系列芯片中，CPU 芯片、音频芯片、电源芯片与 AD 系列相同芯片的主要功能相同。而 CX74017 集成了手机射频电路中的中频电路、前端电路及频率合成电路等主要组成部分，可以大大简化射频电路。

**3. 荷兰飞利浦公司系列芯片**

荷兰飞利浦公司系列芯片有 VP 系列芯片和 OM 系列芯片。

（1）VP 系列芯片 VP 系列芯片以 CPU 为核心，并集成了音频信号处理电路，所以采用 VP 系列芯片的手机出现的各种音频故障通常与芯片组有关。采用 VP 系列芯片的手机一般无独立电源模块，大多采用若干稳压器供电。而且此类手机一般有单独的 8 脚小码片，维修故障时，挑开码片供电脚（8 脚）令码片停止工作，即可判断故障是否由码片引起。采用 VP 系列芯片的三星手机经常出现“系统失败”的故障，此类故障一般由于尾插进水漏电所致或码片自身问题引起，可清洗尾插或检查码片是否损坏。

常见的 VP 系列芯片组有 VP40553、VP40575、VP40578。VP40553 用在三星 N188、R208 型等手机中，VP40575 用在三星 N628、A288、T108 型等手机中，VP40578 用在三星 T508 型等手机中。

（2）OM 系列芯片 OM 系列芯片中的 CPU 芯片均集成了音频处理电路，它们的数据处理功能强大，可支持 GPRS，还可与相机处理芯片交换数据。OM 系列芯片用在迪比特等手机中，常见 OM 系列 CPU 芯片有 OM6354 和 OM6353。OM 系列芯片组合通常有以下两组：

1）OM6354（CPU）、PCF50601（电源）、OM5178（射频）。该芯片组用在迪比特 2039 型等手机中。PCF 系列的电源芯片除 PCF50601 外，还包括 PCF50604、PCF50732。PCF 系列电源芯片负责对整机供电，并提供 SIM 卡接口功能。OM5178 射频芯片集成了接收前端、中频、频率合成及功率控制等的功能。

2）OM6353（CPU）、UBA8073（电源）。该芯片组用在迪比特 2029 型等手机中。

**4. 芬兰诺基亚公司系列芯片**

芬兰诺基亚（Nokia）公司系列芯片主要有 DCT3、DCT4 系列芯片，它们主要用在诺基亚手机中。

（1）DCT3 系列芯片组 常见 DCT3 系列芯片组为 MAD2W01（CPU）、COBBA（音频）、CCONT（电源），它用在 N82、N33 型等系列手机中。MAD2W01 主要负责系统控制、通信控制、键盘扫描、信号场强监视、电池检测、充电检测、整机供电控制及数字信号处理等。COBBA 芯片负责对收发基带信号及音频信号的处理、A/D 与 D/A 转换，并向射频电路提供 AFC、PAC、AGC 等控制信号。CCONT 芯片负责通过不同的控制信号将电池电压变换为多路不同的电压以供整机使用，并提供 SIM 卡接口功能和向 CPU 发出复位指令等。

（2）DCT4 系列芯片组 DCT4 系列芯片组的功能比 DCT3 系列更强大，包括 LPP

（CPU）、UEM（电源），它们用在 N8310、N6610 型等手机中。其中，UEM 系列电源芯片中集成了音频处理、射频控制、充电控制等电路，常用型号有 UEM4370805、UEM4370825 等。由于 UEM 电源芯片引脚分布面广、焊接点多，且无固化树脂封装，极易因摔碰、进水或受潮而使焊脚开裂、氧化、损坏等，从而引发不开机、无信号、开机大电流、音频故障、卡故障等。UEM 系列电源模块是诺基亚 DCT4 系列手机的故障高发区。

**5. 美国德州仪器公司的 TI 系列芯片**

TI 系列芯片是美国德州仪器公司的产品。TI 芯片组是电源芯片与 CPU 芯片的组合。

常见 TI 芯片组有 ULYSSE（CPU）、OMEGA（电源），它们在摩托罗拉 T191、波导 S2000、夏新 A8、联想 G620、康佳 C688 型等手机中被广泛采用。ULYSSE 系列常见芯片有 HERCROM200、XF741529AGHH、D741979BGHH。OMEGA 系列常见芯片有 TWL3011、3012B、3014B，电源芯片在不同手机中虽然引脚定义有区别，但功能相同。OMEGA 电源芯片集成了音频信号处理电路，并提供 SIM 卡接口等功能。

**6. 德国英飞凌 PMB 系列射频芯片**

PMB 系列芯片由德国英飞凌公司生产。常见 PMB 系列芯片组合有以下两组：

（1）PMB2851（CPU）、PMB2906（音频）、D0767BA（电源）　用在西门子 35 系列等手机中。

（2）PMB6850（CPU）、PMB6253（射频）　两种芯片均为 48 引脚的 QFP 封装芯片。PMB6850 为 CPU 芯片，内部集成了音频处理电路，多用于西门子、波导等手机。PMB6253 采用超外差二次变频接收方式。PMB 系列常见的射频芯片还有 48 脚 QFP 封装的 PMB6250 芯片，用在西门子 6688、波导 1200、东信 EL610 型等手机中。

**7. 美国杰尔系统公司系列芯片**

美国杰尔系统公司系列芯片通常有 CPU 芯片和电源芯片等，例如，CPU 芯片 TR09WQTEB2B、数字信号处理芯片 CSP1093CRI 和电源芯片 PSC2006HRS。

**8. 美国英特尔公司 28F ×××系列存储器芯片**

28F ××× 系列存储器芯片由美国英特尔公司生产，常见存储器芯片有 28F160、28F320、28F640、28F800 等。

**9. 美国高通公司 CDMA 芯片**

美国高通公司 CDMA 芯片集成度较高，包括音频信号处理、锁相环、数模变换、存储器、USB 接口等功能。常见芯片有 MSM3100、MSM3000、MSM5105、MSM2310、MSM5100 等。

**10. 中国展讯 SC 系列芯片**

中国展讯通信公司手机芯片主要有 SC6600 系列、SC6800 系列和 SC8800 系列。SC6600 系列包括 SC6600D、SC6600M 和 SC6600B，已被广泛用于夏新等国产 2.5 代 GSM/GPRS 手机；SC6800、SC8800 主要用在高端多媒体手机和面向 TD-CDMA 技术的 3G 手机中。

## 7.3.4　手机芯片实例——中国联发 MTK 系列芯片简介

MTK 系列芯片又称为 MT 系列芯片，由中国联发公司生产，主要包括 CPU 芯片、电源芯片、射频处理芯片等。较常见的 MTK 手机芯片组合是 MT6219（CPU）、MT6035（电源 IC）和 MT6129（射频处理 IC）的组合。

**1. CPU 芯片**

MTK 系列 CPU 芯片主要有 MT6205、MT6217、MT6218B、MT6219 等，使用较多的是

MT6218B、MT6219。

MT6219 采用 293 脚的薄型微间距球格阵列（TFBGA）封装，是一款先进的高度集成的低功耗 GSM/GPRS 基带处理芯片。

（1）MT6219 的组成　MT6219 主要由基带接收器、基带发送器等部分组成。

1）基带接收器。基带接收器用于 I/Q 信号的基带 A/D 转换。

2）基带发送器。基带发送器用于 I/Q 信号的基带 D/A 转换以及信号的平滑滤波等。

3）RF 控制。两个 DAG 转换器用于自动功率控制和自动频率控制。

4）辅助 ADC。一个 ADC 转换器用于电池和其他模拟功能的监视。

5）音频功能块。音频功能块提供模拟音频信号处理，包括送话器放大，A/D、D/A 转换，耳机驱动等。

6）时钟发生器。时钟发生器为 MCU、DSP、USB 单元提供时钟信号。

7）实时时钟电路。实时时钟电路用于提供实时时钟信号。

（2）MT6219 的功能　MT6219 可提供外部存储器接口、数字/模拟音频接口、射频接口和其他丰富的用户接口。MT6219 具有摄像头接口，可支持 130 万像素传感器，并内置 JPEG 编解码器和 MPEG-4 编解码器，能够进行实时创作、播放高品质的图像、视频等。MT6219 的典型应用电路框图如图 7-1 所示，图 7-1 中部分文字的说明见表 7-2。

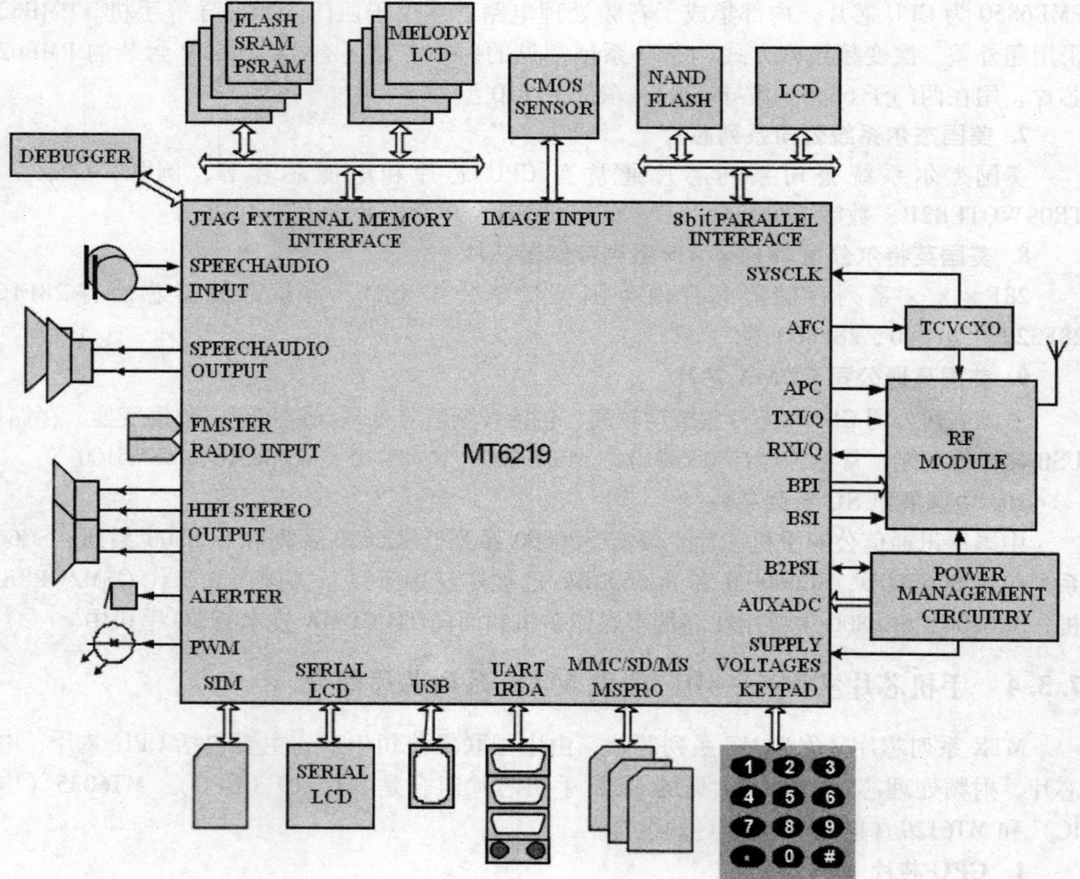


图 7-1　MT6219 的典型应用电路框图

表 7-2　图 7-1 中部分文字的说明

| 名　称 | 说　明 | 名　称 | 说　明 |
|---|---|---|---|
| ALERTER | 闹铃 | IRDA | 红外线接口 |
| AUXADC | 辅助 A/D 转换器 | JTAG(Joint Test Action Group) | 是一种边界扫描技术 |
| B2PSI(Base Band to PMIC Serial Interface) | 基带电路去电源管理芯片(Power Management IC, PMIC)的串行接口 | KEYPAD | 键盘 |
|  |  | MSPRO | 是一种高档的 MS 卡 |
| BPI(Base Band Parallel Interface) | 基带并行接口 | POWER MANAGEMENT CIRCUITRY | 电源管理电路 |
| BSI(Base Band Serial Interface) | 基带串行接口，用于传输数字基带与模拟基带之间的接收、发射数字基带信号 | PSRAM | 伪静态随机存储器 |
|  |  | RADIO INPUT | 电台输入 |
| CMOS SENSOR | CMOS(见 8.5.1 节)传感器 | RF MODULE | 射频调制解调器 |
| DEBUGGER | 是一种调试软件 | SERIAL LCD | 串行液晶显示器 |
| EXTERNAL MEMORY INTERFACE | 外部存储器接口 | SPEECHAUDIO | 送话器音频 |
| FMSTER | 调频立体声 | SYSCLK | 系统时钟输入 |
| HIFI STEREO | 高保真立体声 | UART(Universal Asynchronous Receiver/Transmitter) | 通用异步收发器，是用于控制 CPU 与串行设备的接口 |
| IMAGE INPUT | 图像输入 | 8bit PARALLEL INTERFACE | 8 位并行接口 |

**2. 电源芯片**

MTK 系列电源芯片主要有 MT6305、MT6305B 等，是专门为 GSM 手机设计的电源管理与充电控制芯片，它们通常用在 MP3、MP4 音乐手机中。

MT6305B 内部的多路低压差输出（LDO）线性稳压电源输出可以适应 CPU 和接口需要的不同电压，并可以在不需要供电时关掉部分电源，还可以控制 CPU 供电、实时时钟供电电压，以适应对 CPU 芯片的兼容支持。

MT6305B 具有过放电、低电压保护功能，MT6305 的复位延迟时间可以通过改变复位延时电容进行调整。

MT6305B 的典型应用电路原理图如图 7-2 所示，MT6305B 芯片引脚名称和输出电源见表 7-3、表 7-4。

MT6305B 为低电平开机触发，手机启动后开机维持信号端为高电平。

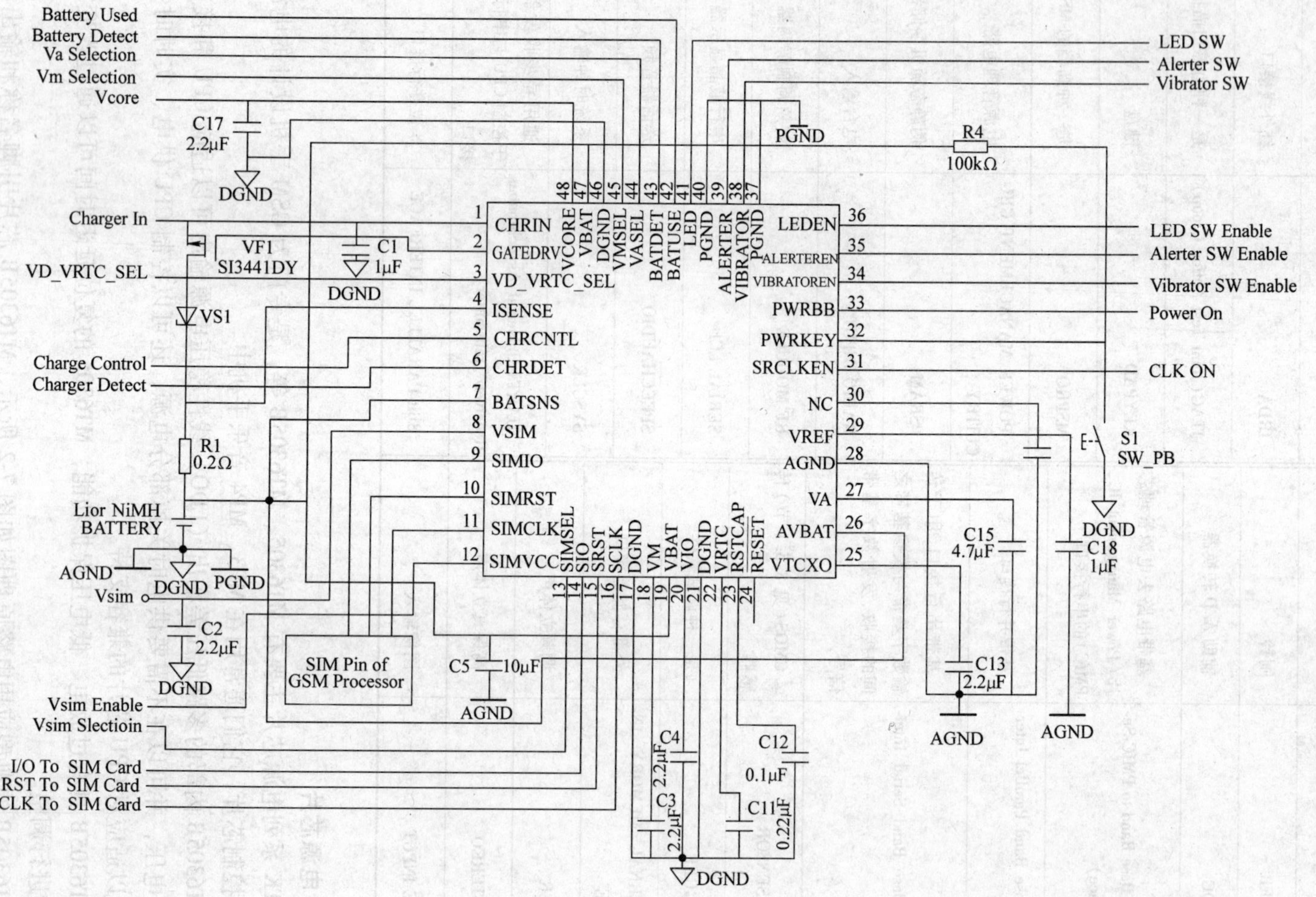

图 7-2 MT6305B 的典型应用电路原理图

表 7-3　MT6305B 芯片引脚名称

| 引脚号 | 名　称 | 说　明 | 引脚号 | 名　称 | 说　明 | 引脚号 | 名　称 | 说　明 |
|---|---|---|---|---|---|---|---|---|
| 1 | CHRIN | 充电电压输入 | 17 | DGND | 数字接地 | 33 | PWRBB | 开机维持 |
| 2 | GATEDRV | 充电启动输出 | 18 | VM | 存储器供电 | 34 | VIBRATOREN | 振子启动 |
| 3 | VD_VRTC_SEL | CPU 芯片供电、实时时钟供电选择 | 19 | VBAT | 电池电压 | 35 | ALERTEREN | 振铃启动 |
| 4 | ISENSE | 充电电流检测 | 20 | VIO | 数字输入/输出供电 | 36 | LEDEN | 背景灯启动 |
| 5 | CHRCNTL | 充电控制输出 | 21 | DGND | 数字接地 | 37 | PGND | 电源地 |
| 6 | CHRDET | 充电检测（充电开机请求输出） | 22 | VRTC | 实时时钟供电 | 38 | VIBRATOR | 振子驱动输出 |
| 7 | BATSNS | 电池电压检测 | 23 | RSTCAP | 复位延时电容 | 39 | ALERTER | 振铃驱动输出 |
| 8 | VSIM | SIM 卡供电 | 24 | $\overline{\text{RESET}}$ | 系统复位信号 | 40 | PGND | 电源地 |
| 9 | SIMIO | SIM 卡数据 | 25 | VTCXO | 时钟电路供电 | 41 | LED | 背景灯控制 |
| 10 | SIMRST | SIM 卡复位 | 26 | AVBAT | 模拟电路输入的电池电压 | 42 | BATUSE | 锂离子、镍氢电池选择 |
| 11 | SIMCLK | SIM 卡时钟 | 27 | VA | 模拟供电 | 43 | BATDET | 电池检测 |
| 12 | SIMVCC | SIM 卡供电 | 28 | AGND | 模拟接地 | 44 | VASEL | 模拟供电选择 |
| 13 | SIMSEL | SIM 卡选择 | 29 | VREF | 参考电压输出 | 45 | VMSEL | 存储器供电选择 |
| 14 | SIO | 去 SIM 卡数据 | 30 | NC | 空脚 | 46 | DGND | 数字地 |
| 15 | SRST | 去 SIM 卡复位 | 31 | SRCLKEN | 时钟供电和模拟供电启动 | 47 | VBAT | 电池电压输入 |
| 16 | SCLK | 去 SIM 卡时钟 | 32 | PWRKEY | 低电平开机触发 | 48 | VCORE | CPU 芯片供电 |

表 7-4　MT6305B 芯片输出电源

| 引脚号 | 名　称 | | 输出电源 |
|---|---|---|---|
| 8 | VSIM | SIM 卡供电 | 3.0V/20mA 或者 1.8V/mA |
| 18 | VM | 存储器供电 | 1.8V/200mA 或者 2.8V/150mA |
| 20 | VIO | 数字输入/输出供电 | 2.8V/100mA |
| 22 | VRTC | 实时时钟供电 | 1.5V/200μA |
| 25 | VTCXO | 时钟电路供电 | 2.8V/20mA |
| 27 | VA | 模拟供电 | 2.8V/150mA |
| 48 | VCORE | CPU 芯片供电 | 1.8V/200mA |

### 3. 射频处理芯片

MTK 系列射频 IC 主要有 MT6129、MT6119，比较常用的是前者。MT6119 集成了射频本振（接收本振）电路，一般不含发射本振电路，与之配合的功放是 RF3140；MT6129 集成了收发本振电路，与之配合的功放是 RF3146。

MT6129 的内部组成框图如图 7-3 所示，它主要包括接收电路、发射电路、频率合成电路、射频电路和发射压控振荡电路及其相应的控制电路，可以提供 GSM/EGSM、DCS、PCS 四个频段的收发通道。

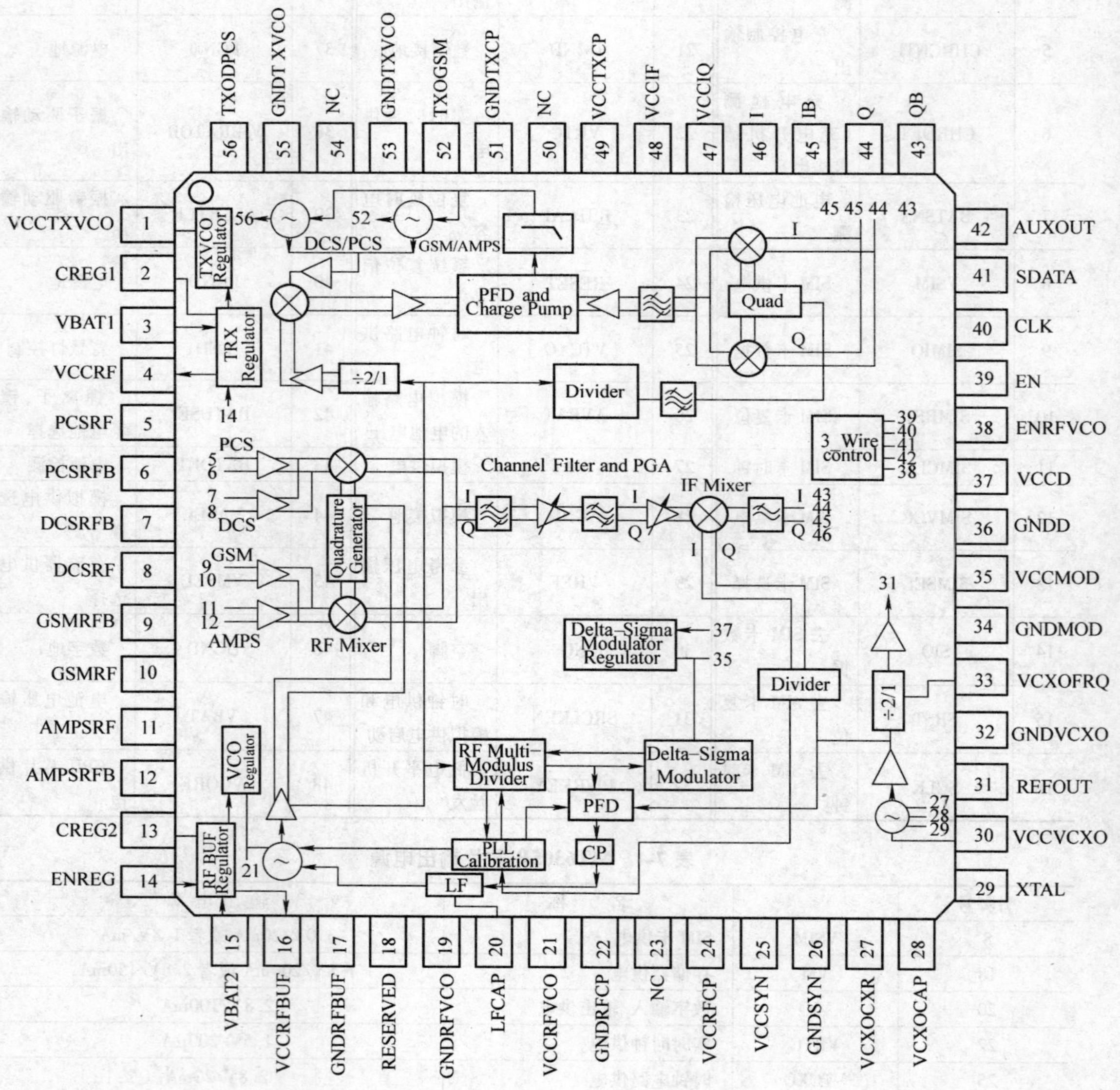


图 7-3 MT6129 的内部组成框图

## 7.4 V998型手机部分故障维修实例

手机故障现象五花八门，故障原因也缤纷复杂。V998型手机故障的维修可以参考其整机电路原理图（图4-2）、波形电压实测参考图（图7-4、图7-5）、元器件分布图（图7-6、图7-7）。下面介绍V998型手机的部分故障维修实例。图7-4、图7-5、图7-6、图7-7均见全文后彩色插页。

### 7.4.1 不开机故障与维修

**1. 开机条件**

只有在电源模块、逻辑电路和软件运行均正常的情况下，手机才能正常持续开机。

（1）电源模块工作正常

1）电源模块要正常工作，需要电池电压或外接电源电压。

2）无论高电平开机方式，还是低电平开机方式，开机触发信号都要有电平的变化。

3）电源模块内集成了多组受控和非受控稳压电路，当有开机触发信号时，电源模块的稳压输出端应有电压输出。对于摩托罗拉V998型手机，与开机有关的电源模块输出的主要电压见表7-5。

表7-5 V998型手机中与开机有关的电源模块输出的主要电压

| 电源名称 | 电压值 | 电源用途与测试点 |
|---|---|---|
| V2 | 2.75V | 在尾插左上方的测试点可以测到 |
| V3 | 1.8V | 在C926、C927处可以测到 |
| VREF | 2.75V | 在复合音频电源模块U900和暂存器U702之间夹缝里的电容上可以测到 |
| VRST | 2.5V(p-p) | 在尾插左侧有相应的测试点可以测到 |
| VBOOST | 5.6V | 在尾插左上方C934处可以测到 |
| LS_V1 | 5V | 在负压稳压管U901右侧可以测到 |

4）有开机维持信号（“看门狗”信号）。开机维持信号来自于中央处理器（CPU），电源模块只有得到手机开机维持信号后才能输出持续的电压，否则，手机将不能持续开机。

（2）逻辑电路工作正常

1）有正常的工作电源。按下开关键开机后，电源模块要输出稳定的供电电压为逻辑电路供电，包括CPU、码片、字库和暂存器等。

2）有正常的系统时钟。手机系统时钟电路分两种：一种是时钟VCO模块，当电源正常接通后，输出系统时钟信号；另一种由中频模块与晶振组成，中频模块得到电源后，由中频模块放大输出系统时钟信号。13MHz基准时钟信号一般经过电容、电阻或放大电路送至CPU，另外也供给射频锁相环电路作为基准时钟信号。

3）有正常的复位信号。对CPU开始供电时，内部各寄存器处于随机状态，不能正常运行程序，所以CPU必须有复位信号进行复位使各寄存器清零。手机中CPU的复位端一般为低电平复位。

4）逻辑电路本身正常。逻辑电路主要包括CPU、字库、码片和暂存器。当CPU具备电源、时钟和复位三个条件后，通过片选信号与字库、码片、暂存器联系，这些芯片会返回输出许可信号，暂存器还会用到写许可信号，然后经过数据线与地址线相互传送数据。片选信号是判断 CPU 开始工作的基本条件。

（3）软件运行正常　软件是 CPU 控制手机开机与各种功能的程序。开机程序与功能设置主要存放在字库与码片内。若软件出错或软件不正常，则有可能造成手机不开机、不入网、不显示、功能紊乱、死机等故障。

检修不开机故障时，重点检测外接电源供电、电源模块、时钟电路、复位电路、逻辑电路和重写软件。电源模块的检测包括开机信号线电压、开机维持信号电压、供给逻辑电路和时钟电路的电源输出，以及升压电源输出等。时钟电路的检测重点是基准时钟信号、实时时钟信号和相关电路。逻辑电路的检测重点是 CPU 对各存储器的片选信号等。

**2. 不开机故障维修实例 1**

故障现象：手机不开机。加上直流稳压电源，按开关键，在电阻 R804 处未检测到有高低电平的变化，在主电源供电管 VT942 的 5、6、7、8 脚处未检测到 3.6V 的电池电压，且电流表指针无任何摆动。

故障分析：电池电压从主电源供电管（电源切换管）VT942 的 5、6、7、8 脚送入，当 4 脚为低电平时，VT942 导通，从 1、2、3 脚输出 3.6V 的电压，送给复合音频电源模块 U900。手机的开机请求信号经电阻 R804 送入 U900，U900 受到触发开始工作，输出各种稳定的直流电压供手机使用。这种现象主要由于开机信号线开路、电池供电线路开路或 U900 不工作引起。

故障排除方法如下：

（1）检查开机信号线是否开路　给手机加上电池，不按电源开关键时，测电阻 R804 处应有 2.75V 的高电平；按下开关键时，测电阻 R804 处应有 1.5V 以下的低电平。若电压不正常，则检查开关键到键盘接口 J800 间是否有开路，键盘接口 J800 本身是否有虚焊和接触不良。一般被水浸过的手机极易产生此类故障。

（2）检查电池电压是否送到主电源供电管 VT942　给手机加上电池，测 VT942 的 5、6、7、8 应有 3.6V 的电池电压。若无，则检查 VT942 与电池间的连接是否开路。

（3）检查主电源供电管 VT942 送出的电压是否加到了复合音频电源模块 U900　按下电源开关键，测 U900 的电池电压输入脚应有 3.6V 的电压。若无，则检查 VT942 的输出脚与 U900 的电池电压输入脚间的连线是否开路。

**3. 不开机故障维修实例 2**

故障现象：手机不开机。加上直流稳压电源，按开关键开机时电流表指针有漏电流指示，或加上直流稳压电源不按开关键电流表指针就有漏电流指示。

故障分析：如果复合音频电源模块 U900 工作正常，按电源开关键开机时，U900 应输出 6 组稳定电压对手机逻辑电路、负压产生电路、SIM 卡电路等供电。这种现象表明 U900、电池直接供电的元器件或功放有短路或损坏。因为 U900 要对逻辑电路供电，如果 U900 损坏，手机逻辑电路不工作，就会造成手机不开机并伴有漏电流现象。

故障排除方法如下：

1）给手机加电 2min 左右后，用手触摸印制电路板上的元器件，将明显发热的元器件更换。若故障依旧，则查找其发热元器件的负载电路和其他供电电路是否有元器件损坏。

2）检查复合音频电源模块 U900 是否损坏。如果电池供电电路和复合音频电源模块 U900 工作正常，那么在 C932 处应有 2.75V 接收使能信号 RXON（RXEN），C926 处应有 1.8V 的 V3 电压，C924 处应有 2.75V 的 V2 电压；在 Y900 处应有 32.768kHz 的时钟信号，TRST（图 4-2 中的 TP704）处应有 2.75V 的 RESET 信号。如果上述某一处或某几处电压或信号不正常，那么应根据手机供电原理检查电池直接供电的其他元器件是否有损坏，或电池供电电路自身有无短路现象。电源滤波电容、电源保护二极管通常会出现短路故障。排除其他元器件或电池供电电路自身短路故障外，一般可断定 U900 损坏。

3）将功放 U400、U300 去掉，重新开机，若不漏电，则说明功放已被击穿，替换即可。也可通过测出 U400、U300 每个脚的对地电阻并与好手机的对地电阻进行比较以判断其好坏。

**4. 不开机故障维修实例 3**

故障现象：手机不开机。加上直流稳压电源，按电源开关键开机，电流表指针有电流指示，但电流表指针立即回到 0mA。

故障分析：这种现象说明电源部分基本正常，可能由于时钟电路或者 CPU 未正常工作引起。

故障排除方法如下：

1）VD230、Y230 是 13MHz 基准时钟电路的主要元器件。若对 VD230、Y230 及其相关元器件补焊后仍未测到 13MHz 基准时钟信号，则说明 Y230 晶振损坏，更换 Y230 即可。

2）用万用表判断电阻 R231、R230、R226 及电容 C236、C238、C226、C227、C232，电感 L230 是否有短路、开路或虚焊，补焊或更换坏件后一般可以排除故障。

3）CPU U700、暂存器 U702、版本 U701 等的损坏或虚焊也会引起此类故障，所以用免拆机软件维修仪刷机后，重新试机。

## 7.4.2　手机充电异常、自动关机和低电压告警故障

**1. 充电异常故障与维修**

充电电路一般由三部分电路组成：一是充电检测电路，用于检测充电器是否插入手机充电座；二是充电控制电路，用于控制外接电源向手机电池进行充电；三是电池电量检测电路，逻辑电路通过检测充电电量的多少控制充电电路的工作。

当充电检测电路出现问题时，通常会出现开机即显示充电符号或不充电等故障。当充电控制电路出现问题时，一般会出现不充电的故障。当电池电量检测电路出现问题时，一般会出现充电时始终充电、显示充电符号但不能充电等故障。

不充电故障的现象不同，故障维修方法也不同。V998 型手机不充电故障的维修方法如下：

1）插入电池显示非认可电池。测量电池接口 J604 的 2 脚（电池温度检测）、J604 的 3 脚（电池数据检测）是否为 2.75V，如果均为 2.75V，则更换 CPU U700；若 J604 的 3 脚电压为 1.8V，则说明 C603 漏电，更换 C603 即可。

2）插入电池时显示有电池符号，插入充电器则电池符号消失，拔掉充电器显示正常。此类故障一般为温度线电压故障。测量电池接口 J604 的 2 脚（电池温度检测）电压，若 J604 的 2 脚为 2.75V，则更换复合音频电源模块 U900。如果 J604 的 2 脚电压为 0.6V 左右，

则检测 VT628、R628、R627，必要时予以更换。

3）插入充电器，手机自动开机。此类故障一般因为复合音频电源模块 U900 损坏所致。

4）插入充电器，显示充电符号，但始终不能充满电。此类故障一般因为 CPU U700 损坏所致。

**2. 自动关机故障与维修**

手机自动关机即自动断电，分为不定时关机、按键关机、来电关机、开机后即关机、不能维持开机、合上翻盖关机和发射关机共七种类型。

（1）故障实例 1　打开翻盖时手机一切正常，合上翻盖 10s 后自动关机。

故障分析：打开翻盖时手机一切正常，说明手机电路工作基本正常；合上翻盖关机，说明翻盖检测电路工作正常；合上翻盖手机应进入待机状态，此现象说明故障原因在于不能进入待机状态。

故障排除：用示波器检测发现待机延时门电路 U703 的 2 脚无波形，拆下 R712 后，测 R712 与 U703 相接的另一端的对地阻值为无穷大，说明 R712 到 CPU U700 的 F3 脚已经断线。拆下 U700，用飞线连接 R712 与 U700 的 F3 脚，焊回 U700 后故障排除。

（2）故障实例 2　手机能开机，但当手机刚进入服务状态时，手机又关机。

故障分析：根据故障现象可以判定是因手机发射工作电流过大而关机，应对功放等发射电路进行检测。

故障排除：与同型号正常机比对发现，功放 U400 的部分管脚对地阻值不一致，说明 U400 损坏，更换 U400 后故障排除。

**3. 低电压告警故障与维修**

低电压告警故障的现象是正常充满电的电池上机后，仍显示电池电量低或显示电量不满格。此类故障的原因一般是电池触片氧化严重、电源模块不良、软件出错、电池供电负载电路漏电等。

故障实例：手机开机后出现低电压告警，然后关机。

故障分析：此类故障原因一般在电池供电路径以及电池检测电路。如果供电电路存在故障，那么会因电池电压大量消耗，使 U900 检测到错误的电池信息而关机。如果复合音频电源模块 U900 内的电池电量检测电路存在故障，那么会因错误的电池电量信息被传输至逻辑电路而关机。

故障排除：用万用表逐一检查供电路径时，未发现异常。再用万用表仔细检查供电电路时，发现供电电路存在漏电，清洗晾干印制电路板后故障排除。

### 7.4.3　不入网故障的维修

不入网故障分为有信号（有信号强度显示）不入网和无信号（无信号强度显示）不入网两种情况。不入网故障涉及射频电路、逻辑/音频电路等多个单元电路和手机软件。

手机开机后，如果手机接收电路有故障，因为不能接收基站发送的信道分配等信息，所以发射电路不能进入准备状态，故手机不能入网。有的手机只要其接收电路正常，就会有信号强度值显示，如三星、索爱等系列手机；有的手机必须等到进入网络后才显示场强信号值，如摩托罗拉、诺基亚等系列手机。判断故障部位时，将 SIM 卡插入手机，调整菜单，用手动方法寻找网络。如果能找到网络，那么说明接收电路正常，故障原因在于发射电路；否则，说明接收电路不正常，先予维修。

**1. 故障部位**

（1）射频供电不正常 射频供电一般是脉冲电压，而且受接收使能信号 RXON（RX-EN）或发射使能信号 TXON（TXEN）、频段切换等信号的控制。在待机状态下，接收电路的供电是间断性的，而发射电路的供电一般不会出现。如果拨打“112”，因为同时启动了接收电路和发射电路，所以两电路的供电均会出现，此时就可以用示波器观测供电波形。

（2）接收电路不正常 在待机状态下，背景灯熄灭后，整机电流应在 10～20mA 处呈现不断“脉动”状态。否则，说明接收电路工作不正常，可以重点检查天线及天线开关、滤波器、低噪声放大器和中频电路。

检查天线及天线开关时，可用一根长约 10cm 的导线焊接在可疑部件信号端口上进行故障定位，该方法即所谓的“假天线法”。滤波器的好坏可以用导线短接滤波器输入、输出端的短接法，或用好器件代换的代换法进行判断。低噪声放大器、中频电路多集成在芯片中，应首先进行补焊，然后检查供电电压及有关信号。

（3）频率合成电路不正常 频率合成电路由基准时钟振荡器、鉴相器、低通滤波器、压控振荡器和分频器组成，负责为手机接收电路和发射电路提供所需的振荡信号。

频率合成电路的检查重点是基准时钟电路和压控振荡电路。基准时钟电路的输出信号频率稳定性、自动频率控制信号，以及压控振荡电路的供电、锁相环控制电压、输出频率的稳定性，及其上述供电或信号的有无等应引起注意。

（4）逻辑/音频电路不正常 逻辑/音频电路大多集成在芯片中，检修时应先进行补焊和清洗。

（5）发射电路不正常 发射电路的很多供电、输入信号、输出信号只有在发射状态下才能测量到，因此，检修发射电路应首先启动发射电路，然后借助于万用表、示波器、频谱分析仪、频率计等进行测量。检修重点是发射中频调制电路、发射 VCO 电路、功放电路、发射滤波器和天线开关电路。可以采用电流法检修发射 VCO 电路，采用“假天线法”检修发射滤波器和天线开关电路，其他电路的检修可以首先进行补焊，然后采用代换法等。

（6）软件不正常 手机射频供电和双频切换均由 CPU 控制，如果软件不正常，那么将会引起不入网等故障。检修重点是用示波器观测发射使能信号 TXON（TXEN）和接收使能信号 RXON（RXEN）是否正常。检查 TXON 信号时，应拨打“112”。

**2. 故障维修实例**

（1）故障实例 1 有时开机后很快能搜到网，有时开机后一直出现搜索网络，加电时发现手机无信号。

故障分析：信号时有时无有两种原因造成：一是接收电路元器件虚焊（滤波器、天线开关）或损坏；二是频率合成电路的基准时钟频偏不正常，频偏不正常的原因在于基准时钟电路和中频电路存在异常。

故障排除：拆机加电时发现用手压住 CPU U700 时有信号，松开手再开机时无信号，用手压住复合音频电源模块 U900 时出现相同现象，说明故障原因在于元器件虚焊。对 U700 补焊后故障依旧，再将 U900 拆下植锡重装后一切正常。这是因为 U900 虚焊输出 AFC 不正常，引起 13MHz 频率不准而产生上述故障。

（2）故障实例2　接入稳压电源，按电源开关键开机，显示电流首先从40mA上升到80mA，然后回落到70mA处抖动约3s，再升至110mA处，最后回落到10mA。

故障分析与排除：开机电流基本正常，手机无信号原因应在接收电路。首先用手捏住中频模块U913试机，手机可以找到网络，信号也稳定，说明故障原因在于U913虚焊，对U913补焊后故障排除。

（3）故障实例3　手动进入功能菜单查找网络，手机能搜到网络，但不能入网。

故障分析与排除：打开射频部分屏蔽罩，对功放U400进行补焊后重新试机，手机出现信号但不能发射。所以判断故障原因在于手机发射功率小，更换功放后故障依旧，怀疑天线开关（合路器）U101损坏。拆下U101，在功放输出端接一假天线试机，手机能正常发射，证明U101损坏，更换U101后故障排除。

## 7.4.4　手机无发射故障的维修

手机无发射是指手机可以开机、入网，但拨打电话时无法连接或发射。无发射故障可以通过如下方法进行判断：将固定电话送话器拿起，用手机拨打“112”，若在固定电话机的送话器里听不到干扰声，则说明手机无发射。

**1. 故障部位**

无发射故障部位主要包括以下几个方面：

（1）发射电路故障　手机发射电路中，发射中频调制、发射VCO、功放、功控、发射滤波器等电路不良均有可能引起手机无发射故障，维修方法如7.4.3节所述。

（2）逻辑音频电路故障　如果逻辑音频电路工作正常，用手机拨打“112”时，就可以用示波器观察到发射模拟基带信号（TXI/Q）；否则，应对逻辑音频电路进行检修，检修时，应先对逻辑音频模块进行补焊。

（3）软件故障　如果手机软件工作正常，那么在待机状态下，用示波器观测发射使能信号（TXON、TXEN）应为低电平。启动发射电路或拨打“112”时，TXON信号应为高电平的脉冲信号。在启动发射电路或拨打“112”时，观察直流稳压电源上电流表的指示，会发现电流表指针有规律的摆动，说明软件运行正常。检修时，应先对CPU、版本和码片进行补焊，若故障依旧，则重写软件资料。

**2. 故障维修实例**

故障现象：接收信号很好，发射时没有发射电流，进入测试状态时同样无发射电流。

故障分析与排除：该故障原因在于发射电路，利用“假天线法”等方法依次查找天线电路、发射滤波器和功放电路未排除故障。再用示波器、频谱仪检查发射中频调制电路和发射VCO电路，发现发射VCO（U250）的8脚无复合中频模块U913的B1脚输出的CP_TX信号。进一步仔细查找，发现R201虚焊，补焊后故障排除。

## 7.4.5　手机显示故障的维修

手机正常显示的条件是液晶显示屏驱动电源、显示时钟、显示数据线和液晶显示屏正常。显示故障的一般原因包括显示屏损坏或导电橡胶接触不良、显示屏接口各引脚电压不正常、电源模块或CPU虚焊或损坏，以及软件出错等。

（1）故障实例1　使用一年后出现显示错乱，有时无显示，显示背景灯则时有时无。

故障分析与排除：使用时间较长，且背景灯和显示不稳定，一般是因为显示屏接口线（排线）断裂、接触不良造成。将排线更换后故障排除。更换排线时应注意以下事项：

1）排线的选择。市场上销售的排线有 01、02、03 和 05 四种排线，在排线的上方可以看到标记。05 排线可代替 02、03 排线，02、03 排线可互换。

2）更换排线时，最好不使用新排线上的阻容元件，应使用旧排线上的阻容元件。

3）如果排线只是某一条或两条断裂，那么可用漆包线替代断线。主板内 J700 的第 1 脚与显示屏发光二极管正极相接，若背景灯不亮，则可用飞线连接。

（2）故障实例 2　手机无显示。更换一块新屏，仍无显示。

故障分析与排除：换屏后仍无显示说明故障由主板引起。取出主板，用示波器测量显示屏接口 J700 各引脚电压，发现 J700 第 19 脚无 2. 75V 的脉冲数据波形。而 J700 第 19 脚应该经过 R703 与 CPU U700 的 B12 脚（A0）相连，但仔细观察发现 R703 已被人拆下，更换 R703 后故障排除。

### 7. 4. 6　其他故障的维修

除了上述故障外，其他故障主要包括不认卡、信号指示不正常、背景灯不亮、不能送话、不能听音等故障。部分故障维修实例如下：

**1. 故障实例 1：手机出现非认可电池**

故障分析与排除：出现非认可电池一般是因为电池信息检测有问题，所以首先用万用表检查电池信息检测端（BAT _ SER _ DAT）与有关电路的连接情况，发现电池接口的 BAT _ SER _ DAT 端有短路情况，进一步分析发现 CPU U700 存在故障，更换 CPU 后故障排除。

**2. 故障实例 2：手机进水后不认卡**

故障分析与排除：在开机时刻，用示波器观测 SIMDAT、SIMCLK、SIMRST 信号应为 3V（或 5V）左右的脉冲信号；在开机后，用万用表可以测到 SIM 卡电源 SIMVCC。检查发现 SIM 卡卡座各脚的供电电压、时钟、复位、数据信号均异常，进一步观察发现 VT902 各管脚腐蚀严重，取下 VT902，清洗主板，更换 VT902 后故障排除。

如果测不到有关信号，那么产生故障的原因除了卡座及其触点接触不良外，还有可能是 SIM 卡卡座供电开关管周围电阻、电容与卡座脱焊等。

**3. 故障实例 3：手机背景灯不亮**

故障分析与排除：背景灯不亮，通常是由背景灯控制电路和印制电路板内连座接触不良所致。用一个好的按键板替换，开机后背景灯仍不亮，所以怀疑驱动电路 VT939 损坏。更换 VT939 后故障排除。

**4. 故障实例 4：用尾插供电时，背景灯能亮，用电池供电时背景灯不亮**

故障分析与排除：拆下主板，用尾插供电，测 VT939 的 2 脚背景灯使能（BKLT _ EN）信号的电压为 2. 8V（在正常范围）。在 VT939 的 4、5 脚测量背景灯供电电压（BKLT +）为 2. 8V（在正常范围），在内连座的 1、3 脚测 BKLT + 电压为 2. 8V（在正常范围）。用直流稳压电源供电，测 VT939 的 2 脚 BKLT _ EN 电压为 0V。由于 BKLT _ EN 电压受 CPU 直接控制，又和软件有关系，所以怀疑软件有问题。重写软件后故障排除。

**5. 故障实例 5：手机能打电话，但听不到对方声音**

故障分析与排除：能打电话但听不到声音说明故障原因在于接收音频电路。利用测试指令“434#”、“36#”启动手机音频回路。用示波器检查主机板与翻盖连接座，在连接座处能够检查到音频信号，说明接收音频电路正常，故障应在翻盖上。用万用表检查受话器电阻为无穷大，说明受话器损坏，更换受话器后故障排除。

## 小　结

本章主要介绍手机维修的基本知识，如手机维修的基本原则与维修流程，手机故障的分类与维修技巧，手机芯片的类型与特征，以及手机故障维修实例等。

1）手机维修的基本原则是：先清洁后维修、先机外后机内、先静态后动态、先补焊后检测、先电源后其他、先简单后复杂。

2）手机维修流程是：拿到故障机后，首先通过故障现象判断故障原因，其次查看菜单是否设置错误，再通过测试电流进一步确定故障部位，接着拆机排除接触故障，最后补焊、替换，并开机试验。

3）手机在开机30s内、待机状态、接收测试状态、发射测试状态、拨打“112”时的工作状态不同。

4）手机故障的产生原因主要包括菜单设置错误、使用不当、质量故障等。

5）常见手机故障包括不开机、自动开机、自动关机等。

6）手机开机的必要条件是：供电电压、13MHz（或26MHz）基准时钟信号、复位信号和开机维持信号正常。

7）自动关机（自动断电）故障主要包括振动时自动关机、按键关机、发射关机等情况。

8）不入网故障分为有信号不入网、无信号不入网两种情况。

9）不识卡故障一般由于手机软件不正常，卡检测（或卡激励）电路不正常，SIM卡卡座断线、虚焊、接触不良，或CPU、电源模块虚焊、接触不良等原因引起。

10）手机正常显示的条件是供电、显示使能、时钟、复位、数据和液晶显示屏正常。

11）手机故障维修方法主要有补焊法、电压法、电流法、电阻法、信号追踪法、清洗法等。

12）常见手机芯片系列有美国模拟器件公司的AD系列、荷兰飞利浦公司的VP、OM系列、芬兰诺基亚公司的DCT3、DCT4系列、德国英飞凌PMB系列射频芯片等。

## 习　题　7

7.1　数字手机维修的基本原则是什么？

7.2　数字手机维修的基本流程是什么？

7.3　数字手机的工作状态分哪几类？如何使手机处于不同的工作状态？不同状态时，手机的工作特点是怎样的？

7.4　数字手机故障的产生原因有哪些？

7.5　数字手机故障有哪几类？如何判断每种故障的产生原因和故障部位？

7.6　数字手机故障维修方法有哪些？每种方法的要点是什么？

7.7　数字手机故障维修技巧有哪些？

7.8　常见数字手机芯片有哪些？各有什么特征？

# 第 8 章　手机软件、新增功能与 3G 手机简介

**本章要点：**手机软件、手机游戏的分类，手机病毒的工作原理、特点、传播方式与防范，手机拍照功能、收音机功能，触摸屏的工作原理，以及 3G 移动通信系统的技术标准与 3G 手机电路的组成。

**学习参考：**要求通过学习熟悉手机操作系统、手机游戏分类、3G 移动通信系统的技术标准；了解手机游戏文件格式与上网设置；了解手机病毒的工作原理、特点、传播方式与防范；了解手机拍照、收音机功能；了解触摸屏的工作原理及部分故障的维修，以及部分手机新增功能和 3G 手机电路的组成。

## 8.1　手机软件与手机部分新增功能简介

### 8.1.1　手机软件

手机软件用于实现手机各部分之间的联系与控制，使之协调工作完成各种功能，如电话簿、上网、游戏等，它是各种程序指令与数据库的集合。手机软件分为以下三个层次：

1）操作系统（Operating System，OS）软件主要用于基带电路与射频电路之间的信号联系与指令处理，包括 Symbian、Windows CE、Palm、Linux 操作系统。操作系统均遵循 GSM、GPRS、CDMA 或 3G 手机的网络协议。

● Symbian 操作系统　Symbian 操作系统是由 Symbian 公司开发的、专门用于手机的嵌入式智能操作系统。Symbian 操作系统功能强大，对硬件要求较低，支持 C ++、VB 和 J2ME 等语言，界面良好，可以提供强大的娱乐、商务和通信等功能，并提供开放的开发环境供各手机厂商使用，但兼容性较差。诺基亚、索爱、摩托罗拉、西门子和松下等公司大多采用 Symbian 操作系统，如诺基亚 6600、索爱 P908、西门子 SX1 型等手机。

● Windows CE 操作系统　Windows CE 操作系统由微软公司开发，用在多普达智能手机系列等。Windows CE 操作系统拥有强大的内建软件，如 WORD、EXCEL、IE、Media Player 等，该系统稳定性稍差，对硬件要求较高，手机造价高、耗电量大。

● Palm 操作系统　Palm 操作系统由 Palm 公司开发，其操作界面采用触控式，多数控制选项排列在屏幕上，使用触控笔即可实现很多操作。Palm 操作系统对硬件要求很低，手机造价低、耗电量小。三星 SGH—i500、奔迈 Treo 600 型等手机均采用 Palm 操作系统。

● Linux 操作系统　Linux 操作系统核心最早由芬兰的 Linus Torvalds 于 1991 年 8 月在赫尔辛基大学发布，该操作系统具有源代码开放、软件授权费用低等优点。摩托罗拉 A760、三星 I519 型等手机均采用 Linux 操作系统。

除了上述操作系统外，还有 S60、S70 等操作系统，它们是 Symbian 操作系统的分支。

2）与电话簿、短信息等有关的内置手机应用软件，以及有的手机上已经集成的 J2ME 开发平台。J2ME 开发平台可使手机运行第三方开发的应用程序。

3）在J2ME平台上开发的一些应用程序，如各种游戏、图片浏览等，以及应用程序接口（Application Program Interface，API）接口函数等。API接口函数可使手机同外部个人电脑（Personal Computer，PC）通过数据线进行数据传送，也可通过无线方式与外界服务提供商进行数据传递。

### 8.1.2 手机部分新增功能

随着科学技术的发展，手机除了用于通话、发短信外，还增加了上网、游戏、拍照等功能。手机也由普通手机和具有一定智能化的智慧型手机发展到智能手机。

智能手机（Smart Phone）是指像电脑一样具有独立操作系统、可由用户通过下载安装软件来扩充功能的手机。智能手机的部分新增功能如下：

（1）无线接入互联网的能力 兼容GSM网络下的GPRS、CDMA网络下的CDMA 1X和3G网络，可以为用户提供很多增值业务，如股票、新闻、天气、交通等信息，以及应用程序和音乐图片的下载、电子邮件的收发等。

（2）PDA功能 PDA即个人数字助理，一般是指具有计算、电话、传真和网络等功能的掌上电脑。PDA一般不配备键盘而采用手写输入或语音输入，采用标准的串口、红外线接入方式，并内置Modem以便于连接电脑或上网。PDA使用的操作系统主要有Symbian、Palm和Windows CE操作系统。

具有PDA功能的智能手机可以提供记事、通讯录、名片交换、行程安排等个人信息管理（Personal Information Management，PIM），以及数字录音等多媒体应用功能。

（3）具有开放性的操作系统 可以在开放的操作系统平台上安装更多的应用程序，使手机的功能得到无限扩充。

## 8.2 手机上网

手机上网指的是手机本身能够登录互联网、处理邮件和浏览网站等业务，而不是通过红外线或数据线等方式与电脑连接的上网。目前，手机上网主要采用WAP和GPRS方式。

### 8.2.1 WAP与GPRS简介

无线应用协议（Wireless Application Protocol，WAP）又称为手机上网协议，是一种手机上网的网络服务。通过WAP可以利用手机进行联网查账、存款和转账等业务，或通过手机浏览服务信息，如旅馆、天气预报和交通信息等。

GPRS即通用分组无线业务，是一种基于GSM系统的、高速的分组数据承载业务。GPRS提供端到端、广域的无线IP连接，并以“分组”形式把资料传送到用户。GPRS系统不同于GSM系统，前者是一种分组交换系统，后者是一种电路交换系统。

WAP与GPRS属于不同的范畴，WAP用于将互联网的丰富信息及先进的业务引入到移动电话等无线终端中。如果GPRS和GSM是公路，WAP就是可以在GPRS和GSM两条公路上行驶的汽车，而行驶在GPRS公路上可以提高数据传输速度。

目前，多数能上网的WAP手机是GPRS手机，也有少数手机属于CDMA 1X手机。WAP上的内容一般通过GPRS进行浏览和应用。

### 8.2.2　手机上网设置

对于GPRS手机，通常需要先到移动营业厅或拨打10086申请开通GPRS业务，并进行网关、IP和主页等的上网设置后才可以上网浏览。与GPRS手机不同，CDMA手机上网前，需要拨打当地联通客服热线10000来开通CDMA 1X业务。手机上网设置的其他内容，此处不再赘述。

## 8.3　手机病毒及其防范

手机病毒是一种以手机为感染对象，以手机网络和计算机网络为平台，通过发送短信、彩信、电子邮件、浏览网站、下载铃声等方式进行传播，并对手机进行攻击使之产生异常的一种新型病毒。手机病毒实际上是针对某种手机操作系统的安全漏洞等，利用JAVA等高级语言编写的对手机进行攻击的软件。

手机病毒可以使手机产生死机、关机、资料被删、向外发送垃圾邮件、拨打电话等危害，甚至损坏SIM卡、芯片等硬件。

### 8.3.1　手机病毒的工作原理

手机软件一般用JAVA、C++等语言开发并固化在手机芯片中，故手机病毒可以针对某种手机操作系统的安全漏洞等对手机进行攻击，使手机工作异常或报废。因为不同手机厂商的开发工具和手机上层软件不同，而且绝大多数手机目前尚不支持外来软件的运行，所以多数手机病毒还无法实现跨手机攻击，只有少数手机会被攻击，短信病毒也只是单纯一对一地实施攻击。

手机病毒进行传播和发作的两个重要条件是：移动服务商提供数据传输功能和手机支持JAVA等高级程序写入功能。所以，具有上网和下载等功能的智能手机极易遭受手机病毒侵害，而普通手机则极少被病毒感染。

### 8.3.2　手机病毒的特点

手机病毒具有传染性、破坏性、可触发性、寄生性等特点。

（1）传染性　手机病毒传染性指的是手机病毒对其他文件的感染。一旦手机病毒程序被执行，它会通过自身复制，传染其他文件使之不能正常运行。

（2）破坏性　任何病毒侵入目标后，都会对系统的正常使用造成一定的影响，如降低系统性能、占用系统资源，或者破坏数据导致系统崩溃，甚至损坏硬件。

（3）可触发性　手机病毒在感染文件后可能不立即发作而是隐藏在系统中，只要不满足被激活的条件，手机病毒既无传染性也不具有破坏性。但一旦满足手机病毒被激活的条件，病毒将传染并对系统造成破坏。

（4）寄生性　手机病毒嵌入在手机软件中，当软件被执行时，病毒程序将会被激活而进行病毒复制和传播。

### 8.3.3 手机病毒的攻击方式

手机病毒主要有直接攻击手机本身、攻击手机网络服务器、攻击和控制手机网关三种攻击方式。

1）直接攻击手机本身，使手机无法得到服务。这种方式是手机病毒最初的攻击方式，也是目前手机病毒的主要攻击方式。它通过发送“病毒短信”的方式进行攻击，一旦用户浏览“病毒短信”，手机就会出现关机、重启等异常。

2）攻击手机网络服务器，使手机无法正常接收信息。手机网络服务器负责为用户提供手机上网等服务。手机病毒可以利用手机网络服务器的安全漏洞对其进行攻击，使具有上网浏览等功能的手机不能正常上网。

3）攻击和控制手机网关，影响手机的正常通信。网关是网络之间的联系纽带，手机病毒可以利用手机网关的安全漏洞对其进行攻击，使整个手机网络受到影响，导致手机的所有服务不能正常执行。另外，一旦手机网关出现漏洞，手机病毒不仅可以通过手机攻击整个网关，还可以通过互联网攻击手机网关，造成更严重的破坏。

### 8.3.4 手机病毒的传播方式与安全防范

为了防止病毒危害，在手机的日常使用中，除了尽量少从网上下载信息外，还要了解手机病毒的传播方式，时刻防范病毒侵害，随时注意监测手机的异常情况，及时发现病毒。

**1. 病毒传播方式**

（1）利用病毒短信或乱码电话方式传播 病毒短信或乱码电话方式是目前手机病毒的主要传播方式，尤以病毒短信方式为最。病毒短信传播时会发出一连串由奇怪字符组成的病毒短信，它会使手机无法提供某些方面的服务。乱码电话传播时会在来电显示中显示乱码，一旦接听乱码电话，就会感染病毒，破坏机内所有设定。

（2）诱骗用户下载并运行的方式传播 2004年8月6日发现布若达（Backdoor. Wince. Brador. A）病毒。布若达病毒属于手机后门病毒，它不能主动传播，只能由攻击者通过电子邮件或其他手段诱骗用户下载并运行的方式进行传播。利用布若达病毒，攻击者不但可以偷窃中毒手机中的电话号码和电子邮件，还可以对手机进行远程控制，运行多种危险指令。

（3）利用蓝牙功能传播 2004年12月，在上海发现国内首例蓝牙病毒——卡波尔（Worm. Symbian. Cabir. a）病毒。卡波尔病毒是全球首例手机蠕虫病毒，它会攻击采用Symbian操作系统的手机。卡波尔病毒可以修改手机的系统设置，使用户每次开机都要首先运行病毒程序，手机显示屏上出现“Cabir”等字样；还会通过蓝牙功能对临近手机进行扫描，在发现存在漏洞的手机后，病毒就会复制并发送到该手机上；而且卡波尔病毒还可以在Symbian操作系统的系统目录下释放多个病毒体。

（4）通过感染计算机上的手机可执行文件传播 2005年1月11日，韦拉斯科（Win32. SIS. Velasco）病毒被发现，该病毒是全球第一例可以同时在手机Symbian操作系统和电脑Windows系统上运行的病毒。韦拉斯科病毒感染电脑后，会搜索并感染电脑硬盘上的SIS可执行文件。用户一旦将SIS文件传向手机，手机就会被感染。中毒手机会通过蓝牙功能搜索附近的手机并试图向其发送病毒文件。韦拉斯科病毒会大幅度缩短手机电池的使用时间，手机上的其他应用程序也可能出现异常。

（5）利用多媒体信息服务（Multimedia Messaging Service，MMS）方式传播　Commwarrior（属于彩信病毒）最早起源于爱尔兰，它只能感染 Symbian 操作系统的手机。Commwarrior 病毒能够使手机向随机的联系人发送隐藏在彩信中的自身复制，还能够通过蓝牙功能传播。

为了诱惑收件人，Commwarrior 病毒将其软件伪装成 20 多种貌似正常信息的附件。如果用户打开电子邮件并下载其中伪装为附件的恶意代码，手机就会感染病毒。

（6）利用手机中的 BUG（漏洞）传播，直接破坏手机功能　此类病毒在手机等便携式信息设备的 EPOC 操作系统上运行，如“EPOC _ ALARM”、“EPOC _ BANDINFO. A”、“EPOC _ FAKE. A”、“EPOC _ GHOST. A”、“EPOC _ ALONE. A”等。中毒手机主要表现为持续发出警告声音，将用户信息变为“Somefoolownthis”，手机键盘操作功能丧失，或在显示屏上显示格式化内置硬盘画面，使背景灯持续闪烁等。

EPOC 操作系统是 Psion Software 公司推出的专门用于手机、掌上电脑等移动设备的操作系统。

部分手机病毒名称与手机中毒现象见表 8-1。

**表 8-1　部分手机病毒名称与手机中毒现象**

| 病毒名称 | 手机中毒现象与说明 |
| --- | --- |
| EPOC _ ALARM | 使手机持续发出警告声音 |
| EPOC _ ALONE. A | 是一种恶性病毒，会使键盘操作失效 |
| EPOC _ BANDINFO. A | 病毒发作时会将用户信息更改为“Somefoolownthis（傻瓜的手机）” |
| EPOC _ FAKE. A | 显示格式化内置硬盘画面（实际并不执行格式化操作） |
| EPOC _ GHOST. A | 在手机画面上显示“Everyonehatesyou（每个人讨厌你）” |
| EPOC _ LIGHTS. A | 使手机背景灯持续闪烁 |
| Hack. mobile. smsdos | 又被称为“移动黑客”，它通过带有病毒程序的短信息传播，用户只要查看手机中的中毒短信息，手机就会自动关闭或出现死机 |
| Timofonica | 给地址簿中的邮箱发送带病毒的邮件，还能通过短信服务器中转，向手机发送大量短信 |
| Trojanhorse（木马） | 是恶意的木马病毒，病毒发作时会利用通讯簿向外拨打电话或发送邮件，甚至打电话找警察 |
| Unavaifabie | 当有来电时，屏幕上显示的不是电话号码，而是“Unavaifaule（故障）”字样或一些奇怪的字符。如果此时接起电话就会染上病毒，并丢失机内所有资料 |
| 蚊子木马 | 该病毒隐藏于手机游戏“打蚊子”的破解版中。虽然该病毒不会窃取或破坏用户资料，但它会自动拨号，向所在地为英国的号码发送大量文本信息，致使用户信息费剧增 |

**2. 手机病毒的安全防范**

为了防范手机病毒的侵害，避免不必要的损失，应注意以下事项：

1）对于将要购买的手机，用户应在购买前对手机是否存在安全漏洞进行了解，尽量不购买有安全漏洞的手机。

2）不要轻易打开不认识的短信，陌生短信最好直接删除。一旦手机内存被病毒短信占据并无法删除，应与手机厂商联系对手机主板程序（版本）进行升级。

3）在公众场合，尽量不要开启蓝牙功能。若要打开蓝牙功能，则应在蓝牙设置中将本手机设置为“隐藏”。其次，不要接受陌生的、不明来历的蓝牙信息。蓝牙病毒通过发送蓝牙消息进行传播，无论是否接受，对方都会重发，所以遇此情况，直接删除蓝牙信息即可。

4）及时升级手机版本以修改系统内的一些 BUG、修补漏洞，以免遭受不明攻击和潜在威胁，并提升手机性能和工作稳定性。在升级版本之前，应对手机重要资料进行备份，以免造成文件丢失。

手机版本升级时，依据从手机上查看到的手机操作系统证书，登录手机厂家的官方网站，并对查看到的手机软件补丁进行下载安装。

5）如果条件允许，应该安装正版手机杀毒软件，定期对手机进行查毒杀毒，并注意对手机杀毒软件的版本升级和病毒库更新。

**3. 手机病毒清除实例**

手机病毒的感染对象主要为智能手机。为了防范手机病毒，应在智能手机中安装资源管理软件，以便在资源管理器中把病毒文件卸载，再用杀毒软件清除病毒。例如，卡波尔（Worm. Symbian. Cabir. a）病毒的清除方法如下：

1）在智能手机中安装一个文件管理程序，如 Fexplorer 软件。

2）设置文件管理程序允许查看系统目录里的文件。

3）在所有驱动器中查找目录“C：\ system \ apps \ caribe”。

4）删除“C：\ system \ apps \ caribe”目录里的“caribe. app、caribe. rsc、flo. mdl”。

5）进入目录“C：system \ symbiansecuredata \ caribesecuritymanager”，然后删除“caribe. app”、“caribe. rsc”、“caribe. sis”文件。

6）进入目录“C：\ system \ recogs”删除“FLO. MDL”文件。

7）进入目录“C：\ system \ installs”删除“CARIBE. SIS”文件。

8）如果无法删除步骤 4）、5）中的“CARIBE. RSC”文件，那么说明病毒正在运行。可以先把可删除的文件删除，然后重启手机，即可删除“CARIBE. RSC”文件。

## 8.4 手机游戏

手机游戏指的是可以在手机上进行的游戏。手机游戏现已具有很强的娱乐性和交互性。

### 8.4.1 手机游戏的分类

手机游戏分为文字类游戏和图形类游戏。

**1. 文字类游戏**

文字类游戏指的是以文字交换为游戏形式的游戏。因文字类游戏需要用户按照有关提示，通过回复文字信息或选择选项进行游戏，故具有良好的兼容性，但娱乐性较差。目前出现了一些配合图片的短信游戏和 WAP 游戏，但因为它们的游戏手段依然是文字，所以仍属于文字类游戏。

文字类游戏分为短信类游戏和 WAP 浏览器游戏等。

（1）短信类游戏 短信类游戏是一种利用手机短信进行游戏的文字类游戏，如虚拟宠物游戏等。在虚拟宠物游戏中，手机会收到诸如“宠物饥饿度为70，……”、“喂食请回复数字‘1’，……”等信息。如果回复数字“1”，手机就会收到“喂食完毕，宠物饥饿度变为20”等信息，依此类推达到游戏目的。

（2）WAP浏览器游戏 WAP浏览器游戏指的是通过手机自带的WAP浏览器浏览手机网站上的页面，并根据页面上的提示，通过选择各种不同选项的方法进行游戏的文字类游戏。

因为WAP没有图片和容量限制，所以在表达方式上优于短信类游戏，但仍欠直观。

**2. 图形类游戏**

图形类游戏指的是以动画形式表现游戏情节的游戏。图形类游戏通过操纵画面上的角色进行游戏，具有较强的游戏性和良好的情景融入感。

在国内，图形类游戏分为嵌入式游戏、JAVA游戏和BREW游戏等。

（1）嵌入式游戏 嵌入式游戏是一种将游戏程序预先固化在手机芯片中的游戏，如贪吃蛇、疯狂赛手游戏等。由于嵌入式游戏的所有数据均被预先固化在手机芯片中，所以无法对其进行修改、升级或删除。

（2）JAVA游戏 JAVA游戏是大多数手机都支持的、利用JAVA语言开发的较普及的手机游戏。JAVA语言是一种结构简单、具有很强兼容性的程序语言。

如果手机支持JAVA程序，就可以通过GPRS接入中国移动无线JAVA服务平台下载并运行JAVA游戏，还可以下载各种动漫画、小小说和收发邮件、查询信息等。

（3）BREW游戏 BREW游戏是一种利用BREW（Binary Runtime Environment for Wireless，无线二进制运行环境）语言编写的游戏，它具有较强的画面表现力和更加复杂的游戏内容。目前，只有CDMA手机支持BREW程序，但CDMA手机同时也支持JAVA程序。为了减小游戏开发成本，CDMA手机上的游戏一般为JAVA游戏而非BREW游戏。BREW语言是高通公司为无线平台量身定做的程序语言。

## 8.4.2 手机游戏格式、下载与安装方法

**1. 手机游戏格式**

手机游戏格式即手机游戏文件的扩展名。常见的手机游戏格式有JAR、SIS、MGS、FC、MD等。SIS、MGS格式的游戏又被称为SIS游戏、MGS游戏。

（1）JAR格式 JAR格式是支持JAVA游戏的一种游戏格式。JAR文件是类似于ZIP文件的压缩文件，但JAR文件无需解压缩。下载的JAR文件可直接通过个人电脑套件传输到手机中，并在手机中自动提示安装。JAR文件与ZIP文件的区别在于，JAR文件包含了一个在生成JAR文件时自动创建的meta-inf/manifest. mf文件。

JAVA游戏中包括安装数据文件（JAR文件）和安装信息文件（JAD文件）两个文件。JAD文件包含程序的大小、名称、类型、安装路径、版权等信息，可以通过修改JAD文件改变JAVA程序的安装路径。在安装过程中JAR文件是必不可少的，JAD文件则无关紧要。如果没有JAD文件，那么JAVA程序将安装在“应用程序”中。

（2）SIS格式 SIS格式是诺基亚等智能手机用的游戏格式。SIS格式游戏与JAR格式游戏的安装方法相似。多数SIS游戏需要经过破解，有时需要注册机算号。算号时，按下

＊#06#查看手机串号，并在个人电脑上运行注册机算出号码即可。个别 SIS 游戏如 MB2（“金属咆哮2”）等需要文件覆盖。安装好游戏后，先不要进入游戏，而是打开 SELEQ 或者 FILEMAN，并进入“E：\ system、apps”目录，找到与游戏相关的文件夹中某个扩展名为“. app”的文件，然后把破解的“. app”文件复制到上述文件夹中即可。

（3）MGS 格式　MGS 格式文件与 SIS 格式文件的安装方法相似，但首先要安装 MGS 通用平台 196 或者 197（版本号），再安装 MGS 格式的游戏（也属于 SIS 格式），游戏和平台宜安装在 E 盘上。MGS 游戏安装后不会出现在菜单里面，而是直接添加到 MGS 通用平台中，运行 MGS 通用平台选择游戏即可运行游戏。

（4）FC、MD 等格式　FC、MD、GB 与 SFC 等均为手机上带模拟器的游戏格式。模拟器即游戏平台，此类游戏统称为模拟器游戏。模拟器游戏需要首先安装模拟器，再把模拟器游戏文件取为英文名，并复制到相应目录下。**注意：**MD 游戏可以随意放置。

**2. 手机游戏下载**

JAVA 游戏等一般需要下载游戏安装文件后才能进行游戏，下载游戏安装文件的方法有以下三种方式：

（1）通过电脑下载　通过电脑下载指的是首先通过电脑将网站上的游戏安装文件下载到电脑，然后通过蓝牙、数据线传到手机上，或者通过读卡器将游戏安装文件传到手机上。

（2）直接上网下载　直接上网下载指的是进入网站后，直接下载游戏安装文件到手机上。直接上网下载游戏时应注意：手机必须支持 JAVA 功能并已开通 GPRS 业务，用随带光盘或从有关网站下载 JAVA 软件并在手机上安装。

（3）手机互传游戏安装文件　手机互传游戏安装文件指的是手机与手机间通过红外、蓝牙互传游戏安装文件。手机型号不同，文件互传方法也不同，可以按照有关提示进行操作。若在操作中遇到问题，则可参考以下方法加以解决：

1）连接时出现密码错误。一般情况下，双方输入相同的密码即可实现蓝牙连接。之所以在连接时出现密码错误是因为未进行设备匹配或个别手机需要输入既定密码。进行设备匹配或输入既定密码后即可传输文件；否则，将提示密码错误。

2）蓝牙都打开了，却找不到对方。之所以出现此种现象一般是因为手机蓝牙设置为“不可见”。将打开的手机蓝牙设置为被其他设备“可发现”或“可被查找”，即可被对方找到。

3）出现“连接已达到最大数”等提示。出现此类提示一般是因为连接对方时，双方或其中一方正在和其他设备进行蓝牙通信，只要结束与其他设备的连接即可。

下载游戏安装文件的具体步骤可参看有关书籍，此处不再赘述。

**3. JAR、JAD 文件的安装方法**

手机不同，JAR、JAD 文件的安装方法也不同。例如，摩托罗拉手机安装传输软件 Midway 2.8 汉化版后，安装 JAVA 程序的步骤如下：

1）下载 JAVA 程序后，如果 JAVA 程序里只有一个 JAR 文件，那么必须使用 JADgen 软件生成 JAD 文件，步骤如下：

①把 JAR 文件和 JADgen 软件放在同一目录里。

②点击 JAR 文件→点击鼠标右键→选择“打开”，即可由 JADgen 软件生成 JAD 文件。

2）选择“JAVA加载器”后手机将显示“请插上数据线”，将数据线插入手机并与电脑连接，手机将显示“JAVA连接正在启动”等，之后回到原界面。

3）运行Midway 2.8汉化版，出现设置端口的提示后，选择“是”，并注意与电脑设备管理器里的“Motorola USB Modem”的端口保持一致。

端口设置好后可以看到Midway 2.8的主界面，选择“打开”JAD文件，可看到JAVA程序的信息，最后选择“发送”按钮。

4）当Midway 2.8的进度条被蓝色格填满时表示下载完成，并显示“Downloading Completed”。接下来安装文件，文件安装完后会提示是否运行程序。

## 8.5　拍照功能

手机拍照功能指的是手机通过内置摄像头或经数据线（或底部接口）与手机相连的外接数码相机拍摄图片或短片的功能。目前，手机拍照功能包括静态图像拍摄、短片拍摄、连拍等功能，其拍摄镜头可旋转，能够自动白平衡，并内置闪光灯。

内置摄像头和数码照相处理芯片实物如图8-1所示。

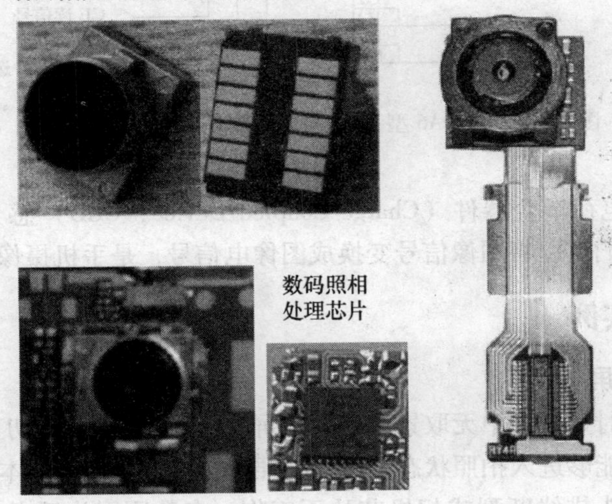


图8-1　内置摄像头和数码照相处理芯片实物

### 8.5.1　拍照的工作原理

图8-2为夏新DA6型手机（内置摄像头）的拍照原理图。相机芯片D603由外围电路提供电源和控制信号，它的供电电压为2.8V和1.8V电压，2.8V电压由C2、B2脚输入；1.8V电压由B9、M6脚输入。由N4脚输入的13MHz基准时钟信号用作D603的系统时钟，当复位信号（RST）由M4脚送入D603，以及CPU输出的读信号（CE）和片选信号（VCDRE）由A6、C8脚送入D603时，D603开始工作。

显示屏LCD的D0～D15脚通过排线直接与相机芯片D603相连接，在拍照时显示屏用作手机相机的取景器。存储器D601和D603的E13、D13、D11、E12、F11连接以实现图像信号的存取。

当手机拍照时，摄像头把图像信号汇聚到CMOS感光器上，使之变换成电信号。图像电信号送至相机芯片 D603 的 A10、B10、C10、A11、B11、C13、C12、D13 脚，由 D603 对其变换后送至 CPU 进行压缩处理，并将处理后的数字图像信号存放在存储器 D601 内，完成一次拍摄。当需要查看照片时，在 CPU 的控制下，存储于 D601 内的照片被送至显示屏进行显示。

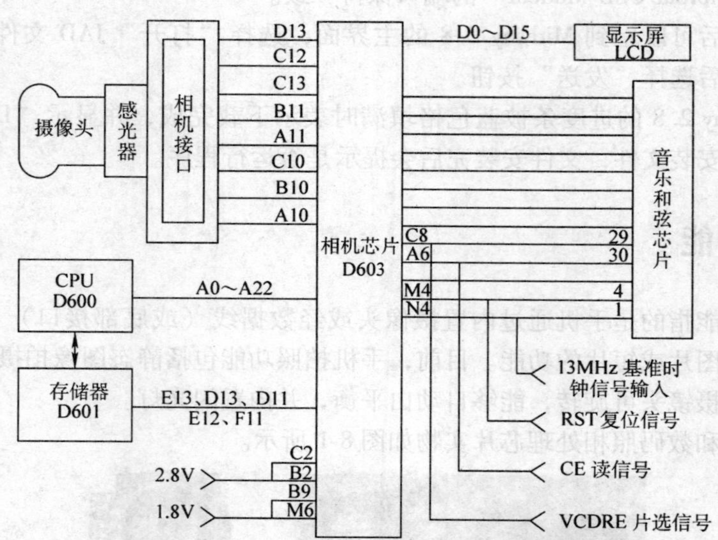


图 8-2 夏新 DA6 型手机（内置摄像头）的拍照原理图

CMOS 感光器和电荷耦合器件（Charge Coupled Device，CCD）感光器是数码相机通常采用的感光器件，它们可以将图像信号变换成图像电信号，是手机摄像头的重要组成部分。

## 8.5.2 故障维修实例

### 1. 拍照时显示白屏

故障现象：拍照时显示屏中无取景信号（白屏），而其他情况一切正常。

故障分析：手机能够进入拍照状态，说明拍照部分的控制信号基本正常。只所以显示白屏，原因可能是摄像头排线断裂或相机芯片不工作，多数原因为后者。因为只有相机芯片 D603 正常工作，才能把摄像头得到的信号经 D603 变换后存储到存储器 D601 内，并最终在显示屏上显示。D603 不工作的原因可能在于芯片本身、供电电源、片选信号等。

故障排除：拆开手机，经检查发现摄像头排线连接正常。再检查相机芯片 D603 的供电，发现 D603 的 C2、B2 脚无 2.8V 电压，该电压来自于电源芯片 N650，猜想是 N650 虚焊所致，拆下 N650 重新焊接，开机进入拍照状态，显示正常。

### 2. 夜间拍照时闪光灯不亮

故障现象：夜间拍照时闪光灯不亮，其他拍照功能正常。

故障分析与排除：夏新 DA6 型手机的闪光灯电路原理图如图 8-3 所示，闪光灯升压芯片和外围电路组成夜拍升压电路。当进入夜间拍照模式时，从 2 脚送入的闪光电路使能信号使升压芯片内部触发并由 14 脚输出 90V 电压，该电压经 VS1 整流、L4 升压后储存在 C55 上。当按下拍照按键时，闪光灯开关控制信号送至场效应晶体管 VF8 的栅极，使 VF8 导通，闪光灯管因通过强大电流而同步发光，形成闪光。

夜间拍照时闪光灯不亮的故障原因可能是闪光灯管、场效应晶体管或升压芯片等工作异常。检修时应首先检查升压芯片有无升压输出，如果有升压输出，那么再检查或更换闪光灯管、场效应晶体管、电容等元器件。更换场效应晶体管后，夜间拍照时闪光灯功能恢复正常。

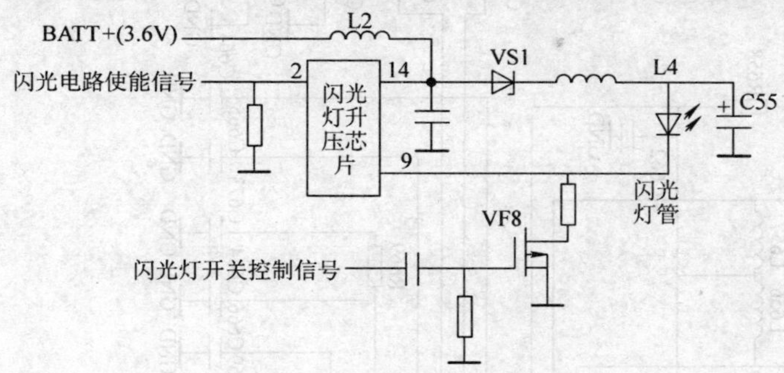


图8-3　夏新DA6型手机的闪光灯电路原理图

## 8.6　收音机功能

收音机功能指的手机通过内置收音机或通过GPRS、WAP收听电台广播。一般手机使用内置收音机收听广播，智能手机利用下载的软件通过GPRS或WAP收听广播。

图8-4为诺基亚3230型手机的收音机电路原理图，数字调频芯片N656（TEA5767HN）内部集成了天线接收、振荡、混频、中频放大、鉴频、自动调谐、音频输出等电路，只需很少的外部元器件即可实现调频收音。

当收音机收听调频广播时，外部耳机线用作收音机天线（FMANT），接收到的调频信号经C667耦合，并由C678、C679、L658组成的滤波电路滤波后，输入至数字调频芯片N656的调频信号输入端（35脚RF11、37脚RF12）。调频信号经N656内部的高频放大、混频、中频放大、音调解调（检波、鉴相）、调谐等处理后，由N656的22脚（VAFL，左声道音频信号输出端）、23脚（VAFR，右声道音频信号输出端）输出左右声道音频信号，送至复合电源管理芯片D250，并最终由D250进行立体声放大后送给耳机发声。复合电源管理芯片即UEME芯片。

VS656、VS657、L656、L657与数字调频芯片N656内部电路构成收音机本振电路，Z811、Z812为印刷电感。收音机的调谐是在中央处理器D370输出的调频数据信号（FMCtrlData）的控制下，利用N656的2脚（CPOUT）输出的调谐电压改变变容二极管（VS656、VS657）的等效电容实现的；D370还为数字调频芯片N656的9脚（CLOCK）提供串行通信时钟信号（FMCtrlClk）以使收音机与手机能够协调工作，并控制收音机的启停（N656的13脚BUSEN，D370的20脚FMBusCtrl）、信息读写（N656的11脚W/R，D370的22脚FMWrEn）等。收音机电源和N656内部所需本振信号（XTAL2）则由复合电源管理芯片D250的2脚（FMClk）提供。

只有在接上耳机时，手机的内置收音机才能开机、选台。当收音机正常收音时，有关电路如果检测到耳机已被拔下，中央处理器D370就会通过启停控制信号线（FMBusCtrl）控制收音机关机。

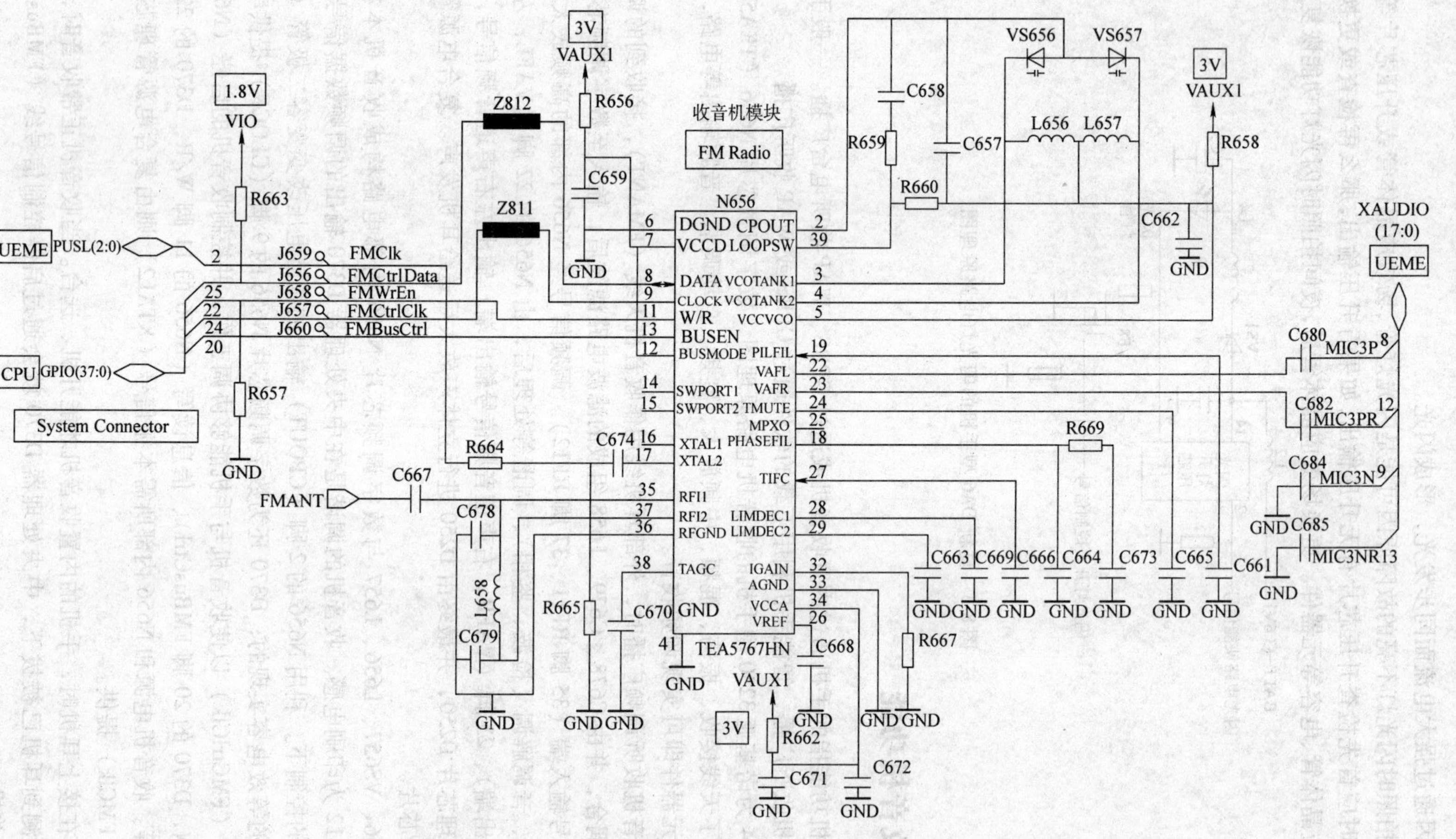


图 8-4 诺基亚 3230 型手机的收音机电路原理图

## 8.7 蓝牙功能

蓝牙（Bluetooth）功能即采用蓝牙技术的短距离无线数据传输的功能，一般由独立的蓝牙模块来实现。蓝牙模块负责将手机要发送的信息或数据进行处理变换后，发送至蓝牙天线向外辐射；以及将蓝牙天线接收的信息或数据进行处理变换后，发送至手机内部的中央处理器。蓝牙模块的供电、复位、数据传输均由手机内部的中央处理器和电源模块控制，它的无线数据传输距离一般为10m左右，工作频段为2.4GHz的ISM（Industrial Scientific Medical）频段、频带宽度为1MHz。

图8-5为摩托罗拉V600型手机的蓝牙模块电路原理图。蓝牙模块U301与中央处理器等的数据传输信号包括：5脚BLUE_TX（蓝牙数据发送）、33脚BLUE_RX（蓝牙数据接收）、29脚BLUE_CTS（蓝牙清除接收）、31脚BLUE_RTS（蓝牙请求发送）。中央处理器与U301之间的通信采用RS232串行接口，对U301的控制由BB_SAP总线完成。BB_SAP总线包括BB_SAP_TX（基带音频发射）、BB_SAP_RX（基带音频接收）、BB_SAP_FS（基带应用帧同步）、BB_SAP_CLK（基带应用时钟）四条信号线。

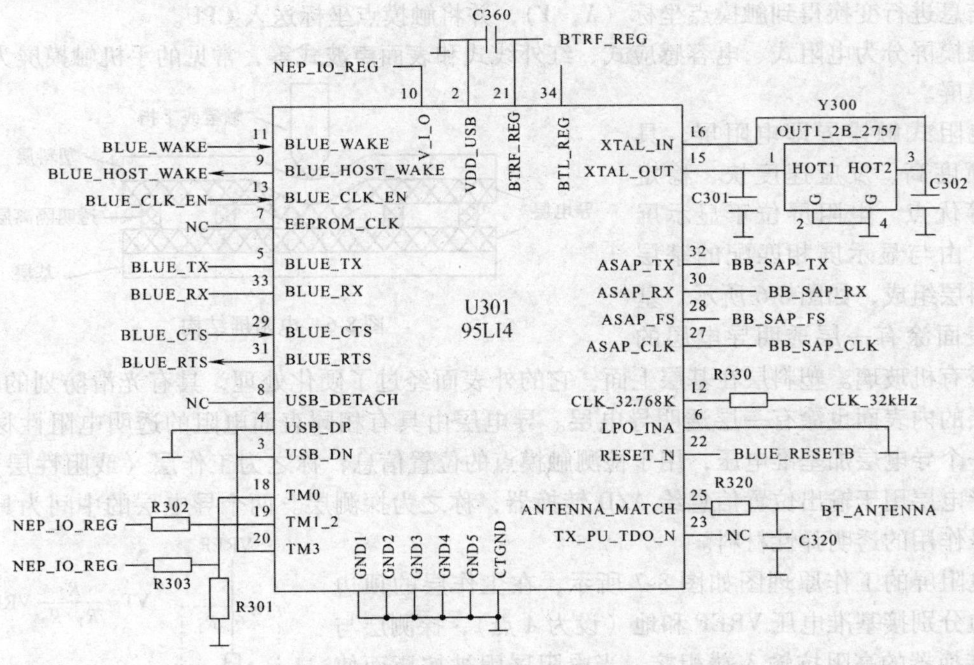


图8-5 摩托罗拉V600型手机的蓝牙模块电路原理图

射频供电电源BTRF_REG经电容C360滤波后送入蓝牙模块U301的21脚，逻辑供电NEP_IO_REG由电源模块U900送入U301的10脚。时钟晶振Y300用于为U301提供工作频率，使之能够同步工作。32.768kHz的实时时钟信号（CLK_32kHz）经电阻R330、U301的12脚送入其中的定时器和计数器，以实现系统复位、休眠、唤醒等功能。

蓝牙模块U301的工作过程如下：

1）当开启 V600 型手机的蓝牙功能时，蓝牙模块 U301 由 25 脚送出无线连接的请求信号，该信号经 R320 和 C320 滤波之后经蓝牙天线（BT _ ANTENNA）向外辐射，并开始查询扫描以发现附近是否有蓝牙设备。

2）附近的蓝牙设备收到 V600 型手机发出的无线连接的请求信号后，均会送出一个分组信息响应此请求。分组信息包含有 V600 型手机和附近蓝牙设备间建立连接所需要的一切信息。

3）V600 型手机收到响应信息后，蓝牙模块 U301 由 25 脚发送出包含目标设备（要建立连接的蓝牙设备）所有信息的寻呼信息。目标设备做出回应后，建立二者的基带连接，从而实现二者的数据传输。

除上述功能外，手机新增功能还包括 MP3 或 MP5 播放功能、电视功能、录音功能等。

## 8.8 触摸屏

触摸屏可以通过手指或其他物体触摸显示屏来代替按键或鼠标操作。触摸屏系统包括触摸检测器和触摸屏控制器两部分，前者一般安装在显示器前端，用于检测用户的触摸位置，并将触摸点的位置信息传送给触摸屏控制器；后者由 A/D 转换器等组成，用于对触摸点的位置信息进行变换得到触摸点坐标（$X$，$Y$），并将触摸点坐标送入 CPU。

触摸屏分为电阻式、电容感应式、红外线式和表面声波式等，常见的手机触摸屏为电阻式触摸屏。

电阻式触摸屏即电阻屏，具有清晰度高、反应速度快、稳定度高等优点。电阻屏位于显示屏之上，由与显示屏相匹配的基层和塑料层组成，如图 8-6 所示。基层是表面涂有一层透明导电层的玻璃或有机玻璃。塑料层在基层上面，它的外表面经过了硬化处理，具有光滑防划的特点，塑料层的内表面也涂有一层透明导电层。导电层由具有相同表面电阻的透明电阻性材料组成。一个导电层加基准电压，用于检测触摸点的位置信息，称之为工作层（或阻性层）；另一个导电层用于输出位置信息给 A/D 转换器，称之为探测层。两个导电层的中间为具有隔离绝缘作用的透明弹性材料。

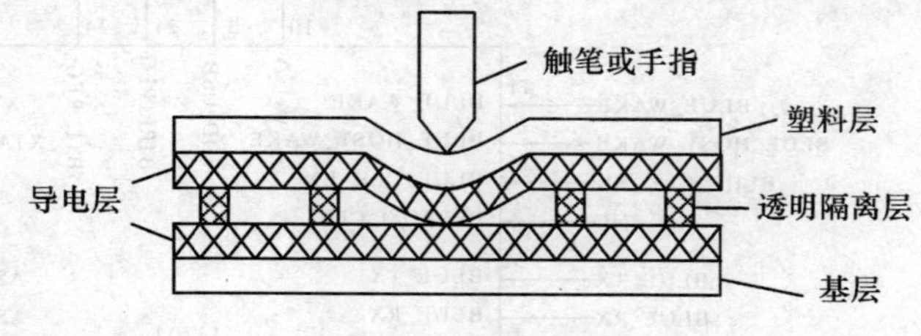

图 8-6 电阻屏结构

电阻屏的工作原理图如图 8-7 所示，在工作层的顶边与底边分别接基准电压 VREF 和地（设为 $A$ 点），探测层与 A/D 转换器的高阻抗输入端相接。当电阻屏因被按压而使工作层和探测层产生接触（设 $B$ 点）时，工作层由一个整电阻被分隔为两个电阻 $R_1$、$R_2$，而 $R_2$ 的阻值与 $B$ 点到 $A$ 点的距离成正比，所以触点电压 VT 的大小与 $B$ 点到 $A$ 点的距离成正比，因此，由 A/D 转换器的输出可以确定 $B$ 点在显示屏上的垂直坐标（设为 $Y$）。

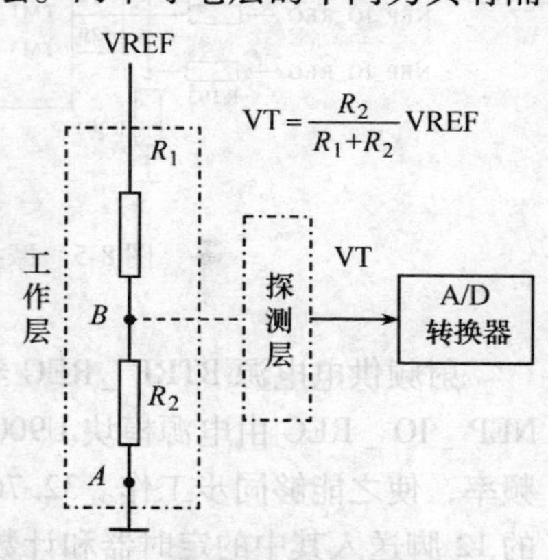

图 8-7 电阻屏的工作原理图

同样道理，如果在工作层的左边与右边分别接基准电压和地，那么也可以确定 $B$ 点的水平坐标（设为 $X$）。注意两个方向加基准电压的时间间隔要合适。

电阻屏种类较多，工作原理也有区别。

## 8.9　附加功能

手机附加功能主要有闹钟功能、自动开关机功能、自动键盘锁功能、镜面功能和 Flash 功能等，具体内容如下：

**1. 闹钟功能**

闹钟功能指的是在手机上设置好闹钟时间，当闹钟时间到时由手机发出响铃的功能。

手机闹钟功能一般都具有多个选项，用户可以将闹钟设置为每天都响的模式，也可以选择“仅响一次”或“定期闹铃”等模式，实用方便。

**2. 自动开关机功能**

自动开关机功能指的是手机自身具备可设置开机、关机时间，并在设置时间到时自动开关机的功能。

自动开关机功能可以方便用户开关机、减少手机电池电源损耗，但当预设关机时间到时，不论用户是否正在使用手机，手机均会自动关机。

**3. 自动键盘锁功能**

直板手机一般设置有自动键盘锁功能。自动键盘锁功能指的是通过设定自行锁住手机键盘，以防止随意拨打电话。

**4. 镜面功能**

手机镜面功能指的是手机显示屏可以充当镜子使用，如 NEC N910、飞利浦 639、明基 S660C 型等手机。

具有镜面功能的显示屏称为镜面屏。当手机显示屏黑屏时，因为在显示屏面板上添加了一层能够反射大部分外界光线的反射层，故显示屏具有镜面功能；当显示屏显示信息时，因为内部光线的抵消作用而使显示屏失去反光，故显示屏可以正常显示信息。

**5. Flash 功能**

Flash 功能指的是可以在手机上观看 Flash 动画，进行 Flash 游戏等功能。因为 Flash 具有跨平台特性，所以即使手机所用操作系统不同，只要手机中安装有 Flash Player 软件，均可以保证有一致的显示效果。

## 8.10　3G 移动通信系统与3G 手机

3G 移动通信系统是指能够有效地将无线通信与国际互联网等多媒体通信相结合，可以满足语音、数据、图像、多媒体等宽带通信的移动通信系统，国际电信联盟（International Telecommunications Union，ITU）称之为 IMT-2000（International Mobile Telecommunications-2000，国际移动通信-2000），欧洲称之为 UMTS（Universal Mobile Telecommunications System，通用移动通信系统）。

3G 移动通信系统中的手机称为 3G 手机。3G 手机具有丰富的应用功能，除了能够处理语音、短消息外，还能够处理图像、视频流等多种媒体形式，实现视频点播、网页浏览、电话会议、电子商务等多种信息服务。

3G手机采用开放式操作系统，如Symbian、Windows Mobile和Linux等。三种操作系统均具有强大的应用程序、通信能力和网络能力，可以为用户提供网页浏览、收发电子邮件等服务。

## 8.10.1 3G移动通信系统的技术标准

3G移动通信系统采用宽带CDMA技术，主要技术标准有CDMA2000、WCDMA、TD-SCDMA三种制式。

（1）CDMA2000　CDMA2000又称为CDMA Multi-Carrier，是广泛用于北美的制式。CDMA2000系统是由窄带CDMA系统发展起来的，可以从原有的CDMA One结构直接升级到3G，建设成本低廉。中国电信采用CDMA2000制式。

（2）WCDMA　WCDMA（Wideband CDMA）即宽带码分多址，是广泛用于欧盟的制式。WCDMA系统能够兼容现有的GSM/GPRS系统，是目前技术最为成熟的3G移动通信系统。中国联通采用WCDMA制式。

（3）TD-SCDMA　时分-同步码分多址（Time Division-Synchronous CDMA，TD-SCDMA）是由中国自主研发、出现最晚、可兼容现有GSM/GPRS系统的三大制式之一。TD-SCDMA系统由于采用了智能天线、联合检测等技术，所以在系统容量、抗干扰能力等方面具有突出优势。中国移动采用TD-SCDMA制式。

## 8.10.2 3G手机电路简介

3G手机与GSM手机相似，主要由射频系统、基带系统、应用处理模块、电源管理模块和操作系统等组成。以WCDMA手机为例，介绍3G手机电路组成如下：

**1. 射频系统**

目前，WCDMA、TD-SCDMA手机还可工作于GSM系统，所以二者均为双模手机。WCDMA手机中包含WCDMA、GSM两个射频系统，一般采用两种不同的射频结构形式：一种是由超外差一次变频接收电路与带发射上变频器发射电路组成，如摩托罗拉A925、LG U8110和夏普902SH型等手机；另一种是由直接变频的线性接收电路与直接调制的发射电路组成，如诺基亚7600、6630型等手机。

图8-8为LG U8110型手机的射频电路组成框图，其中UMTS Wopy部分是U8110型手机的WCDMA接收电路，UMTS Wivi部分是U8110型手机的WCDMA发射电路。

（1）射频接收部分　接收射频信号经天线开关、双工器、低噪声放大器、射频滤波器送至接收混频电路。在接收混频电路中，接收射频信号与WCDMA射频本振（接收本振）信号进行混频，得到190MHz的WCDMA接收中频信号。

WCDMA接收中频信号经中频滤波器滤波和中频放大器放大后送至RXI/Q解调电路，与RXI/Q解调本振信号混频得到接收基带信号。接收基带信号再经放大、滤波后，被送至基带电路作进一步处理，得到模拟音频信号。

WCDMA手机不同，RXI/Q解调本振信号的产生方式也不同。如摩托罗拉A925型手机的RXI/Q解调本振信号是对380MHz接收中频VCO信号进行二分频、移相后得到的，LG U8110型手机和夏普902SH型手机的RXI/Q解调本振信号是对1520MHz接收中频VCO信号进行八分频、移相后得到的。

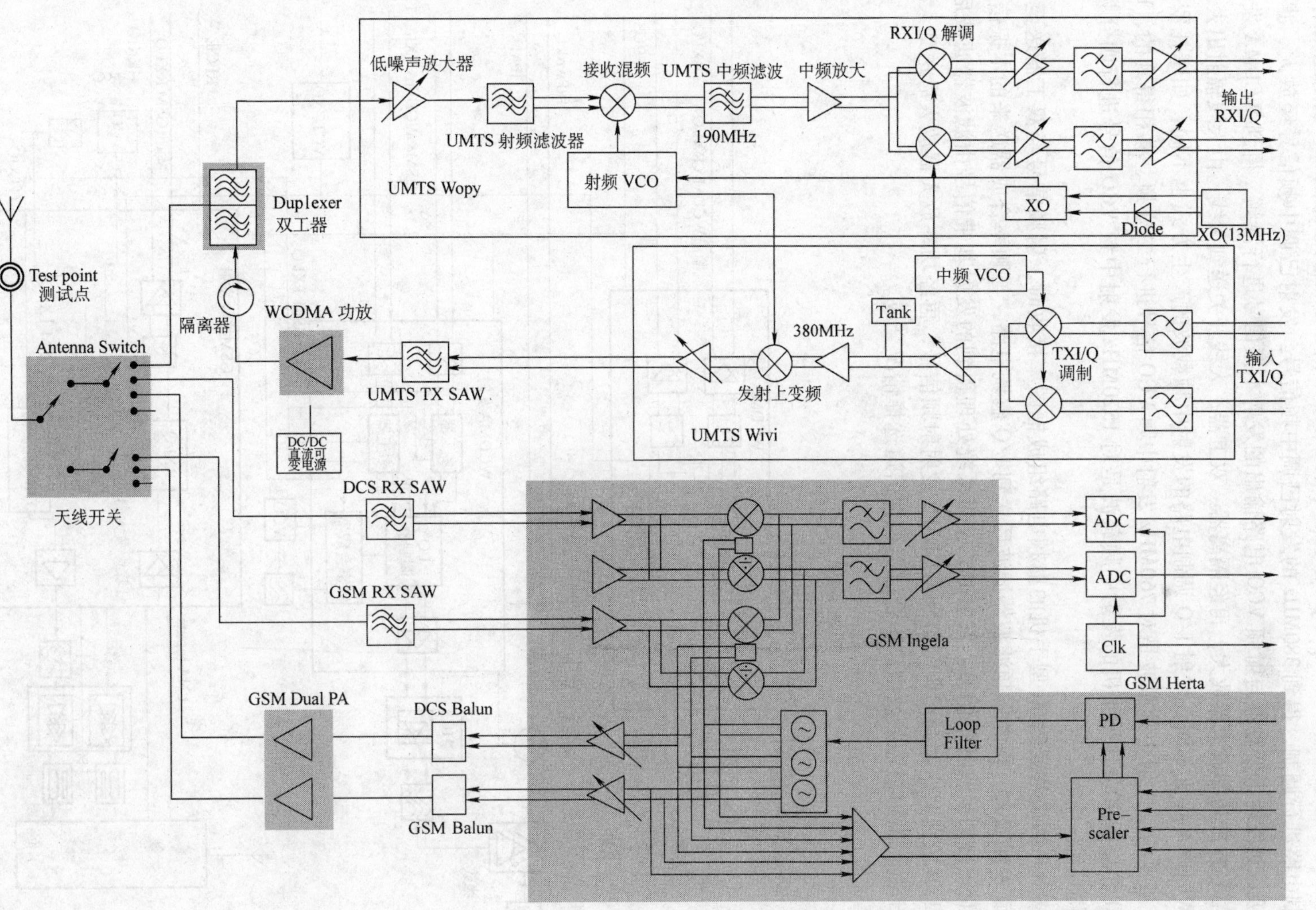


图 8-8　LG U8110 型手机的射频电路组成框图

（2）射频发射部分　基带系统处理得到的发射基带信号经滤波器滤波后，被送至发射 I/Q 调制电路进行调制，得到 380MHz 的发射已调中频信号。发射已调中频信号经放大、滤波后，被送到发射上变频器与射频 VCO 电路输出的发射本振信号进行混频，得到 WCDMA 发射射频信号并被功率放大器放大，再经隔离器、双工器、天线开关送到天线，由天线辐射出去。

WCDMA 手机不同，发射 I/Q 调制电路的发射中频载波的产生方式也不同，如摩托罗拉 A925 型手机的发射中频载波是对 760MHz 发射中频 VCO 信号进行二分频、移相得到的，LG U8110 和夏普 902SH 型手机的发射中频载波是对 1520MHz 发射中频 VCO 信号进行四分频、移相得到的。

图 8-9 为诺基亚 7600 型手机的射频电路组成框图。接收时，射频信号经双工器送至低噪声放大器放大，再经射频滤波器滤波后送到 I/Q 解调电路，与频率合成器送来的本振信号进行混频得到接收基带信号。发射时，基带系统处理得到的发射基带信号由滤波器滤波后，经多工器送到 I/Q 调制器调制得到 WCDMA 发射射频信号，再经功率放大器放大后送到天线辐射出去。发射射频载波由频率合成器根据信道选择情况合成。

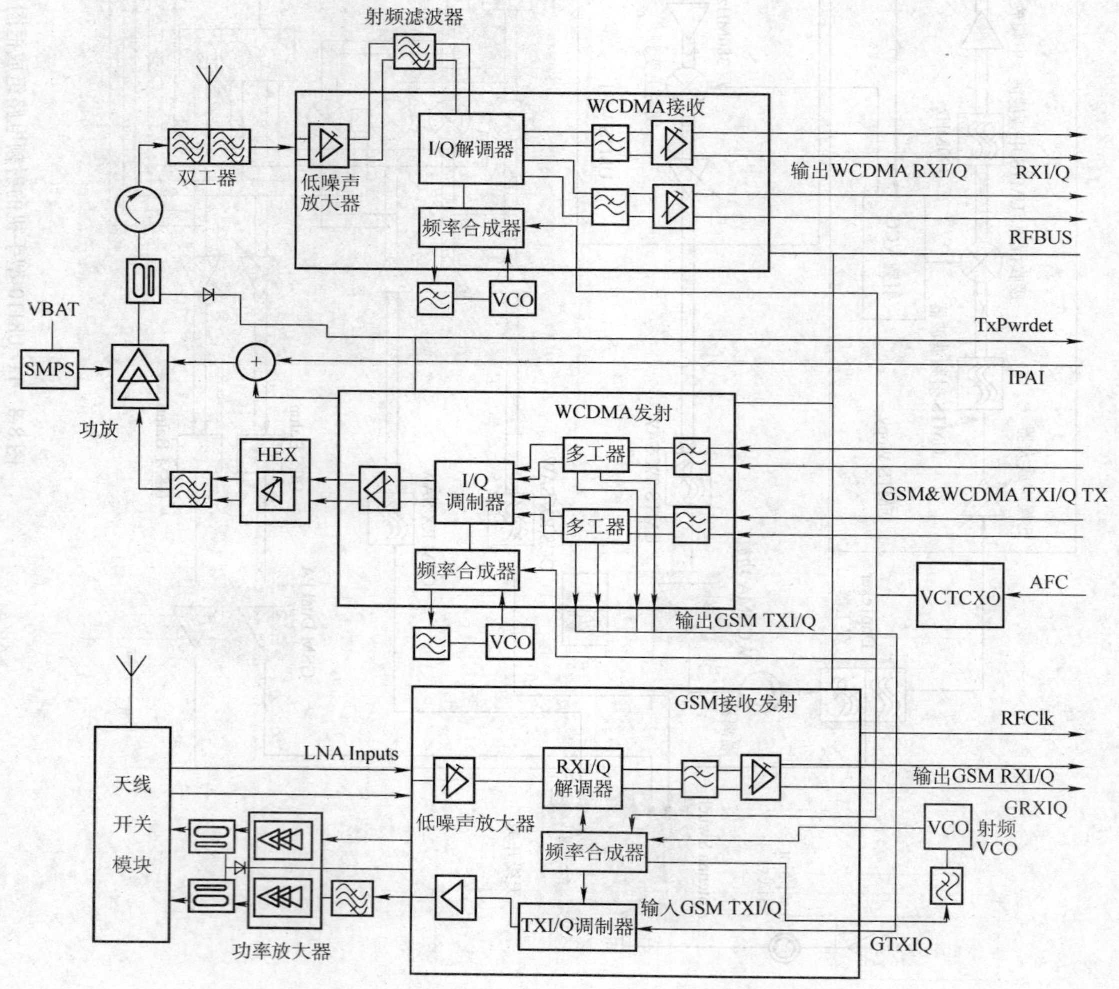


图 8-9　诺基亚 7600 型手机的射频电路组成框图

**2. 基带系统**

3G手机基带系统的组成与GSM手机的相似，由数字基带、模拟基带两部分组成。

（1）数字基带部分　数字基带部分由中央处理器、DSP处理器及存储器、3G逻辑电路等组成，中央处理器与DSP处理器构成数字基带信号处理器。中央处理器通常是Advanced RISC Machines LTD公司的ARM处理器（ARM7TDMI或ARM926），用于进行控制和管理，包括定时控制、数字系统控制、射频控制、省电控制和人机接口控制，并提供各种片选信号、存储器读写控制信号等。DSP处理器属于编码单元，用于业务信息与控制信息的信道编码解码、加密解密及其他相关的处理。

（2）模拟基带部分　模拟基带部分由音频编译码单元、射频接口单元（包括RAKE接收和AFC）、A/D和D/A等组成。移动通信信道是一种多径衰落信道，RAKE接收指的是分别接收每一路的信号进行解调，然后叠加输出以获得高的分集接收增益和良好的接收性能。

模拟基带部分用于对射频部分AFC、AGC、APC等的控制，以及基带信号的解调与调制、A/D与D/A转换处理，并提供受话器、送话器、铃声等音频终端接口，还提供用于对电池、外接环境、附件等进行监测的辅助性ADC单元。

模拟基带部分通过数字基带串行接口、数字音频串行接口与数字基带信号处理器进行数字基带、数字音频信号的传输。数字基带信号处理器通过控制串行接口控制模拟基带电路的工作。

**3. 应用处理模块**

3G手机应用处理模块的核心是主控处理器，包括DSP处理器和RISC（Reduce Instruction Set Computer，精简指令集计算机）处理器，如图8-10所示。3G手机的应用处理模块与2G手机的相比，它的多媒体信息处理能力大大增强，如图形、图像加速器、视频处理模块等。

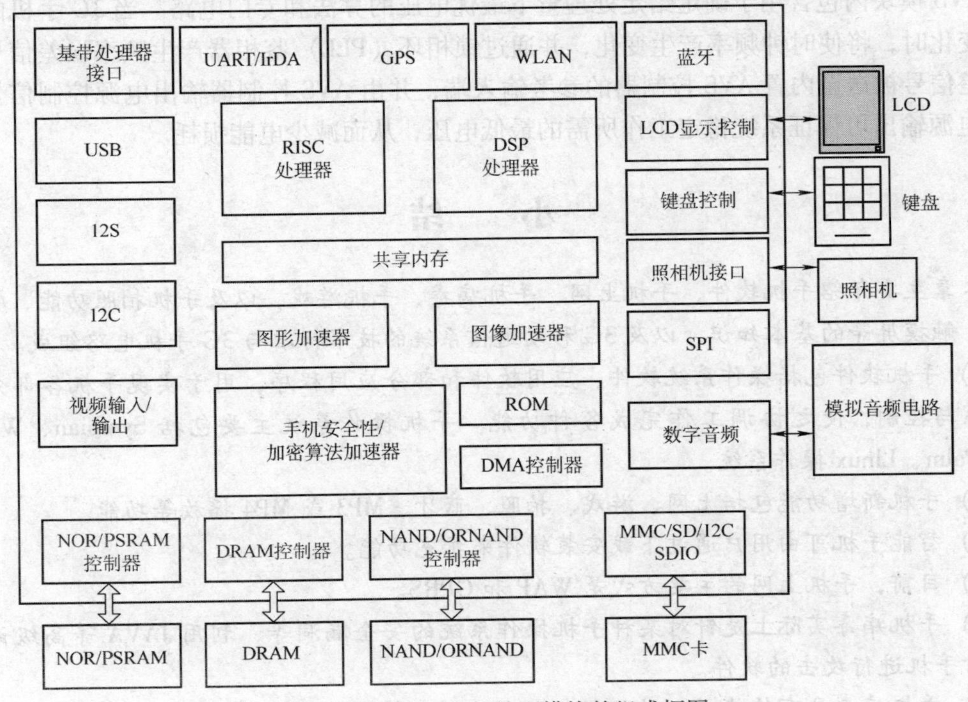


图8-10　3G手机应用处理模块的组成框图

3G 手机的应用处理模块与数字基带模块不同。数字基带模块依据相关的通信制式和标准，进行信道的编码、解码和数据的分段、重组、校验等，所以在较长时间内电路变化不大；而应用处理模块可以根据用户需求灵活调整应用功能。

**4. 电源管理模块**

为了使 3G 手机在功耗最小的情况下，既可以长时间获得互联网服务，又具有 MP3、PDA、多媒体视频等功能，3G 手机的电源管理模块采用自适应电压调整（Adaptive Voltage Scaling，AVS）方式，根据任务需求自动调整电压和功耗，如图 8-11 所示。

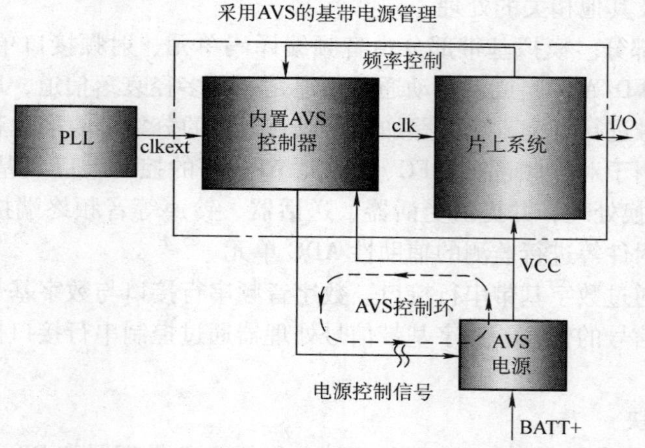


图 8-11　内置 AVS 控制器的电源管理模块的组成框图

AVS 模块内包含用于确定给定处理量下最优电压的算法和专门电路。当 3G 手机的工作模式变化时，将使时钟频率产生变化，并通过锁相环（PLL）鉴相器产生频率误差信号。频率误差信号被送至内置 AVS 控制器的参考输入端，并由 AVS 控制器输出电源控制信号，使 AVS 电源输出可保证系统稳定工作所需的最低电压，从而减少电能损耗。

## 小　结

本章主要介绍手机软件、手机上网、手机病毒、手机游戏，以及手机拍照功能、收音机功能、触摸屏等的基本知识，以及 3G 移动通信系统的技术标准与 3G 手机电路组成。

1）手机软件包括操作系统软件、应用软件和部分应用程序，用于实现手机各部分之间的联系与控制，使之协调工作完成各种功能。手机操作系统主要包括 Symbian、Windows CE、Palm、Linux 操作系统。

2）手机新增功能包括上网、游戏、拍照、蓝牙、MP3 或 MP4 播放等功能。

3）智能手机可由用户通过下载安装软件来扩充功能。

4）目前，手机上网的主要方式是 WAP 和 GPRS。

5）手机病毒实际上是针对某种手机操作系统的安全漏洞等，利用 JAVA 等高级语言编写的对手机进行攻击的软件。

6）手机病毒具有传染性、破坏性、可触发性、寄生性等特点，可直接攻击手机本身、攻击手机网络服务器、攻击和控制手机网关等。

7）手机游戏分为文字类游戏和图形类游戏。文字类游戏分为短信类游戏和WAP浏览器游戏等；图形类游戏分为嵌入式游戏、JAVA游戏和BREW游戏等。较常见的手机游戏格式有JAR、SIS、MGS等。

8）当收音机收听调频广播时，外部耳机线用作收音机天线。

9）触摸屏系统包括触摸检测器和触摸屏控制器两部分。触摸屏分为电阻式、电容感应式、红外线式和表面声波式等种类，它们都是以按点位置变化为坐标来确定按键功能的。

10）手机附加功能有闹钟功能、自动开关机功能、自动键盘锁功能、镜面功能、Flash功能等。

11）第三代移动通信系统采用CDMA技术，主要技术标准有CDMA2000、WCDMA、TD-SCDMA三种制式。

12）WCDMA手机中包含WCDMA射频系统和GSM射频系统。

13）3G手机基带系统的组成与GSM手机的组成相似，由数字基带、模拟基带两部分组成。

## 习 题 8

8.1 手机操作系统主要有哪些？

8.2 什么是智能手机？智能手机与智慧型手机有什么区别？智能型手机有哪些功能？

8.3 有哪几种手机上网方式？WAP和GPRS有什么区别？

8.4 什么是手机病毒？手机病毒的实质是什么？

8.5 手机病毒有哪些特点？手机病毒的攻击方式有哪些？

8.6 手机病毒有哪些传播方式？如何防范手机病毒？

8.7 列表说明手机游戏的详细分类是怎样的？文字类游戏和图形类游戏各有什么特点？

8.8 手机游戏格式有哪几种？与手机游戏类型有什么对应关系？

8.9 以图8-2为例，简要说明手机拍照的工作原理。

8.10 以图8-4为例，简要说明手机收音机功能的工作原理。

8.11 手机触摸屏分为哪几种？以图8-6、图8-7为例总结说明电阻式触摸屏的工作原理。

8.12 3G移动通信系统主要有哪几种技术标准？各有什么特点？

8.13 与其他手机相比，3G手机主要多了哪些功能？

8.14 3G手机的组成是怎样的？如何实现电源管理？

# 附　录

## 附录 A　实验（实训）指导书

### 实验（实训）1　常用手机维修器具设备的认识

**1. 实验（实训）目的**

1）了解常用手机硬件维修器具设备的类型与用途。

2）了解手机软件维修仪、维修卡等的类型与用途。

3）了解手机印制电路板结构、贴片元器件的外观、常用集成电路（IC）的封装形式。

**2. 实验（实训）器材设备**

示波器（Y—TEYTRONIX2261 型，与后续实验（实训）相同，简称下同）、频率计（HC—F1000LP 型，下同）、频率扩展器（AT5000—F1 型，下同）、频谱分析仪（AT6011 型，下同）、热风枪（高迪 850 型，下同）、恒温电烙铁（古川 936A 型，下同）、免拆机维修仪（UFS—4 型，下同）、带灯放大镜、超声波清洗器，直流稳压电源、万用表各一台（块），手机维修平台、手机常用拆卸工具与专用拆卸工具各一套，手机软件维修卡、镊子、刀片、焊锡、松香、无水酒精、废旧手机或手机印制电路板、手机元器件分布图等若干。

**3. 实验（实训）内容与步骤**

1）听指导教师介绍，了解各类手机硬件维修工具及其用途。

2）听指导教师介绍，了解各类手机硬件维修仪器及其用途。

3）听指导教师介绍，了解各类手机软件维修仪、维修卡及其用途。

4）听指导教师介绍，了解各种手机硬件维修辅料及其用途。

5）用带灯放大镜仔细观察几种手机主板、按键板等的外观结构，并注意观察电路连接情况、元器件布局与 IC 的外观特征。

6）对照手机元器件分布图，用带灯放大镜仔细观察手机印制电路板上的贴片电阻、电容、电感、IC、SIM 卡卡座等，分别总结说明它们的外观特征。

7）实验（实训）完毕，整理各类实验（实训）器材设备，填写相关记录。

**4. 思考题**

1）列写出见到的手机硬件维修工具及其用途。

2）列写出见到的手机硬件维修仪器的名称及其用途。

3）说明手机主板与其他印制电路板之间的连接方式有哪些？

4）手机主板上 IC 的封装形式主要有哪些？如何识别其引脚编号？

5）手机软件维修卡有哪几类？各有什么用途？

**5. 注意事项**

1）本实验（实训）为认识实验（实训），学生个人不得对设备供电。

2）若需拆装手机外壳或元器件，则应注意观察，切忌急躁冒进，拆卸下的螺钉或元器件应分类按序放好，以免装机时遗漏。

## 实验（实训）2 手机用主要元器件的识别检测

**1. 实验（实训）目的**

1）了解手机用片状元器件的分类、特点与识别检测方法。

2）了解 VCO 组件、时钟组件和滤波器的外形、封装方式与识别方法。

3）了解功率放大器、射频耦合器、天线和手机卡座的分类、特点与识别方法。

4）了解手机用送话器、受话器、振铃器、振动器、磁控开关、接插件、显示屏、摄像头等器件的分类、外形与识别方法。

**2. 实验（实训）器材设备**

直流稳压电源、带灯放大镜、万用表、电容表、手机维修平台、手机常用拆卸工具与专用拆卸工具各一台（架、块、套），手机用各种片状元器件、IC、电声和电动元件、连接器等若干。

**3. 实验（实训）内容与步骤**

（1）片状元器件的识别检测

1）从老师发给的元器件中找出片状电阻、电容和电感，借助于放大镜仔细观察其外观特征，并用万用表测量电阻、电感的值，电容表测量电容值，填表 A-1。

**表 A-1 片状电阻、电容和电感的识别检测**

| 元件名称 | 电阻 1 | 电阻 2 | 电容 1 | 电容 2 | 电感 1 | 电感 2 | 电感 3 |
|---|---|---|---|---|---|---|---|
| 外观形状 | | | | | | | |
| 颜色 | | | | | | | |
| 标称值 | | | | | | | |
| 测量值 | | | | | | | |
| 引脚极性 | | | | | | | |

2）从老师发给的元器件中找出片状二极管、晶体管和场效应晶体管，借助于放大镜仔细观察其外观特征，并用万用表检测其管脚极性，填表 A-2。

**表 A-2 二极管、晶体管和场效应晶体管的识别检测**

| 器件名称 | 二极管 1 | 二极管 2 | 晶体管 1 | 晶体管 2 | 场效应晶体管 1 | 场效应晶体管 2 |
|---|---|---|---|---|---|---|
| 外观形状 | | | | | | |
| 颜色 | | | | | | |
| 标志 | | | | | | |
| 封装方式 | | | | | | |
| 管脚数目 | | | | | | |
| 管脚极性 | | | | | | |

3）从老师发给的元器件中找出稳压块，以及小外形封装（SOP）、四方扁平封装（QFP）和球格阵列封装（BGA）集成块，借助于放大镜仔细观察其外观特征，填表 A-3。

表 A-3 稳压块，小外形封装、四方扁平封装和球形栅格阵列封装集成块的识别检测

| 元器件名称 | 稳压块 1 | 稳压块 1 | SOP 集成块 1 | SOP 集成块 2 | QFP 集成块 1 | QFP 集成块 2 | BGA 集成块 1 | BGA 集成块 2 |
|---|---|---|---|---|---|---|---|---|
| 颜色 | | | | | | | | |
| 标志 | | | | | | | | |
| 封装方式 | | | | | | | | |
| 引脚数目 | | | | | | | | |
| 第 1 引脚（或 A1）的位置 | | | | | | | | |

（2）振荡器（VCO）组件、时钟组件和滤波器等的识别检测

1）从老师发给的元器件中找出 VCO 组件，借助于放大镜仔细观察 13MHz、26MHz 和 19.5MHz 基准频率时钟等 VCO 组件的外观特征，并用万用表进行测量，填表 A-4。

表 A-4 VCO 组件的识别检测

| VCO 组件名称 | 13MHz 1 | 13MHz 2 | 26MHz 1 | 26MHz 2 | 19.5MHz 1 | 19.5MHz 2 |
|---|---|---|---|---|---|---|
| 颜色 | | | | | | |
| 标志 | | | | | | |
| 引脚数目 | | | | | | |
| 接地引脚电阻 | | | | | | |

2）从老师发给的元器件中找出 13MHz、26MHz 和 19.5MHz 晶振和实时时钟（RTC）晶振，借助于放大镜仔细观察其外观特征，填表 A-5。

表 A-5 13MHz、26MHz、19.5MHz 晶振和实时时钟晶振的识别检测

| 晶振名称 | 13MHz 晶振 1 | 13MHz 晶振 2 | 26MHz 晶振 1 | 26MHz 晶振 2 | 19.5MHz 晶振 1 | 19.5MHz 晶振 2 | RTC 晶振 1 | RTC 晶振 2 |
|---|---|---|---|---|---|---|---|---|
| 外观形状 | | | | | | | | |
| 颜色 | | | | | | | | |
| 标志 | | | | | | | | |
| 引脚数目 | | | | | | | | |

3）从老师发给的元器件中找出双工滤波器、射频滤波器、中频滤波器及低频滤波器，借助于放大镜仔细观察其外观特征，填表 A-6。

表 A-6 滤波器的识别检测

| 滤波器名称 | 双工滤波器 1 | 双工滤波器 2 | 射频滤波器 1 | 射频滤波器 2 | 中频滤波器 1 | 中频滤波器 2 | 低频滤波器 1 | 低频滤波器 2 |
|---|---|---|---|---|---|---|---|---|
| 颜色 | | | | | | | | |
| 标志 | | | | | | | | |
| 引脚数目 | | | | | | | | |
| 各引脚的作用 | | | | | | | | |

（3）功率放大器、射频耦合器和内置天线等的识别

1）从老师发给的元器件中找出四个功率放大器，借助于放大镜仔细观察其外观特征，填表 A-7。

**表 A-7　功率放大器的识别检测**

| 器件名称 | 功率放大器 1 | 功率放大器 2 | 功率放大器 3 | 功率放大器 4 |
|---|---|---|---|---|
| 颜色 | | | | |
| 标志 | | | | |
| 封装方式 | | | | |
| 供电方式 | | | | |
| 引脚数目 | | | | |
| 主要引脚的作用 | | | | |

2）从老师发给的元器件中找出微带线、微带线耦合器与互感器，借助于放大镜仔细观察其外观特征，填表 A-8。

**表 A-8　微带线、微带线耦合器与互感器的识别检测**

| 元器件名称 | 微　带　线 | 微带线耦合器 | 互　感　器 |
|---|---|---|---|
| 形状 | | | |
| 颜色 | | | |
| 标志 | | | |
| 封装方式 | | | |
| 引脚数目 | | | |
| 主要引脚的作用 | | | |

3）从老师发给的元器件中找出内置天线和 SIM 卡卡座，借助于放大镜仔细观察其外观特征，填表 A-9。

**表 A-9　内置天线和 SIM 卡卡座的识别检测**

| 元器件名称 | 内置天线 1 | 内置天线 2 | SIM 卡卡座 1 | SIM 卡卡座 2 |
|---|---|---|---|---|
| 类型 | | | | |
| 形状 | | | | |
| 颜色 | | | | |
| 材质 | | | | |
| 与印制电路板的连接方式 | | | | |

（4）送话器、受话器、振铃器、振动器、磁控开关、接插件、显示屏、摄像头等的识别检测

1）从老师发给的元器件中找出送话器、受话器、振铃器和振动器，借助于放大镜仔细观察其外观特征，并用万用表或直流稳压电源判断其好坏，填表 A-10。

表 A-10 送话器、受话器、振铃器和振动器的识别检测

| 元器件名称 | 送话器 1 | 送话器 2 | 受话器 1 | 受话器 2 | 振铃器 1 | 振铃器 2 | 振动器 1 | 振动器 2 |
|---|---|---|---|---|---|---|---|---|
| 外观形状 | | | | | | | | |
| 颜色 | | | | | | | | |
| 标志 | | | | | | | | |
| 引脚形状 | | | | | | | | |
| 与印制电路板的连接方式 | | | | | | | | |
| 好坏判断结果 | | | | | | | | |

2）从老师发给的元器件中找出磁控开关、接插件、显示屏和摄像头，借助于放大镜仔细观察其外观特征，并用万用表判断其好坏，填表 A-11。

表 A-11 磁控开关、接插件、显示屏和摄像头的识别检测

| 元器件名称 | 磁控开关 | 接插件 | 显示屏 | 摄像头 |
|---|---|---|---|---|
| 外观形状 | | | | |
| 颜色 | | | | |
| 标志 | | | | |
| 引脚形状 | | | | |
| 与印制电路板的连接方式 | | | | |
| 好坏判断结果 | | | | |

（5）实验整理 实验（实训）完毕，整理各类实验（实训）器材设备，填写相关记录。

**4. 思考题**

1）结合理论学习，总结说明各种 VCO 组件、滤波器的功能是什么？

2）如何检测送话器、受话器、振铃器和振动器的好坏？

**5. 注意事项**

1）将元器件分门别类地盛放到不同的容器内，并轻取轻放。

2）保持工作台的整洁。

3）正确使用直流稳压电源，测试片状元器件的测试笔应尖细。

## 实验（实训）3 手机电路图识读与手机印制电路板结构分析

**1. 实验（实训）目的**

1）了解手机电路的信号流程与工作原理。

2）了解手机印制电路板的结构组成。

3）学会手机电路图的识读方法。

4）学会手机电路原理图的分析方法。

**2. 实验（实训）器材设备**

各种不同外形结构的手机整机，以及相应的手机电路原理图样、手机电路元器件分布图

样、手机印制电路板各一部（套、块）；黑色、蓝色、红色、黄色、紫色、绿色铅笔各一支。

**3. 实验（实训）内容与步骤**

（1）手机电路原理图识读

1）准备某一款手机电路原理图样，在图样上完成下述步骤2）~5），并填表A-12。

2）用黑色铅笔画出接收信号通道，用蓝色铅笔画出发送信号通道，并标出各自的识图关键点。

3）用红色铅笔画出收发信号公共通道，并标出识图关键点。

4）用黄色铅笔分别圈出天线、双工滤波器（或天线开关）、低噪声放大器、频率合成器（含RXVCO模块）、中频处理模块、音频处理电路、受话器、送话器、振铃器、振动器、功率放大器、CPU、存储器、显示屏电路、SIM卡（UIM卡）电路、键盘电路、电源电路等，并标出识图关键点。

5）交换手机原理图样，重复上述步骤。

**表A-12　手机电路原理图识读**

| 手机型号 | | 主板类型 | |
|---|---|---|---|
| 识图内容 | | 识图关键点 | |
| 接收信号通道 | | | |
| 发送信号通道 | | | |
| 射频接收电路结构 | | | |
| 射频发射电路结构 | | | |
| 射频滤波电路 | | | |
| 射频双（三）频通道 | | | |
| 逻辑IC | | | |
| VCO电路 | | | |
| 主时钟电路 | | | |
| 音频处理电路 | | | |
| 摄像头接口电路 | | | |
| 输入/输出（I/O）接口 | | | |
| SIM卡电路 | | | |
| 电源电路 | | | |
| 升压电路 | | | |
| 充电电路 | | | |

（2）手机元器件分布图识读与手机印制电路板结构分析

1）准备某一款手机印制电路板及其元器件分布图，对照印制电路板与元器件分布图，在手机元器件分布图上完成下述步骤2）~7），并填表A-13。

2）用黑色铅笔画出接收信号通道，用蓝色铅笔画出发送信号通道，并标出各自的识图关键点。

3）用红色铅笔画出收发信号公共通道，并标出识图关键点。

4）用黄色铅笔分别圈出天线、双工滤波器（或天线开关）、低噪声放大器、频率合成器（包括RXVCO、TCVCO模块）、中频处理模块、音频处理电路、受话器、送话器、振铃器、振动器、功率放大器、CPU、存储器、显示器集成块、显示屏电路、SIM卡（或UIM卡）电路、键盘电路、电源电路等，并标出识图关键点。

**表A-13　手机元器件分布图识读**

| 手机型号 | | 主板类型 | |
|---|---|---|---|
| 识图内容 | | 识图关键点 | |
| 接收信号通道 | | | |
| 发送信号通道 | | | |
| 射频接收电路的结构 | | | |
| 射频发射电路的结构 | | | |
| 射频滤波电路 | | | |
| 射频双（三）频通道 | | | |
| 射频IC | | | |
| 逻辑IC | | | |
| VCO电路 | | | |
| 主时钟电路 | | | |
| 实时时钟电路 | | | |
| 音频处理电路 | | | |
| 摄像头接口电路 | | | |
| 输入/输出（I/O）接口 | | | |
| SIM卡电路 | | | |
| 电源电路 | | | |
| 升压电路 | | | |
| 充电电路 | | | |

5）用紫色铅笔画出各部分直流供电线路，并标出识图关键点。

6）用绿色铅笔画出各部分控制信号线路，并标出识图关键点。

7）交换手机元器件分布图，重复以上步骤。

（3）实验整理 实验（实训）完毕，整理各类实验（实训）器材设备，填写相关记录。

**4. 思考题**

1）总结说明每一款手机射频电路的结构形式。

2）总结说明功率放大器、CPU、版本、字库、电源 IC 等的外观特征。

3）简述其中一款手机电路原理图与印制电路板结构的识别方法。

**5. 注意事项**

1）在手机元器件分布图的识读过程中，应耐心细致，善于总结。

2）为了熟悉更多款型的手机电路原理图、印制电路板结构，注意相互交换。

## 实验（实训）4　手机电路元器件的拆卸、焊接

**1. 实验（实训）目的**

1）明确手机电路元器件拆卸、焊接器具的用途，掌握其使用方法。

2）学会拆卸、焊接手机电路小元器件和 SOP、QFP 集成电路。

**2. 实验（实训）器材设备**

带有 SOP、QFP 集成电路的手机印制电路板若干，热风枪、恒温电烙铁、手机维修平台、带灯放大镜、超声波清洗器、拆卸工具各一台（套、把），小刀、毛刷、镊子各一把，焊锡丝、锡浆、松香水、无水酒精、吸锡带等若干。

**3. 实验（实训）内容与步骤**

（1）实验准备 指导教师示范、讲解手机电路元器件的拆卸、焊接方法与注意事项

（2）手机电路小元器件的拆卸

1）如果用热风枪拆卸元器件，那么对能机械拆下的易损易爆元器件应事先拆下或做必要的防护。

2）拆卸时，将印制电路板固定在手机维修平台上，打开带灯放大镜，仔细观察并标记要拆卸小元器件的位置。

3）用小毛刷将小元器件周围的杂质清理干净，在小元器件上加注少许松香水。

4）安装好合适的热风枪风嘴，打开热风枪电源，调节热风枪温度、风量于合适位置。

5）用镊子夹住小元器件的同时，用热风枪对其进行均匀加热。

6）当小元器件周围的焊锡熔化时，用镊子取下小元器件。

（3）手机电路小元器件的焊接

1）分别把印制电路板、小元器件放在放大镜下，对焊点和引脚进行清理。清理后，如果焊点焊锡不足，就可以用电烙铁在焊点上加少许焊锡并将焊点捕平。

2）用镊子将小元器件放置在焊接位置，并与焊点对正。

3）选择合适的风嘴装在热风枪上，打开热风枪电源，调节至合适的温度和风量。

4）按照由远到近、由斜对到正对的顺序，相隔 1 ~ 2cm 对小元器件均匀加热。

5）待小元器件周围焊锡熔化后，移走热风枪风嘴。

6）焊锡冷却后松开镊子。

7）用无水酒精对小元器件周围进行清理。

（4）手机 IC 的拆卸

1）将手机印制电路板上的液晶显示屏、送话器、受话器、备用电池等拆下或做必要的防护。

2）将印制电路板固定在手机维修平台上，打开带灯放大镜，仔细观察并标记要拆卸SOP、QFP集成电路的位置和方向。

3）用小毛刷将IC周围的杂质清理干净，并在IC管脚周围加注少许松香水。

4）选用合适的风嘴装到热风枪上，打开热风枪电源，调节至合适的温度和风量。

5）按照正确的操作方式对IC均匀加热，待IC管脚焊锡全部熔化后，用镊子将IC轻轻夹起取走。

（5）手机IC的焊接

1）首先在印制电路板焊点处放少许松香水，然后在带灯放大镜下用电烙铁对焊点进行清理，对焊锡少的焊点应进行补焊，最后对焊点进行清理。

2）用电烙铁对拆下的IC各管脚进行清理，再放在超声波清洗器内清洗。清洗完晾干后，将IC放在手机维修平台上，在放大镜下对IC管脚进行清理。

3）在放大镜下，将IC与放在手机维修平台上的印制电路板上的焊点放正对齐。

4）先用尖头电烙铁将IC各管脚焊好固定，然后用已调好温度、风量的热风枪吹焊IC四周。

5）冷却后，用带灯放大镜检查IC管脚有无虚焊。若有虚焊，则用尖头电烙铁补焊，直至全部焊好为止。

6）用无水酒精将IC周围清理干净。

（6）实验整理　实验（实训）完毕，整理各类实验（实训）器材设备，填写相关记录。

**4. 思考题**

1）使用热风枪、电烙铁有哪些注意事项？

2）总结说明使用热风枪、电烙铁拆焊SOP、QFP集成电路的具体步骤有哪些？

3）总结说明使用热风枪、电烙铁拆焊电阻、电容等小元件的具体步骤有哪些？

4）查阅资料，说明怎样用热风枪、电烙铁拆卸怕热元器件？

**5. 注意事项**

1）焊接元器件时，焊锡冷却前切不可移动元器件或印制电路板。

2）用热风枪、电烙铁拆卸、焊接元器件的温度一定要合适，热风枪的风量要合适。

3）用电烙铁焊接元器件时，不可用力按压。用热风枪拆卸、焊接元器件时，热风枪不能接触元器件。

4）使用潮湿的专用海绵擦拭烙铁头。

## 实验（实训）5　BGA集成电路的拆卸、焊接

**1. 实验（实训）目的**

1）进一步学会使用热风枪、电烙铁。

2）学会拆卸BGA集成电路。

3）学会BGA集成电路的植锡、焊接。

**2. 实验（实训）器材设备**

热风枪、电烙铁、镊子、划针、毛刷、超声波清洗器、带灯放大镜、手机维修平台、植

锡板各一件（套），带有 BGA 集成电路的手机主板、锡浆、焊锡丝、松香水、无水酒精、吸锡带若干。

**3. 实验（实训）内容与步骤**

1）根据手机元器件分布图，找出采用 BGA 集成电路的有哪些电路。

2）仔细观察并体会指导教师使用热风枪和植锡板的方法。

3）按照 6.1.4 节的方法用热风枪把 BGA 集成电路从印制电路板上拆卸下来。在拆卸之前，应用划针对 IC 的位置方向进行标记。

4）在带灯放大镜下，首先用电烙铁对拆卸的 BGA 集成电路管脚进行清理，然后用超声波清洗器进行清洗。

5）在带灯放大镜下，用电烙铁对拆去 BGA 集成电路的印制电路板上的焊点进行清理或补焊，使各焊点清晰光润。

6）选用合适的植锡板，按照 6.1.4 节的方法用热风枪对 IC 植锡。

7）在带灯放大镜下，将 BGA 集成电路放在印制电路板上并与焊点（或位置标记）放正对齐。

8）按照 6.1.4 节的方法焊接 BGA 集成电路。焊接完毕，注意检查焊接质量。

9）实验（实训）完毕，整理各类实验（实训）器材设备，填写相关记录。

**4. 思考题**

1）BGA 集成电路与一般表面安装 IC 有哪些不同？怎样识读其引脚？

2）总结说明 BGA 集成电路拆卸、焊接的步骤有哪些？

**5. 注意事项**

1）应尽量选用配套植锡板对 BGA 集成电路植锡。若无配套植锡板而只有部分植锡孔合适，则可以一部分一部分地进行植锡。

2）植锡过程中，将植锡板和 BGA 集成电路贴紧固定。

3）拆焊或植锡过程中，热风枪的温度和风量要合适。

## 实验（实训）6　常用手机维修仪器的操作使用

**1. 实验（实训）目的**

1）进一步熟悉专用直流稳压电源、射频信号源、频谱仪等的功能。

2）熟悉专用直流稳压电源、射频信号源、频谱仪等的操作使用。

**2. 实验（实训）器材设备**

专用直流稳压电源、射频信号源、频谱仪、手机维修平台，诺基亚手机、摩托罗拉手机各一部，手机维修工具、专用手机拆卸工具等各一台（块、套），酒精、棉球等维修辅料若干。

**3. 实验（实训）内容与步骤**

（1）专用直流稳压电源的使用

1）打开直流稳压电源开关，对照电压表、电流表的指示调节旋钮使指示最小，然后断开电源。

2）在老师指导下，将电源接口线的一端插入直流稳压电源输出端，然后打开直流稳压电源开关，调整电压调节旋钮使直流稳压电源的输出电压为 3.6V，并将对应的手机电源接口与诺基亚手机的电源相接。按手机开机键，观察并记录手机开机时电流的变化情况。

3）利用软件使手机处于发射状态，观察并记录直流稳压电源上电流表、电压表读数的变化情况。或者断开直流稳压电源后，插入手机测试卡使之处于发射状态，重新观察电流、电压的变化情况。

4）更换手机，重复步骤1）~3）。

5）手机测试完毕，关闭直流稳压电源开关。

（2）频谱分析仪的使用

1）熟悉频谱分析仪各开关旋钮的名称与功能，并将AZ530—H型高阻抗探头与频谱分析仪输入端相接。

2）在老师指导下，对照手机维修图找出手机第二中频信号、功放输出信号的测试点，仿照6.2.2节的方法分别测试诺基亚手机第二中频信号、功放输出信号的频谱图，并估算两信号的幅度范围。

3）更换手机，重复步骤1）、2）。

4）测试完毕，关闭所有仪器。

（3）射频信号源的使用

1）熟悉射频信号源各开关旋钮的名称与功能，并在老师的指导下，进行以下操作。

2）首先利用射频信号测试线将射频信号的输出端与手机天线的触点连接，并用直流稳压电源为手机提供合适的工作电源。然后用手机测试卡将手机设置为测试状态，并设置合适的接收工作信道，如75信道（950MHz）。

3）调节射频信号源的频率使之与手机接收工作信道的频率一致。启动诺基亚维修软件WINTESLA，将CHANNEL（信道）中的60改为75，按回车键，点击“CONTINUOUS”。

4）对照手机维修图找出手机主板上接收射频信号、中频信号的测试点。

5）用频谱分析仪按照步骤（2）的方法对接收射频信号、中频信号进行检测。

6）更换手机，重复步骤1）~5）。

7）测试完毕，关闭直流稳压电源、射频信号源、频谱分析仪的电源。

（4）实验（实训）完毕，整理各仪器设备，填写相关记录。

**4. 思考题**

1）如何正确连接电源接口线与手机电源？

2）总结说明如何正确使用直流稳压电源？开机时，手机的工作电流有什么变化规律？

3）总结说明如何正确使用射频信号源、频谱分析仪？

**5. 注意事项**

1）电源接口线与手机电源连接时，应将电源接口线端子间绝缘。

2）频谱分析仪输入端与手机功率放大器输出端等连接时，使用高阻抗探头连接。

3）测试线缆或探头与手机测试点的连接要合适可靠，避免损伤测试点或与其他元器件短接。

4）手机所加直流稳压电源的电压不得超过或低于3.6V，以免手机工作不正常。

5）不同机型用不同的电源连接端口。勿将电源极性接反，弄清电池温度检测端和电池电量检测端。

6）当手机主板未装外壳发射（单板发射）时，在功率放大器输出端焊接假天线。手机装上外壳开机时，假天线要与其他部分绝缘，即假天线不能用裸露的导线。

7）仪表、工作台及操作人员应注意防止静电。

## 实验（实训）7 免拆机软件维修仪的使用

**1. 实验（实训）目的**

1）了解 UFS—4 型软件维修仪的功能。

2）掌握 UFS—4 型软件维修仪软件的安装方法。

3）熟悉 UFS—4 型软件维修仪的使用。

**2. 实验（实训）器材设备**

电脑、软件维修仪各一台，不同型号正常开机的手机各一部，防静电腕带、尖头镊子等工具。

**3. 实验（实训）内容与步骤**

1）按照软件维修仪使用说明书的介绍在电脑上安装软件维修仪软件。

2）对照软件维修仪使用说明书，熟悉软件维修仪软件的工作界面、各菜单与工具按钮的名称与作用。

3）按照 6.3.2 节的方法将电脑、软件维修仪、手机编程口连接好。

4）按照 6.3.2 节的方法依次对不同型号的手机进行刷机、解话机锁、写字库、修复 IMEI 等操作，掌握软件维修仪的操作使用。

5）实验（实训）完毕，整理各类实验（实训）器材设备，填写相关记录。

**4. 思考题**

1）名词解释：刷机、话机锁、网络锁、写字库、去除 RSA 保护。

2）UFS—4 型软件维修仪的功能有哪些？

3）简要说明利用 UFS—4 型软件维修仪进行刷机、解话机锁、写字库、修复 IMEI 的主要步骤？

**5. 注意事项**

1）电脑、软件维修仪、手机编程口之间要可靠连接。

2）在电脑上安装软件维修仪软件应注意软件安装顺序、安装目标盘。

## 实验（实训）8 手机常见供电电压与信号的测试

**1. 实验（实训）目的**

1）进一步熟悉各种测试仪表、维修器具的使用。

2）掌握手机常见供电电压、信号的测试方法。

3）熟悉手机常见信号的波形与特点。

**2. 实验（实训）器材设备**

万用表、示波器、频谱分析仪、频率计、专用直流稳压电源各一块（台），正常工作的手机一部，测试线若干，手机维修专用工具、手机维修平台等各一套（件）。

**3. 实验（实训）内容与步骤**

（1）常见供电电压的测试

1）打开手机外壳，用铁夹等将主电路板固定于手机维修平台上。

2）打开专用直流稳压电源并调节好电压，对手机供电。

3）测量外接供电电压。找到电源IC或电源稳压块的供电端，用万用表测量供电端电压。所测结果应与外接电源供电电压相等，否则，说明供电电路存在故障。

4）测量开机信号电压。找到手机开机信号电压端，用万用表测量开机信号电压的变化情况。开机信号电压应出现高低变化，否则，说明开机键或开机线不正常。

5）测量逻辑供电电压。找出逻辑供电电压的测试点，用万用表测量逻辑供电电压。所测结果应与手机维修图所标数值相近。

6）测量射频电路供电电压。射频电路供电电压既有直流供电电压，又有脉冲供电电压。测量之前，首先对照手机维修图分析射频电路供电电压的特点，找出对应的测试点并分别用万用表、示波器测量射频电路的供电电压和脉冲供电电压。所测电压的大小或波形应与手机维修图（图4-2、图7-4～图7-7）上的标注相近。

7）测量SIM卡电路供电电压。SIM卡电路供电电压即3V或5V的SIMVCC（或VCC）。按关机键关机，用示波器探极与SIMVCC（或VCC）相接后，按开机键开机，将SIMVCC电压波形显示在示波器上，由此测出SIM卡电路供电电压的大小。

8）测试完毕，关闭手机等的电源。

（2）常见信号波形的测试

1）找出并标记好13MHz时钟、32.768kHz时钟、TXVCO、RXVCO、RXI/Q、TXI/Q、RXON、TXON、SYNDAT、SYNCLK、SYNEN、SIMDAT、SIMCLK、SIMRST等信号的测试点，以及显示数据DATA、显示时钟CLK、照明灯驱动信号的测试点。

2）重复步骤（1）中的1）、2），按照6.4节的方法用示波器依次测量并画出上述信号的波形，对照手机维修图或6.4.2节的内容判断所测波形是否正确。

3）使手机处于受话状态，用示波器观测受话器两端的音频信号波形。

4）将手机设置在铃声状态，当手机接收到电话时，用示波器观测振铃器两端的音频信号波形。

5）将示波器探极与照明灯驱动信号测试点相接，操作按键使照明灯点亮，用示波器观测其信号波形。

6）测试完毕，关闭手机等的电源。

（3）常见信号频率的测试

1）找出并标记好射频信号、中频信号、13MHz信号、VCO信号等的测试点。

2）重复步骤（1）中的1）、2），按照6.4节的方法用频谱分析仪或频率计依次观测上述信号的频谱图和信号频率。

3）测试完毕，关闭手机等的电源。

（4）实验整理　实验（实训）完毕，整理各类实验（实训）器材设备，填写相关记录。

**4. 思考题**

1）总结说明如何正确测量手机供电电压的大小？

2）总结说明如何正确测试手机常见信号的波形？

3）总结说明如何正确测试手机常见信号的频谱图与频率？

**5. 注意事项**

1）实验（实训）过程中，结合实际情况适时调整实验（实训）的步骤与操作方法。

2）注意正确夹持固定手机。

# 实验（实训）9　手机故障的分析检修

**1. 实验（实训）目的**

1）初步掌握各种手机故障的检测维修方法。

2）提高对各种信号流程与元器件的认识。

3）熟悉示波器、频率计和专用直流稳压电源等的操作使用。

4）提高对手机电源电路、逻辑电路、射频电路、显示电路、音频电路、人机界面电路等的认识。

**2. 实验（实训）器材设备**

万用表、示波器、频谱分析仪、频率计、专用直流稳压电源各一块（台），正常工作的手机和同型号存在不同故障的手机各一部，测试线、焊接辅料等若干，手机维修专用工具、手机维修平台等各一套（件）。

**3. 实验（实训）内容与步骤**

（1）手机开机故障的分析检修

1）根据理论学习，对老师发给的由不同原因引起的故障机进行分析检测，并记录。

2）对老师发给的故障机进行维修，直至故障排除。

3）根据故障的排除措施对故障原因进行分析总结，填表 A-14。

**表 A-14　手机开机故障的分析检修**

| 手机型号 | 故障原因 | 检测记录 | 处理方法 |
|---|---|---|---|
| 机型 1 | 电源电路不正常 | | |
| 机型 2 | 时钟电路不正常 | | |
| 机型 3 | 逻辑电路不正常 | | |
| 机型 4 | 软件工作不正常 | | |
| 机型 5 | 元器件虚焊 | | |

4）交换故障机，重复以上步骤。

5）总结说明手机常见开机故障的产生原因。

（2）手机入网故障的分析检修

1）根据理论学习，对老师发给的由不同原因引起的故障机进行分析检测，并记录。

2）对老师发给的故障机进行维修，直至故障排除。

3）根据故障的排除措施对故障原因进行分析总结，填表 A-15。

**表 A-15　手机入网故障的分析检修**

| 手机型号 | 故障原因 | 检测记录 | 处理方法 |
|---|---|---|---|
| 机型 1 | 射频供电不正常 | | |
| 机型 2 | 接收电路不正常 | | |
| 机型 3 | 频率合成电路不正常 | | |
| 机型 4 | 音频电路不正常 | | |
| 机型 5 | 软件不正常 | | |

4）交换故障机，重复以上步骤。

5）总结说明手机常见入网故障的产生原因。

（3）手机发射故障的分析检修

1）根据理论学习，对老师发给的由不同原因引起的故障机进行分析检测，并记录。

2）对老师发给的故障机进行维修，直至故障排除。

3）根据故障的排除措施对故障原因进行分析总结，填表 A-16。

**表 A-16　手机发射故障的分析检修**

| 手机型号 | 故障原因 | 检测记录 | 处理方法 |
|---|---|---|---|
| 机型 1 | 射频供电不正常 | | |
| 机型 2 | 发射耦合器不正常 | | |
| 机型 3 | 频率合成器不正常 | | |
| 机型 4 | 音频电路不正常 | | |
| 机型 5 | 功放电路不正常 | | |
| 机型 6 | 软件不正常 | | |

4）交换故障机，重复以上步骤。

5）总结说明手机常见发射故障的产生原因。

（4）手机显示故障的分析检修

1）根据理论学习，对老师发给的由不同原因引起的故障机进行分析检测，并记录。

2）对老师发给的故障机进行维修，直至故障排除。

3）根据故障的排除措施对故障原因进行分析总结，填表 A-17。

**表 A-17　手机显示故障的分析检修**

| 手机型号 | 故障原因 | 检测记录 | 处理方法 |
|---|---|---|---|
| 机型 1 | 无显示 | | |
| 机型 2 | 屏显不正常 | | |
| 机型 3 | 屏显对比度不正常 | | |
| 机型 4 | 显示屏背景灯不亮 | | |

4）交换故障机，重复以上步骤。

5）总结说明手机常见显示故障的现象与产生原因。

（5）手机音频故障的分析检修

1）根据理论学习，对老师发给的由不同原因引起的故障机进行分析检测，并记录。

2）对老师发给的故障机进行维修，直至故障排除。

3）根据故障的排除措施对故障原因进行分析总结，填表 A-18。

4）交换故障机，重复以上步骤。

5）总结说明手机常见音频故障的现象与产生原因。

（6）实验整理　实验（实训）完毕，整理各类实验（实训）器材设备，填写相关记录。

表 A-18 手机音频故障的分析检修

| 手机型号 | 故障原因 | 检测记录 | 处理方法 |
| --- | --- | --- | --- |
| 机型 1 | 无振铃 | | |
| 机型 2 | 无振铃、无振动 | | |
| 机型 3 | 无送话 | | |
| 机型 4 | 送话音轻 | | |
| 机型 5 | 受话器无音 | | |
| 机型 6 | 受话器杂音 | | |

**4. 思考题**

总结说明手机故障维修的方法与技巧有哪些?

**5. 注意事项**

1）在植锡技巧熟练的基础上进行焊接操作。

2）注意积累总结实践经验与有关数据，并养成手机维修前询问手机使用者和使用手机测试指令进行单元测试，以及收集常见元器件的习惯。

# 附录 B 英文缩略语

ABB：Analog Baseband，模拟基带电路

ACT：Acce ssory Test，附件接入的检测信号

ADD：叠加

ADI：Analog Devices Inc，模拟器件公司

AFC：Auto Frequency Control，自动频率控制

AGC：Automatic Gain Control，自动增益控制

AGCH：Access Grant Channel，允许接入信道

ALT：Alternate，交替

ANT：Antenna，天线

ANT SW：Antenna Switch，天线开关

APC：Automatic Power Control，自动功率控制

API：Application Program Interface，应用程序接口

ASIC：Application Specific Integrated Circuit，专用芯片、专用集成电路

ATTN：Attenuator，衰减器

AUC：Authentication Center，鉴权中心

AVS：Adaptive Voltage Scaling，自适应电压调整

Baseband：基带

BB _ SAP _ CLK：基带应用时钟

BB _ SAP _ FS：基带应用帧同步

BB _ SAP _ RX：基带音频接收

BB SAP TX：基带音频发射

BCCH：Broadcast Control Channel，广播控制信道

BCH：Broadcast Channel，广播信道

BGA：Ball Grid Array，球格阵列封装

BLUE _ CTS：蓝牙清除接收

BLUE _ RTS：蓝牙请求发送

BLUE _ RX：蓝牙数据接收

Bluetooth：蓝牙

BLUE _ TX：蓝牙数据发送

BOOT ROM：启动芯片

BREW：Binary Runtime Environment for Wireless，无线二进制运行环境

BSI、BATTDATT、BATT ID 或 BATT _ SER _ DATA：电池信息检测端

BSI：Base band Serial Interface，基带串行接口

BSS：Base Station Subsystem，基站子系统

BSC：Base Station Controller，基站控制器

BTEMP：电池温度检测端

BTS：Base Transceiver Station，基站收发信台

BT _ ANTENNA：蓝牙天线

BUG：漏洞

BUZZ：Buzzer Phone，振铃或蜂鸣器

CAL：Calibrate，校准

CBCH：Cell Broadcast Channel，小区广播信道

CBus：Control Bus，控制总线

CCCH：Common Control Channel，公共控制信道

CCD：Charge Coupled Device，光电荷耦合器件

CCP：Compact Camera Port，紧凑型照相机接口

CDMA：Code Division Multiple Access，码分多址

Cell：小区或蜂窝区

CELP：Code Excited Linear Predication，码激励线性预测编码

CENTER FREQ：中心频率粗调

CH1：信道 1

CH2：信道 2

Channel：信道

Charge：充电控制

Check：检测

Chip Resistor：SMD 电阻、片状电阻

CNT：Content Pack，多媒体文件

COBBA_GJP：复合数字音频处理、音频编译码模块

Commwarrior：一种彩信木马病毒

Conexant Systems Inc：科胜讯系统公司

Connect/Disconnect：连接/不连接

Continuous：继续

Control Channel：控制信道

CPU：Central Processing Unit，中央处理器

CRT：Cathode Ray Tube，阴极射线示波管

DATA BUS：数据总线

DBB：Digital Baseband，数字基带电路

DCCH：Dedicated Control Channel，专用控制信道

DCVOLT、EXT_B+：充电电源、外接电源

DEMOD：Demodulator，解调电路

DIP：Diplexer，双讯器

Directional Coupler：定向耦合器

DMA：Direct Memory Access，存储器直接访问

DSC：Digital Signal Converter，语音数字编码器

DSP：Digital Single Processing，数字信号处理器

DTMF：Dual Tone Multi - Frequency，双音多频

DUP：Duplex Filter，双工滤波器

EBGA：Enhanced Ball Grid Array，增强型球格阵列封装

EEPROM（或 $E^2$PROM）：Electrically Erasable Programmable Read - Only Memory 或 Electrically E-rasable Programmable ROM，电擦除可编程只读存储器

EIR：Equipment Identification Register，移动设备识别寄存器

EMMI：Electrical Man Machine Interface，电子人机接口

ESD：Electro static Discharge，静电保护

EXT：External，外部

EXT INPUT：外触发源输入

FACCH：Fast Associated Control Channel，快速随机控制信道

FCCH：Frequency Correction Channel，频率校正信道

FDD：Frequency Division Duplex，频分双工

FDMA：Frequency Division Multiple Access，频分多址

FET：Field Effect Transistor，场效应晶体管

FIFO：First In First Out，先进先出

Flash Memory 或 Flash Rom：闪烁存储器

FPGA：Field Programmable Gate Array，现场可编程门阵列

Full Factory Defaults：恢复出厂设置

Fuse Holder：熔丝座

GENSIO_0：显示屏数据时钟信号

GPS：Global Positioning System，全球定位系统

GMSK：Gaussian Minimum Shift Keying，高斯滤波最小频移键控

GPRS：General Packet Radio Service，通用分组无线业务

GSM：Global System for Mobile，数字蜂窝移动通信系统、全球移动通信系统、全球通

HLR：Home Location Register，归属位置寄存器

HUB：集线器

IC：Integrated Circuit，集成电路

IF：Intermediate Frequency，中频

IF AMP：Intermediate Frequency Amplifier，中频放大器

IFVCO、VHFVCO：中频本振

IGFET：Insulated Gate Field Effect Transistor，绝缘栅型场效应晶体管

IMEI：International Mobile Equipment Identity，国际移动设备识别码、手机机身码、手机串号

IMSI：International Mobile Subscriber Identity，国际移动用户识别码

IMT-2000：International Mobile Telecommunications-2000，国际移动通信－2000

Info：Information，信息

Init SIM-Lock：初始化 SIM 卡锁

Interleaving：交织

Interface：接口

I/Q：In-phase/Quadrature，同相/正交

ISM：Industrial Scientific Medical，ISM 频段是专门供工业、科学、医学机构使用的频段

ITU：International Telecommunications Union，国际电信联盟

JFET：Junction Field Effect Transistor，结型场效应晶体管

LA：Location Area，位置区

LAI：Location Area Identity，位置区识别码

LCDEN：显示启动

LCDRST：显示复位

LDO：Low Drop Output，低压差输出

LED：Light Emitting Diode，发光二极管

Level：电平

LIGHT：发光控制

Line：电源

Line Volt Selector：电源电压选择

LNA：Low Noise Amplifier，低噪声放大器

Local Mode：本地模式

Logic Channel：逻辑信道

LPF：Low Pass Filter，低通滤波器

Manual：手动

MCU：Micro Controller Unit，微处理单元、中央处理器

MIC：Microphone，送话器

MIX：Mixer，混频器

MMC：Multimedia Card，多媒体存储卡

MMS：Multimedia Messaging Service，多媒体信息服务

Mobile：手机

MODEM：调制解调器

MOSFET：Metal-Oxide-Semiconductor Field-Effect-Transistor，金属氧化物场效应晶体管

MS：Mobile Station，移动台

MSC：Mobile Switching Center，移动交换中心

Mute：静音

Normal Mode：标准模式

NSS：Network and Switching Subsystem，网络交换子系统

Offset Mixer：偏移混频器

OPLL：Offset Phase － Locked Loop，带偏移锁相环

OS：Operating System，操作系统

OSS：Operational Support Subsystem，运营支持子系统

PA：Power Amplifier，功率放大器

PC：Personal Computer，个人电脑

PCB：Printed Circuit Board，印制电路板

PCH：Paging Channel，寻呼信道

PCI：Peripheral Component Interconnect，互连外围设备

PCM：Pulse Code Modulation，脉冲编码调制

PCMCLK：脉冲编码传输时钟信号

PCMSYNC：脉冲编码同步时钟信号

PD：Phase Detector，发射鉴相器

PDA：Personal Digital Assistant，个人数字助理

Phone Failed See Service：电话失效，联系服务商

Phone Lock：话机锁

Phone Locked：手机被锁

Phone Mode：电话模式

Physical Channel：物理信道

PIM：Personal Information Management，个人信息管理

PIN：Personal Identify Number，个人识别码

PLMN：Public Land Mobile Network，公用陆地移动网

PMIC：Power Management IC，电源管理芯片

PMU：Power Manage Unit，电源管理单元

Power Indicator：电源指示

PPM：语言包

PUK：PIN Unlock Key，解锁码

PWM：Pulse Width Modulation，脉宽调制

PWRON、PWON、ON/OFF、ONKEY、PWR-

KEY 或 PWRONX：开机触发端

QCELP：Qualcomm Code Excited Linear Prediction，高通码激励线性预测编码

QFP：Quad Flat Package，四边扁平封装

RACH：Random Access Channel，随机接入信道

RAM：Random Access Memory，随机存储器

RAMP：发射功率斜坡控制

RBW：分辨率带宽

Receiver：受话器

REF LEVEL：参考电平

RF：Radio Frequency，射频

RFVCO：射频本振

RISC：Reduce Instruction Set Computer，精简指令集计算机

ROM：Read Only Memory，只读存储器

RPE-LTP：规则脉冲激励长期预测编码

RTC：Real Time Clock，实时时钟

RXEN：Receiver Enable，接收使能

RXEN、RXON、RX _ EN、RX _ ON 或 PON _ RX：接收使能信号

RXI/Q：接收基带信号

RXVCO、RFVCO、UHFVCO、MAINVCO 或 SHFVCO：射频本振

SACCH：Slow Associated Control Channel，慢速随机控制信道

SCCB：Serial Camera Control Bus，串行相机控制总线

Scenario：场景、剧情，书中译为方案

SCH：Synchronization Channel，同步信道

SDCCH：Stand Alone Dedicated Control Channel，独立专用控制信道

SDRAM：Synchronous Dynamic Random Access Memory，同步动态随机存储器

Secure Boot：引导进度条

Set Faid：设置 Faid，设置字库设计 ID 码

SIM：Subscriber Identify Module，用户识别卡

SIM _ CLK、SIMCLK：SIM 卡时钟

SIM _ DATA、SIMDAT：SIM 卡数据

SIM _ RST、SIMRST：SIM 卡复位

Slop：触发极性

Slow：慢速

Smart Phone：智能手机

SMT：Surface Mount Technology，表面安装技术

SMD：Surface Mount Device，表面安装元器件

SOP：Small Outline Package，小外形封装

Span：扫频宽度

SPI：Serial Peripheral Interface，串行外设接口

SPI Data Bus：串行数据线

SPK、SPEAKER、EAR 或 EARPHONE：受话器、喇叭或扬声器

SRAM：Static RAM 或 Static Random Access Memory：静态随机存储器

STEP ATT：步进衰减器

SYNCLK：频率合成时钟

SYNDAT：频率合成数据

SYN _ DAT、SYNTH _ DATA 或 SDAT：频率合成数据信号

SYNEN、SYNON 或 SYNTH _ EN：频率合成使能信号

SYNON（SYNEN）：频率合成使能

TCH：Traffic Channel，话务信道

TDD：Time Division Dual，时分双工

TDMA：Time Division Multiple Access，时分多址

TD-SCDMA：Time Division-Synchronous CDMA，时分 - 同步码分多址

Test Mode：测试模式

TMSI：Temporary Mobile Subscriber Identity，用户临时识别码

TSOP：Thin Small Outline Package，薄小外形封装

TX：发射机

TXEN：Transmitter Enable，发射使能

TXIF：发射中频信号

TXI/Q：发射基带信号

TXON：发射使能

TXVCO：发射本振

UART：Universal Asynchronous Receiver/Transmitter，通用异步收发器

UEM：Universal Energy Management，通用电源管理

UIM：User Identity Model，CDMA 手机用户识别卡

UI Options：用户设置

UI Settings：User Interface Settings，用户界面设

置

UMTS：Universal Mobile Telecommunications System，通用移动通信系统

Updata：升级数据

UPP：Universal Phone Processor，通用电话处理器

USB：Universal Serial Bus，通用串行总线接口

VBATT、VBAT、BATT：电池电源

VBW：视频滤波器

VCO：Voltage Controlled Oscillator，压控振荡器

VCXO、VCTCXO：温度补偿压控振荡器

VIB：Vibrator，振动器

VLR：Visiting Location Register，拜访位置寄存器

VSIM：SIM 卡电源

VREF：Voltage Reference，基准电压

WAP：Wireless Application Protocol，无线应用协议

WCDMA：Wideband CDMA，宽带码分多址

WDT ：Watchdog Timer，看门狗定时器

WDOG、DCON、CCONTCSX、PWERON：开机维持信号

Wrong Software：软件出错

# 参考文献


[1] 林在添. GSM手机原理与检修技术速成[M]. 福州：福建科学技术出版社，2001.
[2] 刘午平. GSM手机修理从入门到精通[M]. 北京：国防工业出版社，2002.
[3] 刘远航，刘畅，赵凯，等. 最新手机实用维修图集[M]. 沈阳：辽宁科学技术出版社，2002.
[4] 谭本志，龙武，陆魁玉. 三星数码手机原理与维修[M]. 北京：北京科学技术出版社，2002.
[5] 刘建青. 流行GSM手机维修精要与实例[M]. 北京：人民邮电出版社，2002.
[6] 陈振源. 手持移动电话原理与维修[M]. 北京：电子工业出版社，2002.
[7] 李延廷. 移动通信设备原理与维修[M]. 北京：机械工业出版社，2003.
[8] 郭世泽，吴志军，吕明，等. 手机上网全接触[M]. 北京：人民邮电出版社，2003.
[9] 张兴伟，等. GSM手机维修技法精粹[M]. 北京：人民邮电出版社，2003.
[10] 张兴伟，等. 数字手机维修高级实用教程[M]. 北京：人民邮电出版社，2004.
[11] 魏红，等. 移动通信技术[M]. 北京：人民邮电出版社，2005.
[12] 陈良. 手机原理与维护[M]. 西安：西安电子科技大学出版社，2005.
[13] 李志菁. 数字通信技术[M]. 北京：机械工业出版社，2005.
[14] 陈学平. 手机故障维修技巧与实例[M]. 北京：电子工业出版社，2006.
[15] 张兴伟，等. 数字手机电路与检修技术[M]. 北京：人民邮电出版社，2006.
[16] 李波勇，张玲玲. 手机维修技术实用教程[M]. 北京:国防工业出版社，2006.
[17] 马立军. 移动电话实践与指导[M]. 西安：西安电子科技大学出版社，2007.
[18] 张兴伟. 手机电路原理与维修[M]. 北京：人民邮电出版社，2007.
[19] 万少云. 移动电话原理与维修[M]. 西安：西安电子科技大学出版社，2007.
[20] 张兴伟，等. 双模手机电路原理与维修技术(一)[M]. 北京：人民邮电出版社，2008.
[21] 杜庆波，罗文茂. 3G技术与基站工程[M]. 北京：人民邮电出版社，2008.